全国高校土木工程专业应用型本科规划推荐教材

建筑工程清单计价实务

主编 姜 慧 李学田

中国建筑工业出版社

图书在版编目（CIP）数据

建筑工程清单计价实务/姜慧，李学田主编. —北京：
中国建筑工业出版社，2014.3
全国高校土木工程专业应用型本科规划推荐教材
ISBN 978-7-112-16346-5

Ⅰ．①建⋯　Ⅱ．①姜⋯②李⋯　Ⅲ．①建筑工程-
工程造价-高等学校-教材　Ⅳ．①TU723.3

中国版本图书馆 CIP 数据核字（2014）第 017373 号

全国高校土木工程专业应用型本科规划推荐教材
建筑工程清单计价实务
主编　姜　慧　李学田

*

中国建筑工业出版社出版、发行（北京西郊百万庄）
各地新华书店、建筑书店经销
霸州市顺浩图文科技发展有限公司制版
廊坊市海涛印刷有限公司印刷

*

开本：787×1092 毫米　1/16　印张：18　插页：7　字数：476 千字
2013 年 12 月第一版　2016 年 11 月第二次印刷
定价：**39.00** 元
ISBN 978-7-112-16346-5
（25079）

本书主要研究建筑工程估价的基本原理、程序及方法。通过本课程的学习，使学生了解建筑工程估价的基本理论，掌握建筑工程估价的基本方法，熟悉工程计价规范。

本书内容包括：工程估价概述；工程造价构成；工程造价计价依据；各分部分项工程量清单计价；措施项目计价；其他项目计价；工程结算与决算；造价软件应用。书末附有按照《建设工程工程量清单计价规范》编写的工程估价案例。

本书结合应用型本科院校的办学定位，根据注册造价工程师和造价员知识素质要求，以体现应用特色为目标，以培养学生动手计算能力为出发点，在内容上将基础理论与工程实践紧密结合，加强算例内容，强化学生的实际操作技能，方便案例教学、现场教学等教改目标的实现，提高了学生学习的积极性，培养了学生的自学能力和创新能力。本书体系完整，内容全面，思路清晰，案例丰富，难易适当，既可作为相关专业学生的教材外，还可作为工程经济管理人员的工作参考书。

为更好地支持本课程教学，本书作者制作了教学课件，有需要的读者可发送邮件到 jiangongkejian@163.com 免费索取。

责任编辑：王　跃　吉万旺
责任设计：李志立
责任校对：姜小莲　刘　钰

前　言

2003 年，国家标准《建设工程工程量清单计价规范》GB 50500—2003 颁布实施，标志着我国建设工程计价模式从计价观念、体制、模式和方法的革命。2008 年、2013 年工程量清单计价规范进行了两次修订，2013 年版规范以 2008 年版规范为基础，进行了较大规模的修订。为了帮助相关专业学生理解和掌握 2013 年版规范体系的内容，掌握新清单下建筑工程估价方法，我们编制了本教材。

本书在选择、消化与吸收多年来人才培养探索与实践成果的基础上，紧密结合经济全球化时代高校本科人才培养工作的实际需要，根据国家最新颁布的相关法规，在进行理论研究的基础上，侧重于提高学生的实践能力和动手能力。在编写过程中努力保证全书的系统性和完整性，所选的内容体现实用性、可应用性，具有明显的时代特征。为使学生在学习过程中能真正掌握各种分析方法，培养学生独立分析和解决问题的能力，在进行了理论讲解后还配有适量的例题，方便进行案例教学。

本书共分为 14 章，由姜慧、李学田任主编，由姜慧统稿。其中第 1、2、6、11、12、13 章由徐州工程学院姜慧编写，第 8、9、10 章由徐州工程学院李学田编写，第 7 章由徐州工程学院殷惠光编写，第 3、4、5 章由姜慧、李学田编写，第 14 章由徐州工程学院李学田、广联达软件股份有限公司编写，建筑工程投标报价实例由殷惠光、李学田、姜慧编写。本书在编写过程中，参阅了许多专家和学者的论著，在此表示衷心的感谢。

由于编者的水平所限，不足之处，在所难免，敬请各位专家和读者予以批评和指正。

编者

2013 年 11 月

目　　录

第1章 概　　述

教学目的和要求：了解建筑工程投资的构成及土建各分项工程成本计算与控制。掌握具体建筑工程概预算的方法及文件编制。掌握工程造价的组成、工程量计算、工程造价管理的现状与发展趋势。

教学内容：工程造价的特点；工程造价的相关概念；工程造价的分类；工程计价的特点及其作用；我国造价管理经历的几个阶段；工程量清单计价方式在我国的实施情况。

工程造价是指进行一个工程项目的建造所需要花费的全部费用，即从工程项目确定建设意向直至建成、竣工验收为止的整个建设期间所支出的总费用。它是根据建设项目的工程设计，按照设计文件的要求和国家的有关规定，在工程建设之前，以货币的形式计算和确定的，是保证工程项目建造正常进行的必要资金以及工程项目投资中最主要的部分。

1.1　工程造价的基本概念

1.1.1　工程造价的特点

建设项目的特点决定工程造价具有以下特点：

（1）工程造价的个别性

由于任一建设项目都有特定的功能、用途、规模，其结构、使用材料、施工技术、设备配置、所处地区和位置各不相同，因此，工程内容和实物形态都具有个别性、差异性。产品的差异性决定了工程造价的个别性差异。

（2）工程造价的大额性

能够发挥投资效用的建设工程项目，一般来说造价较高，体积较大。工程造价的大额性涉及有关各方面的重大经济利益，对宏观经济产生重大影响。因此，采取科学合理的造价管理方法，可以有效节约资金，提高经济效益。

（3）工程造价的层次性

造价的层次性取决于工程的层次性。一个建设项目往往含有多个单项工程、单位工程。与此相适应，工程造价有建设项目总造价、单项工程造价和单位工程造价3个层次。如果专业分工更细，分部分项工程也可作为交换对象，工程造价的层次就增加分部工程和分项工程而成为5个层次。可见，工程造价的层次性是非常明显的。

（4）工程造价的动态性

任何一项工程从决策到竣工交付使用，都要经历较长的建设期，在此期间，会发生许多变化，如工、器具及设备材料价格调整，工程变更，标准以及费率、利率、汇率发生变化，工程造价在整个建设期中都处于不确定状态，会随之变动。因此，工程的实际造价至竣工决算后才能最终确定。

（5）工程造价的兼容性

工程造价涉及的内容非常广泛，资金来源、成本构成、赢利组成复杂，且与政府的宏观经济政策（如产业政策）联系密切，兼容性很强。

1.1.2 工程造价的相关概念

（1）固定资产投资

固定资产投资是投资主体为了特定的目的，以达到预期收益（利益）的资金垫付行为。在我国，固定资产投资包括基本建设投资、更新改造投资、房地产开发投资和其他固定资产投资4部分。其中基本建设投资是用于新建、改建、扩建和重建项目的资金投入行为，是形成固定资产的主要手段，约占全社会固定资产投资总额的50%～60%。更新改造投资是在保证固定资产简单再生产的基础上，通过以先进科学技术改造原有技术来实现以内涵为主的固定资产扩大化再生产的资金投入行为，约占全社会固定资产投资总额的20%～30%。房地产开发投资是房地产企业开发厂房、宾馆、写字楼、仓库和住宅等房屋设施和开发土地的资金投入行为，目前在固定资产投资中已占20%左右。其他固定资产投资，是按规定不纳入投资计划和用专项资金进行基本建设和更新改造的资金投入行为。它在固定资产投资中占的比重较小。

（2）静态投资

静态投资是以某一基准年、月的建设要素的价格为依据所计算出的建设项目投资的瞬时值。但因工程量误差而引起的工程造价的增减亦包含在内。静态投资包括：建筑安装工程费，设备和工、器具购置费，工程建设其他费用，基本预备费。

（3）动态投资

动态投资是指为完成一个工程项目的建设，预计投资需要量的总和。它除了包括静态投资所含内容之外，还包括建设期贷款利息、投资方向调节税、涨价预备金、新开征税费以及汇率变动部分。动态投资适应了市场价格运行机制的要求，使投资的计划、估算、控制更加符合经济运动规律。

静态投资和动态投资虽然内容有所区别，但二者有密切联系。动态投资包含静态投资，静态投资是动态投资最主要的组成部分，也是动态投资的计算基础。

（4）建设项目总投资

建设项目总投资是投资主体为获取预期收益，在选定的建设项目上投入所需全部资金的经济行为。建设项目按用途可分为生产性项目和非生产性项目。生产性建设项目总投资包括固定资产投资和流动资产投资两部分。而非生产性建设项目总投资只有固定资产投资，不含上述流动资产投资。建设项目总造价是项目总投资中的固定资产投资总额。

（5）建筑安装工程造价

建筑安装工程造价，亦称建筑安装产品价格，是投资者和承包商双方共同认可的市场价格。它是建筑安装产品价值的货币表现。和一般商品一样，它的价值是由"不变资本＋可变资本＋剩余价值"构成。所不同的只是由于这种商品所具有的技术经济特点，使它的交易方式、计价方法、价格的构成因素，以至付款方式都存在许多特点。

1.1.3 工程造价的种类

工程造价的内容和形式是由工程项目建设的经济活动需要决定的。因此，工程造价种类的划分也是多样的。依据建设程序，工程造价的确定与工程建设阶段性工作深度相适应。一般分为以下几种划分方式：

（1）按设计阶段划分

工程建设项目按三段设计时，有初步设计概算造价、修正概算造价、施工图预算造价。工程项目建设按二段设计时，有初步设计概算造价、施工图预算造价。

（2）按工程项目划分

有工程项目总概算造价、单项工程综合概（预）算造价、单位工程概（预）算造价。

（3）按投资构成的组成划分

有建筑工程预算造价、设备预算造价、安装工程预算造价、工器具及生产家具购置费用概（预）算造价、工程建设其他费用概（预）算造价。

（4）按工程专业性质划分

有一般土建工程预算造价、卫生工程预算造价、工业管道工程预算造价、各种特殊构筑物工程预算造价、电气照明工程预算造价、机械设备安装工程预算造价、电气设备安装工程预算造价、工业炉工程预算造价以及公路、铁路工程预算造价等。

1.1.4 工程造价的作用

工程造价是工程项目建设的一个重要环节，是投资经济管理的重要方面，它反映着社会主义生产关系，对我国工程项目建设中各部门的经济关系、人与物的关系等都给予一定的法律制约。及时、准确地编制出工程造价对控制工程项目投资，推行经济合同制，提高投资效益，都具有重要意义。工程造价的作用主要有以下几点：

（1）建设工程造价是项目决策的依据。建设工程投资大、生产和使用周期长等特点决定了项目决策的重要性。

（2）建设工程造价是制定投资计划和控制投资的依据。投资计划是按照建设工期、工程进度和建设工程价格等逐年分月加以制定的。正确的投资计划有助于合理和有效地使用资金。

（3）建设工程造价是筹集建设资金的依据。投资体制的改革和市场经济的建立，要求项目的投资者必须有很强的筹资能力，以保证工程建设有充足的资金供应。

（4）工程造价是评价投资效果的重要指标。建设工程造价是一个包含着多层次工程造价的体系，就一个工程项目来说，它既是建设项目的总造价，又包含单项工程的造价和单位工程的造价，同时也包含单位生产能力的造价。

（5）建设工程造价是合理利益分配和调节产业结构的手段。工程造价的高低，涉及国民经济各部门和企业间的利益分配。在市场经济中，工程造价同样受供求关系的影响，并在围绕价值的波动中实现对建设规模、产业结构和利益分配的调节。在政府正确的宏观调控和价格政策导向下，工程造价作为合理利益分配和调节产业结构的手段，其作用越来越充分地被发挥出来。

1.1.5　工程造价计价特点

工程造价费用计算的主要特点是单个性计价、多次性计价、组合性计价。

1.1.5.1　单个性计价

每一项建设工程都有指定的专门用途，所以也就有不同的结构、造型和装饰，不同的体积、面积，建设时要采用不同的工艺设备和建筑材料。即使是用途相同的建设工程，其技术水平、建筑等级和建筑标准也有差别。建设工程还必须在结构、造型等方面适应工程所在地气候、地质、抗震设防标准、水文等自然条件，适应当地的风俗习惯。这就使建设工程的实物形态千差万别；再加上不同地区构成投资费用的各种价值要素的差异，最终导致建设工程造价的千差万别。因此，对于建设工程，就不能像对工业产品那样按品种、规格、质量成批地定价，只能通过特殊的程序（编制估算、概算、预算、合同价、结算价及最后确定竣工决算价等），就各个工程项目计算工程造价，即单个计价。

1.1.5.2　多次性计价

建设工程周期长、规模大、造价高，因此按建设程序要分阶段进行，相应地也要在不同阶段多次性计价，以保证工程造价确定与控制的科学性。多次性计价是一个逐步深化、逐步细化和逐步接近实际造价的过程，其过程如图1-1所示。

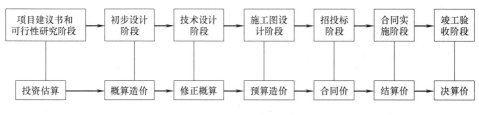

图 1-1　工程多次性计价示意图

图1-1中连线表示对应关系，箭头表示多次计价流程及逐步深化过程，图中各流程及过程的主要内容如下：

（1）投资估算。在编制项目建议书和可行性研究阶段，必须对投资需要量进行估算。投资估算是指在项目建议书和可行性研究阶段对拟建项目所需投资，通过编制估算文件预先测算和确定的过程，亦即估算造价。投资估价是决策、筹资和控制造价的主要依据。

（2）概算造价。指在初步设计阶段，根据设计意图，通过编制工程概算文件预先测算和确定的工程造价。概算造价较投资估价准确性有所提高，但它受估算造价的控制。概算造价的层次性十分明显，分建设项目概算总造价、各个单项工程概算综合造价、各个单位工程概算造价。

（3）修正概算造价。指在采用三阶段设计的技术设计阶段，根据技术设计的要求，通过编制修正概算文件预先测算和确定的工程造价。它对初步设计概算进行修正调整，比概算造价准确，但受概算造价控制。

（4）预算造价。指在施工图设计阶段，根据施工图纸通过编制预算文件，预先测算和确定的工程造价。它同样受前一阶段所确定的工程造价的控制，但比概算造价或修正概算造价更为详尽和准确。

（5）合同价。指在工程投标阶段通过签订总承包合同、建筑安装工程承包合同、设备材料采购合同以及技术和咨询服务合同确定的价格。现行规定的三种合同形式是固定合同价、可调合同价和工程成本加酬金确定合同价。合同价属于市场价格的性质，它是由承包双方，也即商品和劳务买卖双方根据市场行情共同议定和认可的成交价格，但它并不等同于实际工程造价。

（6）结算价。是指在合同实施阶段，在工程结算时按合同调价范围和调价方法，对实际发生的工程量增减、设备和材料价差等进行调整后计算和确定的价格。结算价是该工程的实际价格。

（7）决算价。是指竣工决算阶段，通过为建设项目编制竣工决算，最终确定的实际工程造价。

工程造价的多次性计价是一个由粗到细、由浅入深、由概略到精确的计价过程，是一个复杂而重要的管理系统。计价过程各环节之间相互衔接，前者制约后者，后者补充前者。

1.1.5.3 组合性计价

在建设项目中，凡是具有独立的设计文件、竣工后可以独立发挥生产能力或工程效益的工程被称为单项工程，也可将其理解为具有独立存在意义的完整的工程项目。各单项工程又可分解为各个能独立施工的单位工程。考虑到组成单位工程的各部分是由不同工人用不同工具和材料完成的，可以把单位工程进一步分解为分部工程。然后还可按照不同的施工方法、构造及规格，把分部工程更细致地分解为分项工程。分项工程是能用较为简单的施工过程生产出来的，可以用适量的计量单位计算并便于测定或计算的工程基本构造要素，也是假定的建筑安装产品。

与以上工程构成的方式相适应，建设工程具有分部组合计价的特点。这一特征在计算概算造价和预算造价时尤为明显，所以也能反映到合同价和结算价。其计算过程和计算顺序是：分部分项工程单价—单位工程造价—单项工程造价—建设项目总造价。

1.2 我国工程造价管理经历的几个阶段

19 世纪末 20 世纪上半叶，在外国资本入侵的一些口岸和沿海城市，工程投资的规模有所扩大，出现了招投标承包方式，建筑市场开始形成，同时国外工程造价管理方法和经验也逐步传入我国。而我国自身经济发展虽然落后，但民族新兴工业项目的建设，也要求对工程造价进行管理。这样工程造价管理在我国产生。

新中国成立后，我国工程造价管理体制的历史，大体可分为五个阶段。

第一阶段，1950—1957 年，是与计划经济相适应的概预算定额制度建立时期。为合理确定工程造价，用好有限的基本建设资金，我国在全面引进、消化和吸收苏联建设项目造价管理概预算定额制度的基础上，于 1957 年颁布了《关于编制工业与民用建设预算的若干规定》，规定各不同设计阶段都应编制概算和预算，明确了概预算的作用。另外，当时的国务院和国家计划委员会还先后颁布了《基本建设工程设计和预算文件审核批准暂行办法》、《工业与民用建设设计及预算编制暂行办法》、《工业与民用建设预算编制暂行细则》等文件。为加强概预算的管理工作，国家先后成立标准定额局（处），1956 年又单独成立建筑经济局。同时，各地分支定额管理机构也相继成立。可见，从新中国成立到

1957 年是我国计划经济条件下建设项目造价管理体制和管理方法基本确立的阶段。

第二阶段，1958—1966 年，是概预算定额管理逐渐被削弱的阶段。由于"左"的错误指导思想统治了国家政治、经济生活，在中央放权的背景下建设项目的概预算与定额管理权限也全部下放。各级基建管理机构的概预算部门被精简，设计单位概预算人员减少，只算政治账，不讲经济账，概预算控制投资作用被削弱。

第三阶段，1967—1976 年，是概预算定额管理工作遭到严重破坏的阶段。我国建设项目造价管理与概预算编制单位和定额管理机构被撤销，建设项目造价管理人员改行，大量基础资料被销毁，形成了设计无概算，施工无预算，竣工无决算，投资大敞口，造成了当时很多建设项目的造价处于无人管理和无法管理的混乱局面。

第四阶段，1976—20 世纪 90 年代初，是我国建设项目造价管理工作逐渐恢复、整顿和发展的时期。从 1977 年起，国家恢复重建造价管理机构，至 1983 年 8 月成立基本建设标准定额局，组织制定工程建设概预算定额、费用标准及工作制度。概预算定额统一归口，1988 年将基本建设标准定额局从国家计委划归了建设部，成立了建设部标准定额司，各省市、各部委建立了定额管理站，全国颁布一系列推动概预算管理和定额管理发展的文件和指标。我国完成了传统建设项目造价管理体制和方法的恢复工作。

第五阶段，20 世纪 90 年代初至今。随着国家体制从计划经济向市场经济的全面转移，各种市场经济下管理新理论和新方法的引进，使得建设项目造价管理的方式、理论和方法等方面也开始了全面的改革。传统的与计划经济相适应的概预算定额管理方式已越来越无法适应社会主义市场经济的需要，因此自 1992 年全国工程建设标准定额工作会议以后，我国的工程造价管理体制逐步从"量、价统一"的工程造价定额管理模式，开始向"量、价分离"并逐步实现以市场机制为主导，由政府职能部门实行协调监督的建设项目造价管理范式的转变。

1.3　工程量清单计价

工程量清单计价方法是指建设工程招标投标中，招标人按照国家统一的工程量计算规则计算并公开提供工程量清单，投标人根据招标文件、工程量清单、拟建工程的施工方案，结合本企业实际情况并考虑风险后自主报价，招标方按照经评审的合理低价确定中标价，招标投标双方据此签订合同价款，进行工程结算的一种计价活动。

为了全面推行工程量清单计价政策，根据《中华人民共和国招标投标法》和建设部令第 107 号《建筑工程发包与承包计价管理办法》，遵照国家宏观调控，市场竞争形成价格的原则，结合我国当前的实际情况，2003 年 2 月 17 日，建设部以第 119 号公告批准发布了国家标准《建设工程工程量清单计价规范》GB 50500—2003（以下简称"03 规范"），自 2003 年 7 月 1 日起实施。"03 规范"的实施，使我国工程造价从传统的以预算定额为主的计价方式向国际上通行的工程量清单计价模式转变，是我国工程造价管理政策的一项重大措施，在工程建设领域受到了广泛的关注与积极的响应。"03 规范"实施以来，在各地和有关部门的工程建设中得到了有效推行，积累了宝贵的经验，取得了丰硕的成果。但在执行中，也反映出一些不足之处。因此，为了完善工程量清单计价工作，建设部标准定额司从 2006 年开始，组织有关单位和专家对"03 规范"的正文部分进行修订。

2008 年 7 月 9 日，住房和城乡建设部以第 63 号公告，发布了《建设工程工程量清单计价规范》GB 50500—2008（以下简称"08 规范"），从 2008 年 12 月 1 日起实施。"08 规范"的出台，对巩固工程量清单计价改革的成果，进一步规范工程量清单计价行为具有十分重要的意义。

"08 规范"实施以来，对规范工程实施阶段的计价行为起到了良好作用，但由于附录修订较少，还存在有待完善的地方。2013 年，我国制定了《建设工程工程量清单计价规范》GB 50500—2013（以下简称"13 规范"），与"08 规范"相比较，"13 规范"有以下的变化：

（1）专业划分会更加精细

"13 规范"里，将"08 规范"中的六个专业（建筑、装饰、安装、市政、园林、矿山），重新进行了精细化调整，调整后分为九个专业。

其中，将建筑与装饰专业合并为一个专业，将仿古从园林专业中分开，拆解为一个新专业，同时新增了构筑物、城市轨道交通、爆破工程三个专业。

由此可见，清单规范各个专业之间的划分更加清晰、更有针对性。

（2）责任划分会更加明确

"13 规范"里，对"08 规范"里诸多责任不够明确的内容作了明确的责任划分和补充。

"08 规范"中对一些定义区分较为模糊，"13 规范"新增了对招标工程量清单和已标价工程量清单的明确阐释。对发包人提供的甲供材料、暂估材料及承包人提供的材料等处理方式作了明确说明。

"08 规范"中对解决风险的方式的强制性不够，"13 规范"里对计价风险的说明，由以前的适用性条文修改为了强制性条文，如建筑工程施工发承包，应在招标文件、合同中明确计价中的风险内容及其范围（幅度），不得采用无限风险、所有风险或类似语句规定计价中的风险内容及其范围（幅度）。并且新增了对风险的补充说明，如综合单价中应包括招标文件中划分的应由投标人承担的风险范围及其费用，招标文件中没有明确的，应提请招标人明确。

由于"08 规范"中对招标控制价的错误未作复查说明，"13 规范"新增了对招标控制价复查结果的更正说明，如当招标控制价复查结论与原公布的招标控制价误差大于±5%的，应当责成招标人改正。对低投标报价的适用性也改为了强制性条文执行。诸多由适用性改为强制性的条文和新增的责任划分说明，都透露出随着计价的改革，清单规范对责任划分原则更加清晰明确，对发承包双方应承担的责任尽可能的明确，以减少后期出现的争议。这就要求发承包双方必须在各自的责任范围内认真仔细地做好工作，尤其是可能引起争议的地方，避免错误的发生。

（3）可执行性更加强化

"13 规范"里，对一些不够明确的地方做了精确的量化说明和修改补充，如"08 规范"里对工程量偏差的说明，只是给出了解决方式，但未明确给出调整的比例和计算过程，"13 规范"给出了明确的计算说明，即合同履行期间，若实际工程量与招标工程量清单出现偏差，且超过 15% 时，调整原则为：当工程量增加 15% 以上时，其增加部分的工程量的综合单价应予调低；当工程量减少 15% 以上时，减少后剩余部分的工程量的综合单价应予调高。

总的来说,"13规范"对工程造价管理的专业性要求会越来越高,同时对争议的处理也会越来越明确,可执行性更强。相信清单规范在工程造价领域的应用将会迈上一个新的台阶。

思 考 题

1. 工程建设项目是怎样划分的?
2. 工程建设项目建设程序有哪些?
3. 什么是工程造价?
4. 工程造价的种类是怎样划分的?
5. 工程造价有哪些作用?
6. 简述我国工程造价管理的发展前景。

第2章　工程造价构成

教学目的和要求：了解工程造价的构成内容、建筑安装工程各种费用的构成内容、设备及工、器具费用和工程建设其他费用的构成内容，正确认识工程造价费用的确定，掌握工程造价费用的计算方法。

教学内容：建筑安装工程费和工程建设其他费构成与计算；预备费、固定资产投资方向调节税、建设期贷款利息、流动资金的内容；世界银行建设项目费用构成和国外建筑安装工程费用构成。

2.1　工程造价构成概述

我国投资构成包含固定资产投资和流动资产投资，建设项目总投资中的固定资产投资与建设项目的工程造价在量上相等。工程造价是工程项目按照规定的建设内容、建设标准、建设规模、功能要求和使用要求等建造完成并验收合格交付使用所需的全部费用，其构成包括用于购置土地所需费用，用于委托工程勘察设计所需费用，用于购买工程项目所含各种设备的费用，用于建筑安装施工所需费用，用于建设单位自身项目进行项目筹建和项目管理所花费费用等。总之，工程造价是工程项目按照确定的建设内容、建设规模、建设标准、功能要求和使用要求等全部建成并验收合格交付使用所需的全部费用。目前我国工程造价是由设备及工、器具购置费用、建筑安装工程费用、工程建设其他费用、预备费、建设期贷款利息、固定资产投资方向调节税等项构成。具体构成如图 2-1 所示。

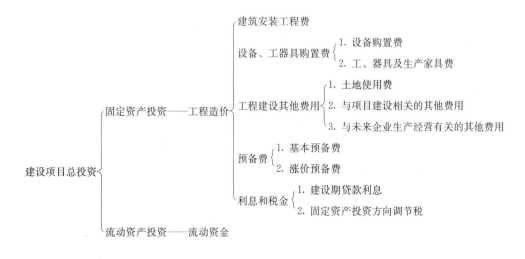

图 2-1　我国现行投资及工程造价构成

2.2 建筑安装工程造价的构成

2.2.1 建筑安装工程费用概述

建筑安装工程造价是指修建建筑物或构筑物、对需要安装设备的装配、单机试运转以及附属于安装设备的工作台、梯子、栏杆和管线铺设等工程所需要的费用，由建筑工程费用和安装工程费用两部分组成。例如：土建、给水排水、电气照明、采暖通风、各类工业管道安装和各类设备安装等单位工程的造价均称为建筑安装工程造价。

2.2.1.1 建筑工程费用

建筑工程费用包括以下内容：

(1) 各类房屋建筑工程和列入房屋建筑工程预算的供水、供电、卫生、通风、供暖、燃气等设备费用及其装饰、油饰工程的费用，列入建筑工程预算的各种管道、电力、电信和电缆导线敷设工程的费用。

(2) 设备基础、支柱、工作台、水池、烟囱、水塔等建筑工程以及各种窑炉的砌筑工程和金属结构工程的费用。

(3) 为施工而进行的场地平整、工程和水文地质勘探，原有建筑物和障碍物的拆除以及施工临时用水、电、气、路和完工后的场地清理、环境绿化等工作的费用。

(4) 矿井开凿、井巷延伸、露天矿剥离和石油、天然气钻井以及修建桥梁、公路、铁路、水库、堤坝、灌渠及防洪等工程的费用。

2.2.1.2 安装工程费用

安装工程费用包括以下内容：

(1) 生产、动力、运输、起重、传动和医疗、实验等各种需要安装的机械设备的装配费用，与设备相连的工作台、梯子、栏杆等装设工程以及附于被安装设备的管线敷设工程和被安装设备的绝缘、防腐、保温、油漆等工作的材料费和安装费。

(2) 为测定安装工作质量，对单个设备进行单机试运转和对系统设备进行系统联动无负荷试运转工作的调试费。

在住房与城乡建设部、财政部《关于印发＜建筑安装工程费用项目组成＞的通知》(建标〔2013〕44号) 文中，建筑安装工程费按照费用构成要素划分由人工费、材料费、施工机具使用费、企业管理费、利润、规费和税金组成；建筑安装工程费按照工程造价形成由分部分项工程费、措施项目费、其他项目费、规费、税金组成。具体组成如图2-2、图2-3所示。

2.2.2 按构成要素划分工程费用

建筑安装工程费按照费用构成要素划分：由人工费、材料（包含工程设备，下同）费、施工机具使用费、企业管理费、利润、规费和税金组成。其中人工费、材料费、施工机具使用费、企业管理费和利润包含在分部分项工程费、措施项目费、其他项目费中。

2.2.2.1 人工费

人工费：是指按工资总额构成规定，支付给从事建筑安装工程施工的生产工人和附属

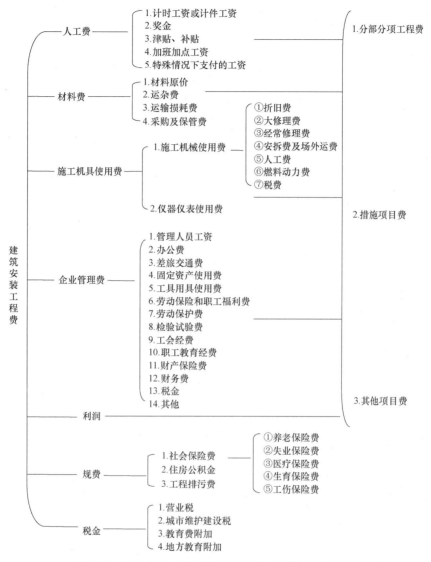

图 2-2　建筑安装工程费用项目组成（按费用构成要素）

生产单位工人的各项费用。

人工费内容包括：

（1）计时工资或计件工资：是指按计时工资标准和工作时间或对已做工作按计件单价支付给个人的劳动报酬。

（2）奖金：是指对超额劳动和增收节支支付给个人的劳动报酬，如节约奖、劳动竞赛奖等。

（3）津贴补贴：是指为了补偿职工特殊或额外的劳动消耗和因其他特殊原因支付给个人的津贴，以及为了保证职工工资水平不受物价影响支付给个人的物价补贴，如流动施工津贴、特殊地区施工津贴、高温（寒）作业临时津贴、高空津贴等。

（4）加班加点工资：是指按规定支付的在法定节假日工作的加班工资和在法定日工作时间外延时工作的加点工资。

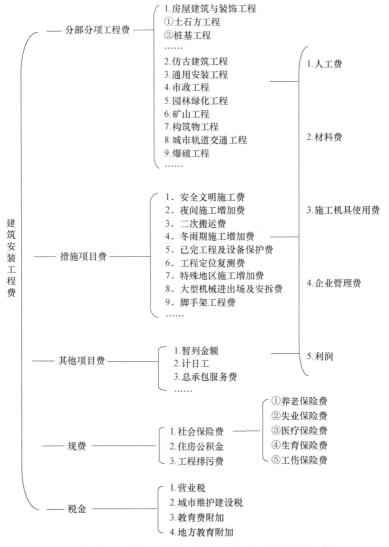

图 2-3　建设安装工程费用项目组成（按造价形成划分）

（5）特殊情况下支付的工资：是指根据国家法律、法规和政策规定，因病、工伤、产假、计划生育假、婚丧假、事假、探亲假、定期休假、停工学习、执行国家或社会义务等原因按计时工资标准或计时工资标准的一定比例支付的工资。

人工费的计算公式为：

$$人工费 = \Sigma(工日消耗量 \times 日工资单价)$$

$$日工资单价 = \frac{生产工人平均月工资(计时、计件) + 平均月(奖金 + 津贴补贴 + 特殊情况下支付的工资)}{年平均每月法定工作日}$$

2.2.2.2　材料费

材料费是指施工过程中耗费的原材料、辅助材料、构配件、零件、半成品或成品、工程设备的费用。

材料费内容包括：

（1）材料原价：是指材料、工程设备的出厂价格或商家供应价格。

（2）运杂费：是指材料、工程设备自来源地运至工地仓库或指定堆放地点所发生的全部费用。

（3）运输损耗费：是指材料在运输装卸过程中不可避免的损耗。

（4）采购及保管费：是指为组织采购、供应和保管材料、工程设备的过程中所需要的各项费用，包括采购费、仓储费、工地保管费、仓储损耗。

工程设备是指构成或计划构成永久工程一部分的机电设备、金属结构设备、仪器装置及其他类似的设备和装置。

材料费的计算公式为：

材料费＝∑（材料消耗量×材料单价）

材料单价＝[（材料原价＋运杂费）×〔1＋运输损耗率（％）〕]×[1＋采购保管费率（％）]

工程设备费＝∑（工程设备量×工程设备单价）

工程设备单价＝（设备原价＋运杂费）×[1＋采购保管费率（％）]

2.2.2.3　施工机具使用费

施工机具使用费是指施工作业所发生的施工机械、仪器仪表使用费或其租赁费。

施工机械使用费：以施工机械台班耗用量乘以施工机械台班单价表示，施工机械台班单价应由下列七项费用组成：

（1）折旧费：指施工机械在规定的使用年限内，陆续收回其原值的费用。

（2）大修理费：指施工机械按规定的大修理间隔台班进行必要的大修理，以恢复其正常功能所需的费用。

（3）经常修理费：指施工机械除大修理以外的各级保养和临时故障排除所需的费用。包括为保障机械正常运转所需替换设备与随机配备工具附具的摊销和维护费用，机械运转中日常保养所需润滑与擦拭的材料费用及机械停滞期间的维护和保养费用等。

（4）安拆费及场外运费：安拆费指施工机械（大型机械除外）在现场进行安装与拆卸所需的人工、材料、机械和试运转费用以及机械辅助设施的折旧、搭设、拆除等费用；场外运费指施工机械整体或分体自停放地点运至施工现场或由一施工地点运至另一施工地点的运输、装卸、辅助材料及架线等费用。

（5）人工费：指机上司机（司炉）和其他操作人员的人工费。

（6）燃料动力费：指施工机械在运转作业中所消耗的各种燃料及水、电等。

（7）税费：指施工机械按照国家规定应缴纳的车船使用税、保险费及年检费等。

仪器仪表使用费是指工程施工所需使用的仪器仪表的摊销及维修费用。

施工机具使用费的计算公式为：

施工机械使用费＝∑（施工机械台班消耗量×机械台班单价）

机械台班单价＝台班折旧费＋台班大修费＋台班经常修理费＋台班安拆费及场外运费＋台班人工费＋台班燃料动力费＋台班车船税费

仪器仪表使用费＝工程使用的仪器仪表摊销费＋维修费

2.2.2.4　企业管理费

企业管理费是指建筑安装企业组织施工生产和经营管理所需的费用。

企业管理费内容包括：

（1）管理人员工资：是指按规定支付给管理人员的计时工资、奖金、津贴补贴、加班加点工资及特殊情况下支付的工资等。

（2）办公费：是指企业管理办公用的文具、纸张、账表、印刷、邮电、书报、办公软件、现场监控、会议、水电、烧水和集体取暖降温（包括现场临时宿舍取暖降温）等费用。

（3）差旅交通费：是指职工因公出差、调动工作的差旅费、住勤补助费、市内交通费和误餐补助费，职工探亲路费，劳动力招募费，职工退休、退职一次性路费，工伤人员就医路费，工地转移费以及管理部门使用的交通工具的油料、燃料等费用。

（4）固定资产使用费：是指管理和试验部门及附属生产单位使用的属于固定资产的房屋、设备、仪器等的折旧、大修、维修或租赁费。

（5）工具用具使用费：是指企业施工生产和管理使用的不属于固定资产的工具、器具、家具、交通工具和检验、试验、测绘、消防用具等的购置、维修和摊销费。

（6）劳动保险和职工福利费：是指由企业支付的职工退职金、按规定支付给离休干部的经费，集体福利费、夏季防暑降温、冬季取暖补贴、上下班交通补贴等。

（7）劳动保护费：是企业按规定发放的劳动保护用品的支出。如工作服、手套、防暑降温饮料以及在有碍身体健康的环境中施工的保健费用等。

（8）检验试验费：是指施工企业按照有关标准规定，对建筑以及材料、构件和建筑安装物进行一般鉴定、检查所发生的费用，包括自设试验室进行试验所耗用的材料等费用。不包括新结构、新材料的试验费，对构件做破坏性试验及其他特殊要求检验试验的费用和建设单位委托检测机构进行检测的费用，对此类检测发生的费用，由建设单位在工程建设其他费用中列支。但对施工企业提供的具有合格证明的材料进行检测不合格的，该检测费用由施工企业支付。

（9）工会经费：是指企业按《工会法》规定的全部职工工资总额比例计提的工会经费。

（10）职工教育经费：是指按职工工资总额的规定比例计提，企业为职工进行专业技术和职业技能培训，专业技术人员继续教育、职工职业技能鉴定、职业资格认定以及根据需要对职工进行各类文化教育所发生的费用。

（11）财产保险费：是指施工管理用财产、车辆等的保险费用。

（12）财务费：是指企业为施工生产筹集资金或提供预付款担保、履约担保、职工工资支付担保等所发生的各种费用。

（13）税金：是指企业按规定缴纳的房产税、车船使用税、土地使用税、印花税等。

（14）其他：包括技术转让费、技术开发费、投标费、业务招待费、绿化费、广告费、公证费、法律顾问费、审计费、咨询费、保险费等。

企业管理费以规定基数乘以相应费率计算，《建筑安装工程费用项目组成》对管理费费率规定如下

当以分部分项工程费为计算基础时：

$$企业管理费费率（\%）=\frac{生产工人年平均管理费}{年有效施工天数×人工单价}×人工费占分部分项工程费比例（\%）$$

当以人工费和机械费合计为计算基础时：

$$企业管理费费率（\%）=\frac{生产工人年平均管理费}{年有效施工天数×（人工单价＋每一工日机械使用费）}×100\%$$

当以人工费为计算基础时：

$$企业管理费费率（\%）=\frac{生产工人年平均管理费}{年有效施工天数×人工单价}×100\%$$

2.2.2.5 利润

利润是指施工企业完成所承包工程获得的盈利。

《建筑安装工程费用项目组成》规定：施工企业根据企业自身需求并结合建筑市场实际自主确定，列入报价中；工程造价管理机构在确定计价定额中利润时，应以定额人工费或（定额人工费＋定额机械费）作为计算基数，其费率根据历年工程造价积累的资料，并结合建筑市场实际确定，以单位（单项）工程测算，利润在税前建筑安装工程费的比重可按不低于5%且不高于7%的费率计算。利润应列入分部分项工程和措施项目中。

2.2.2.6 规费

规费是指按国家法律、法规规定，由省级政府和省级有关权力部门规定必须缴纳或计取的费用。

规费内容包括：

（1）社会保险费

① 养老保险费：是指企业按照规定标准为职工缴纳的基本养老保险费。

② 失业保险费：是指企业按照规定标准为职工缴纳的失业保险费。

③ 医疗保险费：是指企业按照规定标准为职工缴纳的基本医疗保险费。

④ 生育保险费：是指企业按照规定标准为职工缴纳的生育保险费。

⑤ 工伤保险费：是指企业按照规定标准为职工缴纳的工伤保险费。

（2）住房公积金：是指企业按规定标准为职工缴纳的住房公积金。

（3）工程排污费：是指按规定缴纳的施工现场工程排污费。

其他应列而未列入的规费，按实际发生计取。

《建筑安装工程费用项目组成》规定：社会保险费和住房公积金应以定额人工费为计算基础，根据工程所在地省、自治区、直辖市或行业建设主管部门规定费率计算。

社会保险费和住房公积金＝∑（工程定额人工费×社会保险费和住房公积金费率）

工程排污费等其他应列而未列入的规费应按工程所在地环境保护等部门规定的标准缴纳，按实计取列入。

2.2.2.7 税金

税金是指国家税法规定的应计入建筑安装工程造价内的营业税、城市维护建设税、教育费附加以及地方教育附加。

营业税的税额为营业额的3%。其中营业额是指从事建筑、安装、修缮、装饰及其他工程作业收取的全部收入，还包括建筑、修缮、装饰工程所用原材料及其他物资和动力的价款。当以安装的设备价值作为安装工程产值时，亦包括所安装设备的价款。但建筑业的总承包人将工程分包给他人的，其营业额中不包括付给分包人的价款。

城乡维护建设税是国家为了加强城乡的维护建设，扩大和稳定城市、乡镇维护建设资金来源，而对有经营收入的单位和个人征收的一种税。城乡维护建设税的纳税人所在地为市区的，按营业税的7%征收；所在地为县镇的，按营业税的5%征收；所在地在农村的，按营业税的1%征收。城乡维护建设税应纳税额的计算公式为：

$$应纳税额＝应税营业收入额×适用生产率$$

教育费附加的税额为营业税的 3%，与营业税同时缴纳。

计算公式为：

$$税金＝（税前造价＋利润）×税率$$

其中，税率计算公式为：

（1）纳税地点在市区的企业

$$综合税率（\%）＝\frac{1}{1-3\%-（3\%×7\%）-（3\%×3\%）-（3\%×2\%）}-1$$

（2）纳税地点在县城、镇的企业

$$综合税率（\%）＝\frac{1}{1-3\%-（3\%×5\%）-（3\%×3\%）-（3\%×2\%）}-1$$

（3）纳税地点不在市区、县城、镇的企业

$$综合税率（\%）＝\frac{1}{1-3\%-（3\%×1\%）-（3\%×3\%）-（3\%×2\%）}-1$$

（4）实行营业税改增值税的，按纳税地点现行税率计算。

2.2.3 按造价形成划分工程费用

建筑安装工程费按照工程造价形成由分部分项工程费、措施项目费、其他项目费、规费、税金组成，分部分项工程费、措施项目费、其他项目费包含人工费、材料费、施工机具使用、企业管理费和利润。

2.2.3.1 分部分项工程费

分部分项工程费是指各专业工程的分部分项工程应予列支的各项费用。

专业工程是指按现行国家计量规范划分的房屋建筑与装饰工程、仿古建筑工程、通用安装工程、市政工程、园林绿化工程、矿山工程、构筑物工程、城市轨道交通工程、爆破工程等各类工程。

分部分项工程指按现行国家计量规范对各专业工程划分的项目。如房屋建筑与装饰工程划分的土石方工程、地基处理与桩基工程、砌筑工程、钢筋及钢筋混凝土工程等。

各类专业工程的分部分项工程划分见现行国家或行业计量规范。

分部分项工程费计算可参考以下公式：

分部分项工程费＝∑（分部分项工程量×综合单价）

式中：综合单价包括人工费、材料费、施工机具使用费、企业管理费和利润以及一定范围的风险费用。

2.2.3.2 措施项目费

措施项目费是指为完成建设工程施工，发生于该工程施工前和施工过程中的技术、生活、安全、环境保护等方面的费用。

措施项目费内容包括：

（1）安全文明施工费

① 环境保护费：是指施工现场为达到环保部门要求所需要的各项费用。

② 文明施工费：是指施工现场文明施工所需要的各项费用。

③ 安全施工费：是指施工现场安全施工所需要的各项费用。

④ 临时设施费：是指施工企业为进行建设工程施工所必须搭设的生活和生产用的临时建筑物、构筑物和其他临时设施费用。包括临时设施的搭设、维修、拆除、清理费或摊销费等。

（2）夜间施工增加费：是指因夜间施工所发生的夜班补助费、夜间施工降效、夜间施工照明设备摊销及照明用电等费用。

（3）二次搬运费：是指因施工场地条件限制而发生的材料、构配件、半成品等一次运输不能到达堆放地点，必须进行二次或多次搬运所发生的费用。

（4）冬雨期施工增加费：是指在冬期或雨期施工需增加的临时设施、防滑、排除雨雪，人工及施工机械效率降低等费用。

（5）已完工程及设备保护费：是指竣工验收前，对已完工程及设备采取的必要保护措施所发生的费用。

（6）工程定位复测费：是指工程施工过程中进行全部施工测量放线和复测工作的费用。

（7）特殊地区施工增加费：是指工程在沙漠或其边缘地区、高海拔、高寒、原始森林等特殊地区施工增加的费用。

（8）大型机械设备进出场及安拆费：是指机械整体或分体自停放场地运至施工现场或由一个施工地点运至另一个施工地点，所发生的机械进出场运输及转移费用及机械在施工现场进行安装、拆卸所需的人工费、材料费、机械费、试运转费和安装所需的辅助设施的费用。

（9）脚手架工程费：是指施工需要的各种脚手架搭、拆、运输费用以及脚手架购置费的摊销（或租赁）费用。

措施项目及其包含的内容详见各类专业工程的现行国家或行业计量规范。

措施项目费按计费方式分为两类。

第一类：国家计量规范规定应予计量的措施项目，其计算公式为：

措施项目费＝∑（措施项目工程量×综合单价）

第二类：国家计量规范规定不宜计量的措施项目，如安全文明施工费、夜间施工增加费、冬雨期施工增加费、已完工程及设备保护费等，以计算基数乘以费率的方法计算。

2.2.3.3 其他项目费

（1）暂列金额：是指建设单位在工程量清单中暂定并包括在工程合同价款中的一笔款项。用于施工合同签订时尚未确定或者不可预见的所需材料、工程设备、服务的采购，施工中可能发生的工程变更、合同约定调整因素出现时的工程价款调整以及发生的索赔、现场签证确认等的费用。

暂列金额由建设单位根据工程特点，按有关计价规定估算，施工过程中由建设单位掌握使用、扣除合同价款调整后如有余额，归建设单位。

（2）计日工：是指在施工过程中，施工企业完成建设单位提出的施工图纸以外的零星项目或工作所需的费用。

计日工由建设单位和施工企业按施工过程中的签证计价。

（3）总承包服务费：是指总承包人为配合、协调建设单位进行的专业工程发包，对建设单位自行采购的材料、工程设备等进行保管以及施工现场管理、竣工资料汇总整理等服务所需的费用。

总承包服务费由建设单位在招标控制价中根据总包服务范围和有关计价规定编制，施工企业投标时自主报价，施工过程中按签约合同价执行。

2.2.3.4 规费

定义与计算见 2.2.2.6。

2.2.3.5 税金

定义与计算见 2.2.2.7。

2.3 设备及工、器具购置费用的构成

设备及工、器具购置费用是由设备购置费和工具、器具及生产家具购置费组成的，它是固定资产投资中的重要部分。

2.3.1 设备购置费的构成及计算

设备购置费是指为建设项目购置或自制的达到固定资产标准的各种国产或进口设备、工具、器具的购置费用。它由设备原价和设备运杂费构成。

$$设备购置费 = 设备原价 + 设备运杂费$$

上式中，设备原价指国产设备或进口设备的原价；设备运杂费指除设备原价之外的关于设备采购、运输、途中包装、装卸及仓库保管等方面支出费用的总和。

2.3.1.1 国产设备原价的构成及计算

国产设备原价一般指的是设备制造厂的交货价，即出厂价，或订货合同价。它一般根据生产厂或供应商的询价、报价、合同价确定，或采用一定的方法计算确定。国产设备原价分为国产标准设备原价和国产非标准设备原价。

（1）国产标准设备原价。国产标准设备是指按照主管部门颁布的标准图纸和技术要求，由我国设备生产厂批量生产的，符合国家质量检测标准的设备。有的国产标准设备原价有两种，即带有备件的原价和不带有备件的原价。在计算时，一般采用带有备件的原价。

（2）国产非标准设备原价。国产非标准设备是指国家尚无定型标准，各设备生产厂不可能在工艺过程中批量生产，只能按一次订货，并根据具体的设计图纸制造的设备。非标准设备原价有多种不同的计算方法，如成本计算估价法、系列设备插入估价法、分部组合估价法、定额估价法等。但无论采用哪种方法都应该使非标准设备计价接近实际出厂价，并且计算方法要简便。按成本计算估价法，非标准设备的原价由以下各项组成：

① 材料费。其计算公式如下：

$$材料费 = 材料净重 \times (1 + 加工损耗系数) \times 每吨材料综合价$$

② 加工费。包括生产工人工资和工资附加费、燃料动力费、设备折旧费、车间经费等。其计算公式如下：

$$加工费 = 设备总重量(t) \times 设备每吨加工费$$

③ 辅助材料费（简称辅材费）。包括焊条、焊丝、氧气、氩气、氮气、油漆、电石等费用。其计算公式如下：

辅助材料费＝设备总重量×辅助材料费指标

④ 专用工具费。按（1）～（3）项之和乘以一定百分比计算。

⑤ 废品损失费。按（1）～（4）项之和乘以一定百分比计算。

⑥ 外购配套件费。按设备设计图纸所列的外购配套件的名称、型号、规格、数量、重量，根据相应的价格加运杂费计算。

⑦ 包装费。按以上（1）～（6）项之和乘以一定百分比计算。

⑧ 利润。可按（1）～（5）项加第（7）项之和乘以一定利润率计算。

⑨ 税金。主要指增值税。计算公式为：

$$增值税＝当期销项税额－当期进项税额$$
$$当期销项税额＝销售额×适用增值税率$$

⑩ 非标准设备设计费：按国家规定设计费收费标准计算。

综上所述，单台非标准设备原价可用下面的公式表达为：

单台非标准设备原价＝｛［（材料费＋加工费＋辅助材料费）×（1＋专用工具费率）×（1＋废品损失费率）＋外购配套件费］×（1＋包装费率）－外购配套件费｝×（1＋利润率）＋销项税金＋非标准设备设计费＋外购配套件费

2.3.1.2　进口设备原价的构成及计算

进口设备的原价是指进口设备的抵岸价，即抵达买方边境港口或边境车站，且交完关税为止形成的价格。进口设备抵岸价由进口设备货价和进口从属费用组成。

（1）设备的交货类别

可分为内陆交货类、目的地交货类、装运港交货类。不同的交货方式下买卖双方承担的风险不同。

内陆交货类，即卖方在出口国内陆的某个地点交货。在交货地点，卖方及时提交合同规定的货物和有关凭证，并负担交货前的一切费用和风险；买方按时接受货物，交付货款，负担接货后的一切费用和风险，并自行办理出口手续和装运出口。货物的所有权也在交货后由卖方转移给买方。

目的地交货类，即卖方在进口国的港口或内地交货，有目的港船上交货价、目的港船边交货价（FOS）和目的港码头交货价（关税已付）及完税后交货价（进口国的指定地点）等几种交货价。它们的特点是：买卖双方承担的责任、费用和风险是以目的地约定交货点为分界线，只有当卖方在交货点将货物置于买方控制下才算交货，才能向买方收取货款。这种交货类别对卖方来说承担的风险较大，在国际贸易中卖方一般不愿采用。

装运港交货类，即卖放在出口国装运港交货，主要有装运港船上交货价（FOB），习惯称离岸价格；运费在内价和运费、保险费在内价（CIF），习惯称到岸价格。它们的特点是：卖方按照约定的时间在装运港交货，只要卖方把合同规定的货物装船后提供货运单据便完成交货任务，可凭单据收回货款。

装运港船上交货价（FOB）是我国进口设备采用最多的一种货价。采用船上交货价时卖方的责任有：在规定的期限内，负责在合同规定的装运港口将货物装上买方指定的船只，并及时通知买方；负担货物装船前的一切费用和风险；负责办理出口手续；提供出口国政府或有关方面签发的证件；负责提供有关装运单据。买方的责任有：负责租船或订舱，支付运费，并将船期、船名通知卖方；负担货物装船后的一切费用和风险；负责办理保险及支付保险费，办理在目的港的进口和收货手续；接受卖方提供的有关装运单据，并按合同规定支付货款。

（2）进口设备抵岸价格构成及计算

通常，进口设备采用最多的是装运港船上交货价（FOB），其抵岸价构成可概括如下：

进口设备抵岸价＝货价＋国际运费＋运输保险费＋银行财务费＋外贸手续费＋关税＋增值税＋消费税＋海关监管手续费＋车辆购置附加费

① 货价。进口设备的货价一般可采用下列公式计算：

$$货价＝离岸价（FOB）\times 银行牌价（卖价）$$

式中，外币金额一般是指引进设备装运港船上交货价（FOB）。

② 国际运费。即从装运港（站）到达我国抵达港（站）的运费，我国进口设备大部分采用海洋运输方式，亦有采用铁路运输方式或航空运输方式。进口设备国际运费计算公式为：

$$国际运费＝离岸价（FOB）\times 运费率$$

或

$$国际运费＝运量\times 单位运价$$

③ 运输保险费。对外贸易货物运输保险是由保险人（保险公司）与被保险人（出口人或进口人）订立保险契约，在被保险人交付议定的保险费后，保险人根据保险契约的规定对货物在运输过程中发生的承保责任范围内的损失给予经济上的补偿。

$$运输保险费＝\frac{原币货价＋国际运费}{1-保险费率}\times 保险费率$$

其中，保险费率按保险公司规定的进口货物保险费率计算。

④ 银行财务费。一般指中国银行手续费，一般为 $4‰\sim5‰$。

$$银行财务费＝离岸价\times 人民币外汇牌价（FOB）\times 银行财务费率$$

⑤ 外贸手续费。是指按对外经济贸易部（现商务部）规定的外贸手续费率计取的费用，外贸手续费率一般取 1.5%。可按下式简化计算：

$$外贸手续费＝[离岸价（FOB）＋国际运费＋运输保险费]\times 外贸手续费率$$

⑥ 关税。关税是由海关对进出国境或关境的货物和物品征收的一种税，属于流转性课税。对进口设备征收的进口关税实行最低和普通两种税率。普通税率适用于产自与我国未订有关税互惠条款的贸易条约或协定国家与地区的进口设备；最低税率适用于产自与我国订有关税互惠条款的贸易条约或协定国家与地区的进口设备。进口设备的完税价格是指设备运抵我国口岸的到岸价格。

$$关税＝到岸价格（CIF）\times 进口关税税率$$

其中，到岸价格（CIF）包括离岸价格（FOB）、国际运费、运输保险等费用，它作为关税完税价格。

⑦ 增值税。增值税是我国政府对从事进口贸易的单位和个人，在进口商品报关进口后征收的税种。我国增值税条例规定，进口应税产品均按组成计税价格，依率直接计算应纳税额，不扣除任何项目的金额或已纳税额。即

$$进口产品增值税额＝组成计税价格\times 增值税税率$$

$$组成计税价格＝到岸价格＋关税＋消费税$$

增值税税率根据规定的税率计算，一般增值税基本税率为 17%。

20

⑧ 消费税。对部分进口设备（如轿车、摩托车等）征收，一般计算公式为：

$$应纳消费税额=\frac{到岸价+关税}{1-消费税税率}\times消费税税率$$

其中，消费税税率根据规定的税率计算。

⑨ 海关监管手续费。指海关对进口减税、免税、保税货物实施监督、管理、提供服务的手续费。对于全额征收进口关税的货物不计本项费用。其公式如下：

$$海关监管手续费=到岸价\times海关监管手续费率（一般为0.3\%）$$

⑩ 车辆购置附加费：进口车辆需缴进口车辆购置附加费。其公式如下：

$$进口车辆购置附加费=（到岸价+关税+消费税+增值税）\times进口车辆购置附加费率$$

2.3.1.3 设备运杂费的构成及计算

（1）设备运杂费的构成

设备运杂费通常由下列各项构成：

① 运费和装卸费。国产设备由设备制造厂交货地点至工地仓库（或施工组织设计指定的需要安装设备的堆放地点）止所发生的运费和装卸费；进口设备则由我国到港口或边境车站起至工地仓库（或施工组织设计指定的需安装设备的堆放地点）止所发生的运费和装卸费。

② 包装费。在设备原价中没有包含的，为运输而进行的包装支出的各种费用。

③ 设备供销部门的手续费。按有关部门规定的统一费率计算。

④ 采购与仓库保管费。指采购、验收、保管和收发设备所发生的各种费用，包括设备采购人员、保管人员和管理人员的工资、工资附加费、办公费、差旅交通费、设备供应部门办公和仓库所占固定资产使用费、工具用具使用费、劳动保护费、检验实验费等。这些费用可按主管部门规定的采购与保管费费率计算。

（2）设备运杂费的计算

设备运杂费按设备原价乘以设备运杂费率计算，其公式为：

$$设备运杂费=设备原价\times设备运杂费率$$

其中，设备运杂费率按各部门及省、市等的规定计取。

2.3.2 工具、器具及生产家具购置费的构成及计算

设备及工具、器具购置费，是指新建或扩建项目初步设计规定的，保证初期正常生产必须购置的没有达到固定资产标准的设备、仪器、工卡模具、器具、生产家具和备品备件等的购置费用。一般以设备购置费为计算基础，按照部门或行业规定的工具、器具及生产家具费率计算。计算公式为：

$$工具、器具及生产家具购置费=设备购置费\times定额费率$$

2.4 工程建设其他费用的构成

工程建设其他费用是指从工程筹建起到工程竣工验收交付使用止的整个建设期间，除建筑安装工程费用和设备、工器具购置费以外的、为保证工程建设顺利完成和交付使用后能够正常发挥效用而发生的各项费用的总和。

工程建设其他费用，按内容大体可分为土地使用费、与项目建设有关的其他费用和与企业未来生产经营有关的其他费用。

2.4.1 土地使用费

土地使用费是指通过划拨方式取得土地使用权而支付的土地征用及迁移补偿费，或通过土地使用权出让方式取得土地使用权而支付的土地使用权出让金。征收土地使用费是国家土地所有权的经济体现，是政府加强土地管理，合理配置土地资源的经济手段。土地使用费由土地租用费和土地开发费构成。土地租用费是我国土地所有权在经济上的实现形式，体现的是土地使用权的转让关系。土地开发费是国家对土地开发投资在经济上的补偿形式，体现的是土地投资的所有权的转让关系。土地使用费的标准可根据场地的位置、周围的开发程度、公共设施的完善情况等因素加以确定；也可参照当地相同条件土地的批租单价和开发费用加以估算。根据《中华人民共和国土地管理法》等法规的规定，土地使用费用由以下几个部分构成。

2.4.1.1 土地征用及迁移补偿费

土地征用及迁移补助费，是指经营性建设项目通过出让方式购置的土地使用权（或建设项目通过划拨方式取得无限期的土地使用权），依照《中华人民共和国土地管理法》等规定支付的费用。其内容包括：

（1）土地补偿费。征用耕地（包括菜地）的补偿标准，为该地年产值的3～6倍，具体补偿标准由省、自治区、直辖市人民政府在此范围内制定。征用园地、鱼塘、藕塘、苇塘、宅基地、林地、牧场、草原等的补偿标准，由省、自治区、直辖市人民政府制定。征收无收益的土地，不予补偿。

（2）地上附着物和青苗补偿费。这些补偿费的标准由省、自治区、直辖市人民政府制定。征用城市郊区的菜地时，还应按照有关规定向国家缴纳新菜地开发建设基金。

（3）安置补偿费。征用耕地、菜地的每个农业人口的安置补助费为该地每亩年产值的2～3倍，每亩耕地的安置补助费最高不得超过其年产值的10倍。

（4）缴纳的耕地占用税、城镇土地使用税、土地登记费和征地管理费等。县市土地管理机关从征地费中提取土地管理费的比率，要按征地工作量大小，视不同情况，在1%～4%幅度内提取。

（5）余物迁建补偿费。包括征用土地上的房屋及附属构筑物、城市公共设施等拆除、迁建补偿费、搬迁运输费。企业单位因搬迁造成的减产、停工损失补贴费和拆迁管理费等。

（6）水利水电工程水库淹没处理补偿费。包括农村移民安置迁建费，城市迁建补偿费，库区工矿企业、交通、电力、通信、广播、管网、水利等和恢复、迁建补偿费，库底清理费，防护工程费，环境影响补偿费用等。

（7）建设单位在建设过程中发生的土地复垦费用和土地损失补偿费用以及建设期间临时占地补偿费。根据《中华人民共和国土地管理法》规定，国家建设经批准使用的临时用地，按有关规定给予补偿，但累计补偿不得超出按征用土地计算的补偿费和安置补助费的总和。临时用地的费用补偿，还应视对土地的损坏程度，支付一定的土地复垦费用。

2.4.1.2　土地使用权出让金

土地使用权出让金是指建设项目通过土地使用权出让方式，取得有限期的土地使用权，依照《中华人民共和国城镇国有土地使用权出让和转让暂行条例》规定支付的土地使用权出让金。其内容包括：

（1）明确国家是土地的惟一所有者，并分层次、有偿、有限期地出让、转让城市土地。第一层次是城市政府将国有土地使用权出让给用地者，该层次由城市政府垄断经营。出让对象可以是有法人资格的企事业单位，也可以是外商。第二层次及以下层次的转让则发生在使用者之间。

（2）城市土地的出让和转让可采用协议、招标、公开拍卖等方式。

① 协议方式是由用地单位申请，经市政府批准同意后双方洽谈具体地块及地价。该方式适用于市政工程、公益事业用地及需要减免地价的机关、部队用地和需要重点扶持、优先发展的产业用地。

② 招标方式是在规定的期限内，由用地单位以书面形式投标，市政府根据投标报价、所提供的规划方案以及企业信誉综合考虑，择优而取。该方式适用于一般工程建设用地。

③ 公开拍卖是指在指定的地点和时间，由申请用地者叫价应价，价高者得。这完全是由市场竞争决定，适用于盈利高的行业用地。

（3）在有偿出让和转让土地时，政府对地价不作统一规定，但应考虑地价对目前的投资环境的影响，与当地的社会经济承受能力适应程度以及已投入的土地开发费用、土地市场供求关系、土地用途和使用年限等。政府有偿出让土地使用权的年限，各地可根据时间、区位等各种条件作不同的规定，一般可在 30～99 年之间。

（4）土地有偿出让和转让，土地使用者和所有者要签约，明确使用者对土地享有的权利和对土地所有者应承担的义务：有偿出让和转让使用权，要向土地受让者征收契税；转让土地如有增值，要向转让者征收土地增值税；在土地转让期间，国家要区别不同地段、不同用途向土地使用者收取土地占用费。

2.4.2　与项目建设有关的其他费用

根据项目的不同，与项目建设有关的其他费用构成不完全相同，一般包含下列内容：

2.4.2.1　建设单位管理费

建设单位管理费是指建设项目从立项、筹建、建设、联合试运转、竣工验收交付使用及后评估等全过程管理所需费用。内容包括：

（1）单位建设开办费。指新建项目为保证筹建和建设工作正常进行所需办公设备、生活家具、用具、交通工具等购置费用。

（2）建设单位经费。包括工作人员的基本工资、工资性补贴、职工福利费、劳动保护费、劳动保险费、办公费、差旅交通费、工会经费、职工教育经费、固定资产使用费、工具用具使用费、技术图书资料费、生产人员招募、工程招标费、合同契约公证费、工程质量监督检测费、工程咨询费、法律顾问费、审计费、业务招待费、排污费、竣工交付使用清理及竣工验收、后评估等费用。

建设单位管理费＝工程费用×建设单位管理费指标

其中　　　工程费用＝建筑安装工程费用＋设备及工具、器具购置费用

2.4.2.2　勘察设计费

勘察设计费是指为本建设项目提供项目建议书、可行性研究报告及设计文件所需费用。内容包括：

（1）编制项目建议书、可行性研究报告及投资估算、工程咨询、评价以及为编制上述文件所进行勘察、设计、研究试验等所需费用。

（2）委托勘察、设计单位进行初步设计、施工图设计及概预算编制等所需费用。

（3）在规定范围内由建设自行完成的勘察、设计及工作所需费用。

勘察设计费中，项目建议书、可行性研究报告按国家颁布的收费标准计算；设计费按国家颁布的工程设计收费标准计算。

2.4.2.3　研究试验费

研究试验费是指为建设项目提供和验证设计参数、数据、资料等所进行的必要的试验费用以及设计规定在施工中必须进行试验、验证所需费用，包括自行或委托其他部门研究试验所需人工费、材料费、试验设备及仪器使用费等。这项费用按照设计单位根据本工程项目的需要提出的研究试验内容和要求计算。

2.4.2.4　工程监理费

工程监理费是指建设单位委托工程监理单位对工程实施监理工作所需费用。根据国家物价局、住房和城乡建设部《关于发布工程建设监理费用有关规定的通知》等相关文件规定计算。

2.4.2.5　工程保险费

工程保险费是指建设项目在建设期间根据需要实施工程保险所需的费用。包括以建筑工程及其在施工过程中的各种物料、机器设备为保险标的建筑工程一切险，以安装工程中的各种机器、机械设备为保险标的安装工程一切险，以及机器损坏保险等。根据不同的工程类别，分别以其建筑、安装工程费乘以建筑、安装工程保险费率计算。民用建筑占建筑工程费的 2‰～4‰；安装工程占建筑工程费的 3‰～6‰；其他建筑占建筑工程费的 3‰～6‰。

2.4.2.6　建设单位临时设施费

建设单位临时设施费是指建设期间建设单位所需临时设施的搭设、维修、摊销费用或租赁费用。临时设施包括临时宿舍、文化福利及公用事业房屋及构筑物、仓库、办公室、加工厂以及规定范围内的道路、水、电、管线等临时设施和小型临时设施。

2.4.2.7　工程承包费

工程承包费是指具有总承包条件的工程公司，对工程建设项目从开始建设至竣工投产全过程的总承包所需的管理费用。具体内容包括组织勘察设计、设备材料采购、非标设备设计制造与销售、施工招标、发包、工程预决算、项目管理、施工质量监督、隐蔽工程检查、验收和试车直至竣工投产的各种管理费用。该费用按国家主管部门或省、自治区、直辖市协调规定的工程总承包费取费标准计算。如无规定时，一般工业建设项目为投资估算的 6％～8％，民用建筑（包括住宅建设）和市政项目为 4％～6％。不实行工程承包的项目不计算本项费用。

2.4.2.8 引进技术和进口设备其他费用

引进技术及进口设备其他费用，包括出国人员费用、国外工程技术人员来华费用、技术引进费、分期或延期付款利息、担保费以及进口设备检验鉴定费。

（1）出国人员费用。指为引进技术和进口设备派出人员在国外培训和进行设计联络及设备检验等的差旅费、制装费、生活费等。这项费用根据设计规定的出国培训和工作的人数、时间及派往国家，按财政部、外交部规定的临时出国人员费用开支标准及中国民用航空公司现行国际航线票价等进行计算，其中使用外汇部分应计算银行财务费用。

（2）国外工程人员来华费用。指为安装进口设备、引进国外技术等聘用外国工程技术人员进行技术指导工作所发生的费用。包括技术服务费、国外技术人员的在华工资、生活补贴、差旅费、医药费、住宿费、交通费、宴请费、参观游览等招待费用。这项费用按每人每月费用指标计算。

（3）技术引进费。指为引进国外先进技术而支付的费用。包括专利费、专有技术费（技术保密）、国外设计及技术资料费、计算机软件费等。这项费用根据合同或协议的价格计算。

（4）分期或延期付款利息。指利用出口信贷引进技术或进口设备采取分期或延期付款的办法所支付的利息。

（5）担保费。指国内金融机构为买方出具保函的担保费。这项费用按有关金融机构规定的担保费率计算（一般可按承保金额的5‰计算）。

（6）进口设备检验鉴定费用。指进口设备按规定付给商品检验部门的进口设备检验鉴定费。这项费用按进口设备货价的3‰～5‰计算。

2.4.3 与未来企业生产经营有关的其他费用

2.4.3.1 联合试运转费

联合试运转费是指新建企业或新增加生产工艺过程的扩建企业在竣工验收前，按照设计规定的工程质量标准，进行整个车间的负荷或无负荷联合试运转发生的费用支出大于试运转收入的亏损部分。不包括应由设备安装工程费项目开支的单台设备调试费及试车费用。以"单项工程费用"总和为基础，按照工程项目的不同规模分别规定的试运转费率计算或试运转费的总金额包干使用。

2.4.3.2 生产准备费

生产准备费是指新建企业或新增生产能力的企业，为保证竣工交付使用进行必要的生产准备所发生的费用。费用内容包括：

（1）生产人员培训费、自行培训、委托其他单位培训人员的工资、工资性补贴、职工福利费、差旅交通费、学习资料费、学习费、劳动保护费。

（2）生产单位提前进厂参加施工、设备安装、调试以及熟悉工艺流程与设备性能等人员的工资、工资性补助、职工福利费、差旅交通费、劳动保护费等。

2.4.3.3 办公和生活家具购置费

办公和生活家具购置费是指为保证新建、改建、扩建项目如期正常生产、使用和管理所必须购置的办公和生活家具、用具的费用。这项费用按照设计定员人数乘以综合指标计算。

2.5 预备费的构成

预备费又称不可预见费，包括基本预备费和工程造价调整所引起的涨价预备费。

2.5.1 基本预备费

基本预备费是指在项目实施中可能发生的难以预料的工程费用，主要指设计变更及施工过程中可能增加的工程量的费用。具体包括：

(1) 在批准的初步设计范围内，技术设计、施工图设计及施工过程中所增加的工程费用；设计变更、局部地基处理等增加的费用。

(2) 一般自然灾害造成的损失和预防自然灾害所采取的措施费用。实行工程保险的工程项目费用应适当降低。

(3) 竣工验收时为鉴定工程质量对隐蔽工程进行必要的挖掘和修复费用。

计算公式为：

基本预备费＝(设备及工器具购置费＋建筑安装工程费＋工程建设其他费)×基本预备费率

2.5.2 涨价预备费

涨价预备费是指建设项目在建设期内由于价格等变化引起工程造价变化的预测预留费用。费用内容包括：人工、设备、材料、施工机械的价差费，建筑安装工程费及工程建设其他费用调整，利率、汇率调整等增加的费用。其计算方法，一般根据国家规定的投资综合价格指数，按估算年份价格水平的投资额为基数，采用复利方法计算。计算公式为：

$$PF = \sum_{t=0}^{n} I_t \left[(1+f)^t - 1 \right]$$

式中 PF——涨价预备费估算额；

I_t——建设期中第 t 年的投资计划额；

n——建设期年份数；

f——年平均价格预计上涨指数。

【例 2-1】 某建设项目，建设期为 3 年，各年投资计划额如下：第一年 100 万元，第二年 200 万元，第三年 100 万元，年均投资价格上涨率为 10%。计算建设项目建设期间涨价预备费。

【解】 第一年涨价预备费为：

$$PF_1 = I_1 \left[(1+f) - 1 \right] = 100 \times 0.1 = 10 \text{万元}$$

第二年涨价预备费为：

$$PF_2 = I_2 \left[(1+f)^2 - 1 \right] = 200 \times (1.1^2 - 1) = 42 \text{万元}$$

第三年涨价预备费为：

$$PF_3 = I_3 \left[(1+f)^3 - 1 \right] = 100 \times (1.1^3 - 1) = 33.1 \text{万元}$$

所以，建设期涨价预备费为：

$$PF = PF_1 + PF_2 + PF_3 = 10 + 42 + 33.1 = 85.1 \text{万元}$$

2.6 建设期贷款利息和固定资产投资方向调节税

2.6.1 建设期贷款利息

建设期投资贷款利息是指建设项目使用银行或其他金融机构的贷款，在建设期应归还的借款的利息。建设项目筹建期间借款的利息，按规定可以计入购建资产的价值或开办费。贷款机构在贷出款项时，一般都是按复利考虑的。作为投资者来说，在项目建设期间，投资项目一般没有还本付息的资金来源，即使按要求还款，其资金也可能是通过再申请借款来支付。当项目建设期长于一年时，为简化计算，可假定借款发生当年均在年中支用，按半年计息，年初欠款按全年计息，这样，建设期投资贷款的利息可按下式计算：

当年应计利息＝（年初借款本息累计＋本年借款额/2）×年利率

$$q_j = \left(P_{j-1} + \frac{1}{2}A_j\right) \times i$$

式中 q_j——建设期第 j 年应计利息；

     P_{j-1}——建设期第 $j-1$ 年末贷款累计金额与利息累计金额之和；

     A_j——建设期第 j 年贷款金额；

     i——年利率。

【例 2-2】 某项目建设期为 3 年，分年均衡进行贷款，第一年贷款 100 万元，第二年贷款 200 万元，第三年贷款 400 万元，年利率为 10%。计算建设期贷款利息。

【解】 在建设期，各年利息计算如下：

$$q_1 = \frac{1}{2}A_1 \times i = \frac{1}{2} \times 100 \times 10\% = 5 万元$$

$$q_2 = \left(P_1 + \frac{1}{2}A_2\right) \times i = \left(100 + 5 + \frac{1}{2} \times 200\right) \times 10\% = 20.5 万元$$

$$q_3 = \left(P_2 + \frac{1}{2}A_3\right) \times i = \left(100 + 5 + 200 + 20.5 + \frac{1}{2} \times 400\right) \times 10\% = 52.55 万元$$

所以，建设期贷款利息为：

$$q_1 + q_2 + q_3 = 5 + 20.5 + 52.55 = 78.05 万元$$

2.6.2 固定资产投资方向调节税

为了贯彻国家产业政策，控制投资规模，引导投资方向，调整投资结构，加强重点建设，促进国民经济持续稳定协调发展，国家将根据国民经济的运行趋势和全社会固定资产投资的状况，对进行固定资产投资的单位和个人（不含中外合资经营企业、中外合作经营企业和外资企业）开征或暂缓征收与固定资产投资有关的固定资产投资方调节税。各固定资产投资项目按其单位工程分别确定适用的税率，计税依据为固定资产投资项目实际完成的投资额。其计算公式为：

应纳税额＝（设备及工器具购置费＋建筑安装工程费＋
工程建设其他费用及预备费）×适用税率

目前，固定资产投资方向调节税已停征。

思 考 题

1. 什么是建筑安装工程造价？
2. 我国现行投资和工程造价由哪些部分构成？世界银行的工程造价由哪些部分构成？
3. 设备及工器具购置费用由哪些部分构成？
4. 建筑安装工程费用的构成有哪些？国外建筑安装工程费用的构成有哪些？
5. 工程建设其他费用的构成有哪些？
6. 工程造价有哪些计价特点？

第3章 工程造价计价依据

教学目的和要求：熟练掌握建筑工程定额的概念、分类，掌握建筑工程预算定额、概算定额的编制及应用。

教学内容：工程定额体系、施工定额及其编制原理，预算定额编制及其应用，综合预算定额及概算指标。

3.1 概　　述

3.1.1 定额的概念

定额是一种规定的额度，是指在正常的施工条件以及合格的劳动组织下，用科学方法测定出的完成单位合格产品所必须消耗的人工、材料、机械台班及资金的标准数量。定额广泛存在于社会经济生活中，是经济管理的重要手段。建筑工程定额是工程造价的主要计价依据。

定额水平是规定一定时期完成单位合格产品所需消耗的资源数量的多少，它是一定时期社会生产力水平的反映，随生产力变化而变化。定额水平其实质是反映劳动生产率水平，反映劳动和物质消耗水平，定额水平与劳动生产率水平变动方向一致，而与劳动和物质消耗水平变动方向相反。一定时期的定额水平应坚持平均先进原则，即在正常施工条件下，大多数生产者经过努力能够达到甚至可以超过的水平。

3.1.2 定额的产生与发展

定额作为现代科学管理的一门重要学科始于19世纪末，与企业由传统管理到科学管理的转变是密切相关的。19世纪末20世纪初，资本主义国家为了最大限度的攫取利润，一方面日益扩大生产，提高技术水平，使得劳动分工与协作越来越细；另一方面千方百计降低单位产品上的活劳动及物化劳动的消耗。因而加强对生产消耗的科学研究和管理就更加迫切，由此，定额作为现代科学管理中的一门重要学科就出现了。

19世纪末的美国工程师泰罗（F. W. Taylor, 1856-1915）为提高工人的劳动效率，把对工作时间的研究放在首位，把工作时间分为若干组成部分。然后用秒表测定各个组成部分工作内容所消耗的时间，从而制定出工时消耗定额作为衡量工人工作效率的尺度。同时还重视研究工人的换算方法，实际标准的操作手法和标准的工具，设备和作业环境，并采用有差别的计件工资。这就是著名的泰罗制。泰罗制的推行在提高劳动效率方面取得了显著成果，也给资本主义企业管理带来根本性变革和深远影响。

继泰罗之后定额的研究和应用又不断向前发展。第二次世界大战期间，在欧美出现了运筹学系统工程，电子计算机等新成果在各工业发达国家中得到迅速发展，对生产效率和定额水平的提高起到促进作用。

我国建筑工程定额是在新中国成立后，随国民经济恢复和发展建立起来的。最初吸取苏联的经验，20世纪70年代后，又参考欧、美、日等国家有关定额方面的管理内容，结合我国实际情况编制了适合我国的切实可行的定额。1951年编定了东北地区统一劳动定额。其他地区也相继编制了劳动定额或工料消耗定额。从此，定额在我国正式开始实施。

3.1.3 定额的特性及作用

3.1.3.1 定额的特性

（1）定额的科学性

定额的科学性是指制定定额有其科学的理论基础和科学的技术方法。首先，表现在用科学的态度制定定额。尊重客观实际，排除主观臆断，力求定额水平合理。其次，表现在制定定额的技术方法上。利用现代科学管理，形成一套系统、完整、行之有效的方法。再者，表现在定额的制定与贯彻一体化。制定为执行和控制提供科学依据；执行和控制为实现提供保证以及信息反馈。

（2）定额的权威性

定额的权威性表现在主管部门对按法定程序审批颁发的定额具有很强的权威性。它在一定情况下具有经济法规性质的执行强制性、权威性，反映统一意志和要求，也反映信义和信赖程度，强制性反映刚性的约束和定额的严肃性。权威性与强制性是以定额的科学性为基础确保定额的贯彻实施。

（3）定额的群众性

定额的群众性表现在定额的拟订与执行有着广泛的群众基础。首先，定额水平是建筑安装工人所创造的劳动生产力水平的综合反映。其次，定额的编制需是职工群众直接参与下进行的，反映群众的要求和愿望。再者，定额的执行要依靠广大群众。总之，定额来源于群众，贯彻于群众。

（4）定额的时效性

定额的时效性表现在任何一种定额都是一定时期技术发展和管理的反映。因此，在一段时期内都表现出稳定状态，稳定时间长短不一。因而，这种稳定是相对的，它只是反映一定时期的生产力发展水平。当生产条件发生变化、技术水平提高、生产力向前发展，而原定额就会与已经发展的生产力水平不相适应，这时原定额的作用就会逐步减弱以致消失，就应该制定出与该时期生产力相适应的定额。因此，定额在具有相当稳定性的同时，更具时效性。

3.1.3.2 定额的作用

建筑工程定额的作用主要有两方面：一是组织施工；二是决定分配。其作用如下：

（1）建筑工程定额是计算工程造价，确定和控制项目投资，建筑工程造价，编制工程标底和报价的基础。

（2）建筑工程定额是进行设计方案技术经济比较、分析的依据。

（3）建筑工程定额是编制施工组织设计的依据。

（4）建筑工程定额是进行工程结算的依据。

（5）建筑工程定额是企业进行经济核算，总结经验教训的重要依据。

3.1.4 定额的分类

建筑工程定额是工程建设中各类定额的总称，它包括的种类很多，根据土木工程发展的现状，按定额的用途、内容和执行范围等可作如下分类。

（1）按定额的用途分类

① 生产性定额：典型的生产性定额有施工定额，它是施工企业为组织生产和加强管理在企业内部使用的一种定额，是工程建设中的基础性定额。

② 计价性定额：典型的计价性定额有概算定额、预算定额等，它是控制项目投资以及确定工程造价的主要依据。

（2）按生产要素分类

① 劳动定额（人工定额）。

② 材料消耗定额。

③ 机械台班消耗定额。

（3）按定额编制程序和作用分类

① 施工定额。

② 预算定额。

③ 综合预算定额。

④ 概算定额。

⑤ 概算指标。

⑥ 估算指标。

（4）按专业不同分类

① 建筑工程定额（土建定额）。

② 装饰工程定额。

③ 安装工程定额（包括：电气工程、给水排水工程、采暖工程、通风工程、工艺管道工程、通信工程等）。

④ 市政工程定额。

⑤ 国防工程定额。

⑥ 园林、绿化工程定额。

⑦ 沿海港口建设工程定额。

⑧ 水利工程定额。

（5）按编制单位和执行范围分类

①全国统一定额。是由国家建设行政主管部门组织编制，综合全国基本建设的生产技术、施工管理和生产劳动一般情况，并在全国范围内执行。它反映了全国建设工程生产力的一般状况，如《全国统一建筑工程预算定额》、《全国统一安装工程劳动定额》等。

②行业统一定额。是由国务院行业主管部门发布，针对各行业部门专业工程技术特点以及施工生产和管理水平编制的。一般只在本行业部门内和相同专业性质的范围内使用。如铁路建设工程定额，矿井建设工程定额等。

③地区统一定额。是由省、市、自治区在考虑本地的特点下，对全国统一定额水平

做适当调整补充编制的。有较强的地区特点，只限于在所规定的地区、范围内执行。如：江苏省建筑工程综合预算定额只能在江苏省内使用。

④ 企业定额。是施工企业根据自身的条件和生产技术的实际水平、组织管理等具体情况，参照全国统一定额、主管部门定额、地方定额的水平编制的，只在企业内部使用。企业定额水平一般高于国家定额，这样有利于促进企业生产技术发展，提高管理水平和市场竞争力。

3.2 施工定额及其编制原理

3.2.1 概述

3.2.1.1 施工定额的概念

施工定额是指在正常的施工条件下，为完成单位合格产品所消耗的人工、材料、机械台班的数量标准。施工定额由三部分组成，它包括劳动定额、材料消耗定额和机械台班使用定额。其中，劳动定额实行全国统一指导并分级管理，而材料消耗定额和机械台班使用定额则由地方和企业根据需要进行编制和管理。

施工定额是建筑安装企业直接用于施工管理中的一种生产定额。它反映企业的施工水平、装备水平和管理水平，是考核建安企业劳动生产力水平、管理水平的标准和控制工程成本、投标报价的依据；也是编制预算定额的基础。

施工定额的项目划分很细，是工程建设定额中分项最细、子目最多的一种定额。它反映的是平均先进水平，是一种基础性定额。

3.2.1.2 施工定额的作用

施工定额在企业管理中的基础作用表现如下：

(1) 施工定额是企业计划管理工作的基础。施工定额是编制施工组织设计、施工作业计划、人材机使用计划的依据。施工组织设计是指导拟建工程进行施工准备和施工生产的技术经济文件。其内容是：根据招标文件和合同的规定，确定经济合理的施工方案，在人力和物力、时间和空间、技术和组织上对工程做出最好的安排。施工作业计划是施工企业进行计划管理的重要环节，它能计算材料的需要量并对施工中劳动力的需要量和施工机械的使用进行平衡。所有的这些工作都必须以施工定额为依据。

(2) 施工定额是编制施工预算、加强企业成本和经济核算的依据。根据施工定额编制施工预算，确定拟定工程的人材机数量，有效控制人材机数量，达到控制成本的目的。同时企业可以依据施工定额进行成本核算，提高生产率。

(3) 施工定额是施工队向班组签发施工任务书和限额领料单的依据。施工任务书是下达施工任务的技术文件，对班组工人的工资进行结算。

限额领料单是施工队随任务书同时签发的领取材料的凭证。它是根据施工任务和施工的材料定额填写的。其中的领取的材料数量，是班组依据施工任务领取材料的最高限额，也是评价班组完成施工任务情况的一项指标。

(4) 施工定额是编制预算定额和单位估价表的基础。建筑工程预算定额的编制是以施工定额为基础的，这样才能符合现实的施工生产和管理的要求。随着社会的发展，新材料、新工艺不断应用到施工中，这样就会使预算定额缺项，这时就必须以施工定额为依据，及时对预算定额和单位估价表进行补充。

（5）施工定额是衡量企业工人劳动生产率，实行按劳分配的依据。企业可以通过施工定额实行内部经济包干、签发包干合同，衡量施工队组及工人的工作成绩，计算劳动报酬与奖励，奖勤罚懒。调动劳动者的积极性，不断提高劳动生产率。

由此可见，施工定额在建安企业管理的各个环节中都是不可缺少的，施工定额管理是企业的基础性工作。编制和执行好施工定额并充分发挥作用，对于促进施工企业内部施工组织管理水平的提高，加强经济核算，提高劳动生产率，降低工程成本，具有十分重要的意义。

3.2.2 劳动定额

3.2.2.1 劳动定额的表现形式

劳动定额也称人工定额，指在正常的施工技术、组织条件下，为完成一定量的合格产品，或完成一定量的工作所预先预定的人工消耗的标准。根据表达方式劳动定额可分为时间定额和产量定额，两者互为倒数。

（1）时间定额。时间定额又叫工时定额，是指生产单位合格产品或完成一定工作任务的劳动时间消耗的限额。时间定额以"工日"为单位，每一工日根据现行规定按 8 小时计算。用公式表示如下：

$$单位产品的时间定额（工日）＝1/每工产量$$

或 $$单位产品的时间定额（工日）＝消耗的工日数/生产的产品数量$$

（2）产量定额。产量定额是在单位时间内生产合格产品的数量或完成工作任务量的限额。产量定额的单位以产品的计量单位来表示，如 m^3、个、件等。用公式表示如下：

$$每工产量＝1/单位产品的时间定额$$

或 $$单位时间的产量定额＝生产的产品数/消耗的工日数$$

从上面可以看出，时间定额×产量定额＝1

在传统的统一劳动定额的表达式中，一般采用复式同时表示，即时间定额/产量定额。自 1995 年 1 月 1 日实施的《全国建筑安装工程统一劳动定额》推行标准化管理，其劳动消耗量均以时间定额表示，如表 3-1 所示。

砖墙劳动定额（工日/m³）   表 3-1

项目		混水内墙				混水外墙					序号
		0.5 砖	0.75 砖	1 砖	1.5 砖及1.5 砖以外	0.5 砖	0.75 砖	1 砖	1.5 砖	2 砖及2 砖以外	
综合	塔吊	1.38	1.34	1.02	0.994	1.5	1.44	1.09	1.04	1.01	1
	机吊	1.59	1.55	1.24	1.21	1.71	1.65	1.3	1.25	1.22	2
砌砖		0.865	0.815	0.482	0.448	0.98	0.915	0.549	0.491	0.458	3
运输	塔吊	0.434	0.437	0.44	0.44	0.434	0.437	0.44	0.44	0.44	4
	机吊	0.642	0.645	0.654	0.654	0.642	0.645	0.652	0.652	0.652	5
调制砂浆		0.085	0.089	0.101	0.106	0.085	0.089	0.101	0.106	0.107	6
编号		12	13	14	15	16	17	18	19	20	

3.2.2.2 劳动定额的作用

（1）它是编制施工定额、预算定额和概算定额的基础。

（2）它是计划管理的基础。施工企业单位编制生产计划、施工进度计划、劳动力的消耗量的确定，是以劳动定额为基础的。

（3）它是衡量工人劳动生产率的主要尺度。

（4）它是确定定员标准和合理组织生产的依据。

（5）它是推行经济责任制的依据。施工单位实行计件工资等均以劳动定额为依据，贯彻按劳分配原则。

（6）施工单位实行经济核算的依据。施工单位在核算时，要分析劳动力的消耗量和人工成本，这必须以劳动定额为依据，以便降低生产中的人工费用。

3.2.2.3 劳动定额的制定

工人在工作班内消耗的工作时间，按其消耗的性质可以分为两大类：定额时间和非定额时间。

① 定额时间。它是工人在正常施工条件下，为完成一定产品所消耗的时间。它是制定定额的主要依据。

a. 准备与结束工作时间。它是执行任务前或任务完成后所消耗的工作时间，如工作地点、劳动工具和劳动对象的准备工作时间、工作结束后的整理工作时间等。准备与结束工作时间的长短和所负担的工作量的大小无关，但往往和工作内容有关。这项时间消耗可分为班内的准备与结束工作时间和任务的准备与结束工作时间。

b. 基本工作时间。它是工人完成基本工作所消耗的时间，也就是完成生产一定产品的施工工艺过程所消耗的时间。基本工作时间长短与工作量的大小成正比例。

c. 辅助工作时间是为保证基本工作能顺利完成所做的辅助性工作消耗的时间，如工作过程中工具的校正和小修、机械的调整、工作过程中机器上油、搭设小型脚手架等所消耗的工作时间。辅助工作时间的长短与工作量的大小有关。

d. 休息时间。它是工人在工作过程中为恢复体力所必需的短暂休息和生理需要的时间消耗，在额定时间中必须进行计算。

e. 不可避免的中断所消耗的时间。它是由于施工工艺特点引起的工作中断所必需的时间，如汽车司机在汽车装卸货时消耗的时间、起重机吊预制构件时安装工等待的时间。与施工过程工艺特点有关的工作中断时间，应包括在额定时间内；与工艺特点无关的工作中断所占用的时间，是由于劳动组织不合理引起的，属于损失时间，不能计入额定时间。

② 非定额时间。它是和产品生产无关，而和施工组织和技术上的缺点有关，与工人在施工过程中个人过失或某些偶然因素有关的时间消耗。

a. 多余和偶然工作时间。所谓多余工作，就是工人进行了任务以外的工作而又不能增加产品数量的工作，如重砌质量不合格的墙体、对已磨光的水磨石进行多余的磨光等。多余工作的工时损失不应计入额定时间中。偶然工作也是工人在任务以外的工作，但能够获得一定产品。如电工铺设电缆时需要临时在墙上开洞、抹灰工不得不补上偶然遗漏的墙洞等。在拟定定额时，可适当考虑偶然工作时间的影响。

b. 停工时间。可分为施工本身造成的停工时间和非施工本身造成的停工时间两种。施工本身造成的停工时间，是由于施工组织不善、材料供应不及时、工作面准备工作做得不好、工作地点组织不良等情况引起的停工时间。非施工本身造成的停工时间，是由于气候条件以及水源、电源中断引起的停工时间。后一类停工时间在额定中可适当考虑。

c. 违背劳动纪律造成的工作时间的损失，是指工人迟到、早退、擅自离开工作岗位、工作时间内聊天等造成的工时损失。这类时间在定额中不予考虑。

d. 劳动定额的编制方法。劳动定额的制定方法有经验估计法、统计分析法、比较类推法和技术测定法四种。

Ⅰ. 经验估计法是由定额人员、工程技术人员和工人三结合，根据实践经验，通过座谈讨论反复平衡而制定定额的一种方法。这种方法的优点是简便及时，工作量小，速度快；缺点是其准确程度受主观因素和局限性影响。所以一般作为一次性定额使用。

为了提高这种方法的精确度，可据统筹法原理，进行优化确定平均先进的定额时间。其经验公式如下：

$$t=\frac{(a+4m+b)}{6}$$

式中　t——定额时间；

　　a——先进的作业时间；

　　m——一般作业时间；

　　b——后进作业时间。

Ⅱ. 统计分析法是把过去施工中同类型工程或生产同类产品的工时消耗统计资料，结合当前的生产技术和组织条件进行分析研究制定定额的方法。

这种方法的优点是简单易行，与经验估计法比较有较多的原始资料。但是，只有在施工条件正常、产品稳定、批量大、统计制度健全的条件下才能使用该方法。由于统计资料反映的是工人过去的水平，可能偏于保守。为了保持定额的平均先进水平，可采用二次平均值法进行计算：

（ⅰ）去掉统计资料中特别偏高、偏低的一些明显不合理的数据。

（ⅱ）计算出一次平均值。

（ⅲ）在工时统计数组中，取小于上述平均值的数组，再计算其平均值（二次平均值），即为所求平均先进值。

【例 3-1】　有工时消耗统计资料数组：20、40、50、50、60、60、50、50、60、60、40、95。试求该产品的平均先进值。

【解】　首先删除偏高、偏低值 20 和 95。

$$算术平均值=\frac{40+50+50+60+60+50+50+60+60+40}{10}=52$$

选数组中小于算术平均值的数求平均先进值

$$平均先进值=\frac{40\times2+50\times4}{6}=46.7$$

Ⅲ. 比较类推法也称典型定额法，它是以同类型工序或产品的典型定额为依据，经过分析比较类推出同一种定额中各相邻项目定额的方法。这种方法简便，工作量小。它主要适用于同类型产品规格多、批量小的施工过程。

常用的比较类推法有比例数示法和图示坐标法两种。

（ⅰ）比例数示法又叫比例推导法，它利用下面的公式计算：

$$t = p \cdot t_0$$

式中　t——要计算的相邻定额项目的时间定额；

　　　p——各相邻项目耗用工时的比例；

　　　t_0——典型项目的时间定额。

【例 3-2】　已知人工挖地槽一类土在 1.5m 以内和不同上口宽的时间定额以及二、三、四类土的比例，求二、三、四类土的相应的时间定额。

【解】　当地槽上口宽在 1.5m 以内时各类土的时间定额为：

二类土：　　　　　$t = p \cdot t_0 = 1.43 \times 0.144 = 0.205$ 工日 $/m^3$

三类土：　　　　　$t = p \cdot t_0 = 2.5 \times 0.144 = 0.357$ 工日 $/m^3$

四类土：　　　　　$t = p \cdot t_0 = 3.75 \times 0.144 = 0.538$ 工日 $/m^3$

计算结果见表 3-2。

挖地槽时间定额用比例数示法确定　　　　　　　　　　　　表 3-2

项　　目	比例系数	挖地槽<1.5m 以内		
		上口宽		
		0.8m 以内	1.5m 以内	3m 以内
一类土	1.00	0.167	0.144	0.133
二类土	1.43	0.238	0.205	0.192
三类土	2.50	0.417	0.357	0.338
四类土	3.75	0.629	0.538	0.500

（ⅱ）图示坐标法又叫图表法，是用坐标图的形式制定劳动定额的方法。它是以影响因素为横坐标，以对应的工时或产量消耗为纵坐标建立坐标系。根据确定的已知点连点成线，可求其他项目的定额水平。

Ⅳ. 技术测定法是指在正常的施工条件下，对施工过程中的各工作进行现场观察，科学详细地测定出各工时消耗和完成产品的数量，将结果进行整理、分析、计算而制定劳动定额的方法。这种方法具有科学性，准确度较高，但是技术要求高，工作量较大。一般情况下，在技术测定机构健全或力量充足时，常用来制定新定额或典型定额。

技术测定法可分为测时法、写实记录法、工作日写实法和简易测定法四种。

测时法主要研究施工过程中各循环组成部分的工作时间的消耗。写实记录法研究所有种类的工作时间消耗，包括基本工作时间、辅助工作时间、不可避免中断时间、准备与结束时间、休息时间和各种损失时间。工作日写实法就是对工人全部工作时间中各类工时的消耗进行研究，分析哪些工时消耗是合理的，哪些是无效的，找出工时损失的原因，提出改进措施。简易测定法是对前面几种方法予以简化，但是仍应保持现场实地观察的基本原则。

3.2.3　材料消耗定额

3.2.3.1　材料消耗定额的概念和作用

材料消耗定额是指在节约和合理使用材料的条件下，生产单位质量合格的建筑产品，必需消耗的建筑材料（包括半成品、燃料、水、电等）的数量。

材料消耗定额是企业编制材料需要量和储备量计划的依据；是签发限额领料单和实行经济核算的根据；是实行经济责任制，进行经济活动分析，促进材料合理使用的重要资料。制定合理的材料消耗定额，是组织材料的正常供应，保证生产顺利进行，以及合理利用资源，减少积压、浪费的必要前提。

3.2.3.2 材料消耗定额的组成

直接消耗在建筑产品实体上的材料用量称为材料净用量，不可避免的施工废料和施工操作损耗称为材料损耗量。

材料消耗定额即材料总耗用量，用公式表示如下：

$$材料总耗用量＝材料净量＋材料损耗量$$
$$材料损耗量＝材料净用量×材料损耗率$$
$$材料总耗用量＝材料净用量×（1＋损耗率）$$

部分材料的损耗率参见表 3-3。

部分建筑材料、成品、半成品损耗率参考表　　　　表 3-3

材料名称	工程项目	损耗率（%）	材料名称	工程项目	损耗率（%）
普通黏土砖	地面、屋面、空花(斗)墙	1.5	水泥砂浆	抹墙及墙裙	2
普通黏土砖	基础	0.5	水泥砂浆	地面、屋面、构筑物	1
水泥		2	木材	封檐板	2.5
砌筑砂浆	砖、毛方石砌体	1	模板制作	各种混凝土结构	5
砌筑砂浆	空斗墙	5	模板安装	工具性钢模板	1
砌筑砂浆	泡沫混凝土块墙	2	模板安装	支撑系统	1
砌筑砂浆	多孔砖墙	10	模板制作	圆形储仓	3
混合砂浆	抹墙及墙裙	2	石油沥青		1

3.2.3.3 非周转性材料消耗定额的制定

（1）现场技术测定法。现场技术测定法，是在合理使用材料的条件下，在施工现场对施工过程中实际完成产品的数量与所消耗的各种材料数量的观察和测定后，进行分析计算制定材料消耗定额的方法。

现场技术测定法的首要任务是选择的工程项目要典型，具有代表性；其施工技术、组织及产品质量，均要符合技术规范的要求；材料的规格、质量也应符合要求；被测对象在合理使用材料和保证产品质量上有较好的成绩。在观测前要做好充分的准备工作，如研究运输方法、运输条件、选用标准的运输工具、采取减少材料损耗措施等。

（2）试验法。试验法是指材料在试验室中通过专门的仪器进行试验和测定数据而制定材料消耗定额的一种方法。一般用于测定塑性材料和液性材料，例如：先测得不同程度等级混凝土的配合比，从而计算出每立方米混凝土中的各种材料耗用量。

试验室试验必须符合国家有关标准规范，计量要使用标准容器和称量设备，质量要符合施工与验收规范要求，以保证获得可靠的定额编制依据。

在试验室中通过试验，能够研究材料强度与各种原材料消耗数量的关系，得到多种配合比，为编制材料消耗定额提供有技术根据的、比较精确的计算数据。但是，试验法不能充分估计到施工现场中某些外界因素对材料消耗的影响，这是该方法的不足之处。

（3）统计法。统计法是指在施工过程中，通过对现场进料、用料的大量统计资料进行整理分析及计算而获得材料消耗数据的方法。这种方法简单易行，但是由于不能分清材料消耗的性质，因而不能作为确定材料净用量定额和材料损耗定额的精确依据。

（4）理论计算法。理论计算法是根据施工图，运用理论公式，直接计算出单位产品的材料净用量，材料的损耗量仍要在现场通过实测取得。这是一般块状、棉状、条状类材料常用的计算方法，如砖砌体、镶贴面料等。

$1m^3$ 标准砖（普通黏土砖）墙的材料净用量计算公式为：

$$\frac{1(m^3)}{砌体厚(标准砖长＋灰缝厚)(标准砖厚＋灰缝厚)}\times 2\times 砌体厚度的砖数$$

式中 标准砖长、宽、厚均以米为单位；

砌体厚度的砖数——半砖墙为 0.5；一砖墙为 1；一砖半墙为 1.5 等；灰缝厚—0.01 m。

$$1m^3 砌体砂浆净用量＝1－0.0014628\times 砖净用量$$

【例 3-3】 计算标准砖一砖厚的砖墙 $1m^3$ 的标准砖、砂浆净用量。

$$标准砖净用量＝\frac{1}{0.240\times(0.24+0.01)\times(0.053+0.01)}\times 2\times 1.0＝529.1块$$

$$砂浆净用量＝1－529.1\times 0.0014628＝0.226m^3$$

3.2.3.4 周转性材料的消耗量计算

周转性材料在施工过程中是可多次周转使用而逐渐消耗的工具材料，如模板、脚手架等。周转性材料消耗的定额量是指每使用一次摊销的数量。

（1）现浇构件模板摊销量计算

① 一次使用量的计算。一次使用量是指周转性材料一次使用的基本量。周转性材料的一次使用量根据施工图计算。

例如：现浇钢筋混凝土构件模板的一次使用量的计算，需先求构件混凝土与模板的接触面积，再乘以该构件每平方米模板接触面积所需要的材料数量。计算公式如下：

一次使用量＝（$10m^3$ 混凝土模板接触面积×$1m^2$ 接触面积需模量）/（1＋制作损耗率）

一定计量单位的混凝土构件所需的模板接触面积又称为含模量，即

$$含模量＝\frac{混凝土模板接触面积}{按规定计量单位计算的混凝土构件工程量}$$

② 周转使用量的计算。周转使用量是指周转性材料每周转一次的平均需用量。

周转次数是指周转性材料从第一次使用起可重复使用的次数。周转次数的确定要经现场调查、观测及统计分析，取平均合理的水平。

损耗量是周转性材料使用一次后由于损坏而需补损的数量，又称"补损量"，按一次使用量的百分数（损耗率）计算。

投入使用总量为：

投入使用总量＝一次使用量＋一次使用量×（周转次数－1）×损耗率

因此，周转使用量根据下列公式计算：

$$周转使用量＝\frac{投入使用总量}{周转次数}$$

$$＝\frac{一次使用量＋一次使用量\times（周转次数－1）\times 损耗率}{周转次数}$$

③ 周转回收量计算。周转回收量是指周转材料平均到每周转一次的模板回收量。其计算式为：

$$周转回收量＝\frac{一次使用总量－（一次使用量×损耗率）}{周转次数}$$

$$＝一次使用量×\frac{1－损耗率}{周转次数}$$

④ 摊销量的计算。周转性材料摊销量是指周转性材料使用一次在单位产品上的消耗量。

$$摊销量＝周转使用量－周转回收量×回收系数$$

$$回收系数＝\frac{回收折价率}{1＋间接费率}$$

现行《全国统一建筑工程基础定额》中有关木模板计算数据见表3-4。

木模板计算数据

表3-4

项 目 名 称	周转次数	补损率（%）	摊销量系数	备　注
圆柱	3	15	0.2917	施工制作损耗率均取为5%
异形梁	5	15	0.2350	
整体楼梯、阳台、栏板等	4	15	0.25603	
小型构件	3	15	0.2917	
支撑材、垫板、拉杆	15	10	0.13	
木楔	2	—	—	

（2）预制构件模板及其他定型模板计算

预制混凝土构件的模板，由于损耗很少，按照多次使用平均摊销的方法计算。计算公式如下：

$$预制构件模板摊销量＝\frac{一次使用量}{周转次数}$$

其他定型模板，如组合式钢模板、复合木模板亦按上式计算摊销量。

3.2.4 机械台班消耗定额

3.2.4.1 施工机械台班消耗定额的概念

施工机械台班消耗定额，是指在正常施工条件、合理劳动组织、合理使用材料的条件下，完成单位合格产品所需消耗机械台班的数量标准。施工机械台班消耗定额以台班为单位，每一台班按8h计算。

3.2.4.2 施工机械台班消耗定额的表现形式

施工机械台班消耗定额的表现形式有时间定额和产量定额两种，两者互为倒数。

（1）机械时间定额

机械时间定额是指在正常的施工条件下，生产合格单位产品所消耗的台班数量，用公式表示如下：

$$机械时间定额＝\frac{1}{机械台班产量定额}$$

（2）机械台班产量定额

机械台班产量定额是指在正常的施工条件下，单位时间内完成合格产品的数量。用公式表示如下：

$$机械台班产量定额 = \frac{1}{机械时间定额}$$

3.2.4.3 机械和工人共同工作的人工时间定额

由于机械必须由工人来操作，所以必须列出完成单位合格产品的人工时间定额。用公式如下：

$$单位合格产品人工时间定额 = \frac{小组定员人数}{机械台班产量}$$

3.2.4.4 机械台班消耗定额的制定

（1）机械工作时间消耗的分类

机械的工作时间分为必需消耗的工作时间和损失的工作时间两部分。

① 必需消耗的工作时间

必需消耗的工作时间包括有效工作、不可避免的无负荷工作和不可避免的中断三项时间消耗。

有效工作时间包括正常负荷下有根据地降低负荷下和低负荷下的工时消耗。

不可避免的无负荷的工作时间，是由施工过程的特点和机械结构的特点造成的机械无负荷工作时间。例如，载重汽车在工作班时间的单程"放空车"，筑路机在工作区末端调头等，都属于此项工作时间的消耗。

不可避免的中断工作时间有三种，分为与工艺过程的特点有关、与机器的使用和保养有关及与工人的休息有关。

② 损失的工作时间

它包括多余工作时间、停工和违背劳动纪律所消耗的工作时间。

多余工作时间，是机械进行任务和工艺过程内未包括的工作而延续的时间，如搅拌机灰浆超出了规定的时间，工人没有及时供料而使机械空运转的时间。

停工时间，按其性质可分为施工本身造成的停工和非施工本身造成的停工。前者是由于施工组织的不好而引起的停工现象，如由于未及时供给机器水、电、燃料而引起的停工；后者是由于气候条件所引起的停工现象，如下暴雨时压路机的停工。

违反劳动纪律引起的机械时间损失，是指操作人员迟到早退或擅离岗位等原因引起的机械停工时间。

（2）施工机械台班定额的编制方法

① 拟定施工机械工作的正常条件

拟定施工机械工作的正常条件包括施工现场的合理组织和合理的工人编制。

施工现场的合理组织，是对施工地点机械和材料的放置位置、工人从事操作的场所，做出科学合理的平面布置和空间安排。

拟定合理的工人编制，是根据施工机械的性能和设计能力、工人的专业分工和劳动工效，合理确定操纵机械的工人和直接参加机械化施工过程的工人人数，确定维护机械的工人人数及配合机械施工的工人人数。工人的编制往往要通过计时观察、理论计算和经验资料来合理确定，应保持机械的正常生产率和工人正常的劳动效率。

② 确定机械纯工作 1h 正常生产率

机械纯工作时间，包括在满载和有根据地降低负荷的工作时间、不可避免的无负荷工作时间和不可避免的中断时间。

机械纯工作 1h 正常生产率，是在正常工作条件下，由具有必需的知识和技能的技术工人操纵机械工作 1h 的生产率。

机械工作可以分为循环动作和连续动作两种类型。按照同样次序、定期重复固定的工作与非工作组成部分的为循环动作；连续动作是指机械工作时无规律性的周期界线而是不停的做某一种动作。这两种机械纯工作 1h 正常生产率的确定有不同的方法。

a. 对于循环动作机械，机械纯工作 1h 正常生产率的计算公式如下：

机械一次循环的正常延续时间(s)＝循环各组成部分正常延续时间之和－重叠时间

$$机械纯工作1h正常循环次数＝\frac{3600(s)}{一次循环的正常延续时间}$$

机械纯工作1h正常生产率＝机械纯工作1h正常循环次数×每一次循环生产的产品数量

每一次循环生产的产品数量，可以通过计时观察求得。

b. 连续动作机械

对于施工作业中只做某一动作的连续机械，确定机械纯工作 1h 正常生产率时，要根据机械性能以及工作过程的特点，计算公式如下：

$$连续动作机械纯工作1h正常生产率＝\frac{工作时间内完成的产品数量}{工作时间(h)}$$

工作时间内完成的产品数量和工作时间的消耗，要通过多次现场观测或试验和机械说明书来取得数据。

如果同一机械从事作业性质不同的工作过程，则需分别确定其纯工作 1h 的正常生产率。例如挖掘机挖的是不同类别的土壤，碎石机所破碎的是硬度和粒径都不同的石块。

③ 确定施工机械的正常利用系数

施工机械定额时间包括机械纯工作时间、机械维护时间、机械台班准备与结束时间。

施工机械的正常利用系数指机械纯工作时间对定额时间的利用率。施工机械的正常利用系数用 K_B 来表示，如每班工作 7h，则 $K_B＝7/8＝87.5\%$。

$$机械正常利用系数＝\frac{机械在一个工作班内纯工作时间}{一个工作班延续时间(8h)}$$

一般来说，推土机，$K_B＝0.8\sim0.85$；起重机，$K_B＝0.8\sim0.9$；铲土机，$K_B＝0.75\sim0.80$；翻斗车 $K_B＝0.85$。

机械的利用系数与机械在工作班内的工作状况有着密切的关系，例如要保证合理利用工时等。

④ 计算建筑机械台班消耗定额

确定了机械工作正常条件、机械纯工作 1h 正常生产率和机械正常利用系数之后，采用下列公式计算建筑机械台班消耗定额：

施工机械台班产量定额＝机械纯工作1h正常生产率×工作班延续时间×机械正常利用系数

对于某些一次循环时间大于 1h 的机械施工过程，则按下列公式计算：

$$机械台班产量定额 = \frac{工作班延续时间}{机械一次循环时间} \times 机械每次循环产量 \times 机械正常利用系数$$

$$施工机械时间定额 = \frac{1}{机械台班产量定额指标}$$

3.2.5 施工定额

3.2.5.1 施工定额的编制原则

保证定额的质量是施工定额的关键。确保定额质量就是要合理确定定额水平并确定定额内容与形式。因此，在编制定额的过程中必须贯彻以下原则：

（1）定额编制时必须遵循平均先进原则。施工定额水平是指定额规定的人、材、机数量的消耗标准。定额水平是当时的社会生产力水平的反映。平均先进水平是指在正常的施工（生产）条件下，大多数施工班组或生产者经过努力可以达到，少数班组可以超过的水平。一般来说，它低于先进水平，略高于平均水平。平均先进水平是一种鼓励先进、勉励中间、鞭策后进的定额水平。

（2）施工定额应简明适用。所谓简明适用是定额的内容和形式要方便定额的贯彻执行。简明适用原则，要求施工定额项目划分合理、粗细适度，适当的步距，计量单位要适当，系数使用要恰当，说明和附注要明确，反映已成熟和推广的新材料、新技术、新工艺，能满足施工组织管理、计算工人劳动报酬等多方面的要求，同时要简明扼要，便于查阅、计算。

（3）编制时以专业人员为主。施工定额的编制要求有一支经验丰富、技术和管理知识全面的专家队伍，有专门的机构负责，掌握方针政策，注重资料和经验的积累。定额的编制还要有工人群众的支持和配合。

3.2.5.2 施工定额的编制依据

（1）全国统一劳动定额及地方补充劳动定额、材料消耗定额和机械台班使用定额；

（2）现行的建筑安装工程施工验收规范、质量检查评定标准、技术安全操作规程；

（3）现场测定的技术资料和有关历史资料；

（4）混凝土等配合比资料和建筑工人技术等级资料；

（5）有关建筑安装工程标准图。

3.2.5.3 施工定额的编制方法

施工定额的编制方法有实物法和实物单价法两种。实物法是由人工、材料和机械台班消耗量汇总而成；实物单价法是人工、材料和机械台班消耗量乘以相应的单价并汇总得出单位总价。

3.2.5.4 施工定额手册的内容

目前全国还没有一套现行的施工定额，地方的施工定额是以全国统一劳动定额为基础，结合现行的质量标准、规范及本地区的技术组织资料并参照历史资料进行调整补充而编制的。

施工定额手册是施工定额的汇编，主要内容有以下三个部分：

（1）文字说明部分。文字说明部分包括总说明、分册说明和分节说明。

总说明的基本内容包括：定额手册中所包括的工种、定额的编制依据、编制原则、适用范围、工程质量及安全要求、人材机消耗指标的计算方法和其他的一些规定。

分册说明的基本内容包括：分册所包括的定额项目和工作内容、施工方法、质量及安全要求、工程量计算规则、有关规定和计算方法的说明。

分节说明指分节定额的表头文字的说明，包括：工作内容、质量要求、施工说明、小组成员等。

（2）分节定额部分。分节定额部分包括定额表的文字说明、定额表和附注。

① 文字说明上面已作介绍。

② 定额表是分节定额中的核心部分，也是定额手册的核心部分，包括劳动定额表、材料定额表和机械定额表，见表 3-5。

③ 附注列于定额表的下面，主要是根据施工内容及施工条件的变更，规定人工、材料、机械台班用量的增减变化。它是对定额表的补充。

（3）附录部分。附录一般列于分册的最后，作为使用定额的参考。内容主要包括：

① 名词解释。

② 先进经验及先进工具的介绍。

③ 计算材料用量及确定材料用量等参考资料，如砂浆、混凝土配合比表、钢筋理论重量表及使用说明等。

建筑安装施工定额表（节录）　　　　　　　表 3-5

①工作内容：包括砌砖、铺灰、递砖、挂线、吊直、找平、检查皮数杆、清扫落地灰及工作前清扫灰尘等工作。

②质量要求：墙基两侧所出宽度必须相等，灰缝必须平正均匀，墙基中线位移不得超过 10mm。

③施工说明：使用铺灰或铺灰器，实行双手挤浆。

每 1m³ 砌体之劳动定额与单价							
项　目	单位	1 砖墙	1.5 砖墙	2 砖墙	2.5 砖墙	3 砖墙	3.5 砖墙
		1	2	3	4	5	6
小组成员	人	三-1 五-1	三-2 五-1	三-2 四-1 五-1	三-3 四-1 五-1		
时间定额	工日	0.294	0.224	0.222	0.213	0.204	0.918
每日小组产量	m³	6.80	12.3	18.0	23.5	24.5	25.3
计件单价	元						
每 1m³ 砌体之材料消耗定额							
砖	块	527	521	518.8	517.3	516.2	515.4
砂浆	m³	0.2522	0.2604	0.2640	0.2663	0.2680	0.2692

注：1. 垫基以下为墙基（无防潮层者以室内地坪以下为准），其厚度按防潮层处墙厚为标准。放脚部分已考虑在内，其工程量按平均厚度计算。

2. 墙基深度按地面以下 1.5m 深以内为准，超过 1.5～2.5m 者，其时间定额及单价乘以 1.2。超过 2.5m 以上者，其时间定额及单价乘以 1.25。但砖、灰浆能直接运入地槽者不另加工。

3. 墙基之墙角、墙垛及砌地沟（暖气沟）等内外出檐不另加工。

4. 本定额以回黑砂浆及白灰砂浆为准，使用水泥浆者，其时间定额及单价乘以 1.11。

5. 砌墙基弧形部分，其时间定额及单价乘以 1.43。

3.3 预算定额

3.3.1 预算定额的概述

3.3.1.1 预算定额的含义

建筑工程预算定额是指在正常的施工条件下，规定消耗在一定计量单位的分项工程或结构构件所必须消耗的人工、材料和机械台班的数量标准。建筑工程预算定额是由国家建设行政主管部门或授权单位组织并颁发执行。预算定额在各地区的具体价格表现是估价表和综合预算定额。

3.3.1.2 预算定额的作用

（1）预算定额是编制施工图预算、确定建筑安装工程造价、编制工程标底和投标报价的依据。施工图预算是确定建筑工程预算造价的文件。其编制的主要依据有施工图设计文件和预算定额，施工图设计决定各分项工程的工程量。而预算定额则决定了各分项工程的人工、材料和机械消耗的数量标准及价格。工程造价的准确与否取决于工程量计算的准确度和预算定额水平。

（2）预算定额是对设计方案进行经济比较、技术分析的依据。工程设计方案要从技术和经济两个方面着手，既要技术先进、美观适用，又要经济合理。设计单位在进行设计方案的技术经济分析评价时是依据预算定额中的工料消耗指标来进行的。

（3）预算定额是编制施工组织设计的依据。施工组织设计是确定施工过程所需人力、物力和供求量，并作出最佳安排。施工单位根据预算定额确定的劳动力、建筑材料、成品、半成品施工机械台班的消耗量来组织材料的供应，为劳动力和施工机械的调配提供可靠的依据。

（4）预算定额是工程竣工结算的依据。工程竣工结算是建设单位和施工单位按照工程进度对已完成的分部、分项工程实现货币支付的行为。单位工程竣工验收后，再按竣工工程量、预算定额和施工合同规定进行结算，以保证建设单位建设资金的合理使用和施工单位的经济收入。

（5）预算定额是施工企业进行经济核算、考核工程成本的依据。预算定额规定的活劳动的消耗指标，是施工单位在生产经营中允许消耗的最高标准。施工企业依据预算定额来衡量企业的劳动生产率及工效，同时也可以通过预算定额来改善企业经营管理，加强经济核算，提高劳动者素质，取得更好的经济效益。

（6）预算定额是编制概算定额的基础。概算定额是确定一定计量的扩大分项工程的人工、材料、施工机械台班消耗量的指标，是在预算定额的基础上综合扩大编制的。这样，既可以节约编制时间，又可以让概算定额和预算定额水平保持一致。

3.3.1.3 预算定额编制的依据

预算定额编制的依据有：

（1）现行全国统一劳动定额，全国或地区材料消耗定额，机械台班定额和施工定额。预算定额是在现行劳动定额及施工定额的基础上编制的。预算定额中人工、材料、机械台班的消耗量水平，需以劳动定额和施工定额为取定依据；预算量单位的选择也需以施工定额为参考。一方面可以保证两者协调的可比性，另一方面也可以减轻预算定额的编制工作量，缩短编制时间。

（2）现行设计规范，施工及验收规范，质量评定标准和安全操作规程。预算定额在确定人工、材料、机械台班消耗数量时，必须考虑上述各法规的要求和规范。

（3）现行通用的标准图集，具有代表性的设计施工图纸。这些图纸是计算工程数量，选择合理施工方法，确定定额含量的依据。

（4）先进施工工艺、新技术、新材料等。这类资料对于调整定额水平，增加新定额项目是必需的依据。

（5）有关科学试验，技术测定和统计，经验资料。这些资料是确定定额水平的重要依据。

（6）现行预算定额，工资标准，材料预算价格和施工机械台班价格及有关参考文件规定等。

3.3.1.4　预算定额的编制原则

在预算定额的编制工作中，应注意保证其质量，同时又能充分发挥定额的作用并且便于使用，应遵循以下原则：

（1）社会平均合理的原则。社会平均合理是指在社会正常的中等生产条件下，在社会平均、劳动熟悉程度、平均劳动强度、平均技术装备条件下完成某一分项工程或结构构件所需要的劳动时间作为定额水平，是多数企业能够达到和超过少数企业经过努力可以达到的水平。定额水平与劳动生产率成正比，与各项消耗成反比。预算定额水平体现了社会必须的劳动时间要求。

（2）简明适用性原则。预算定额在确保质量，充分发挥作用的同时，应注意其使用的简便。因此在社会平均合理水平的条件下，其内容和形式既要满足不同用户的需要，又要简单明了，易于掌握应用。在编制时对于有些主要的、常用的、价值量大的项目，分项工程划分应细，而次要的、不常用的、价值量相对较小的项目可稍微粗一些，做到结构合理，形式内容简单，文字表达准确，项目清晰，划分步距应大小适宜，确保其精确度，且做到适用面广，方便计算。

预算定额中，应采用新技术、新材料、新工艺中出现的新定额项目进行补充；在确定计量单位时，既要合理综合，简化计算，又要尽可能避免一量多用或多量一用的情况，尽量减少附注和换算系数等。

为稳定定额水平，除对设计和施工影响较大的因素允许换算外，定额在编制中尽量不留或少留活口，以减少换算工作量，即在定额中规定当符合一定条件时，才允许该定额另行调整。

（3）一切在内原则。预算定额是计价性定额，因此，按预算定额计算的消耗量必须包括施工现场内一切直接消耗，只有这样才能确保在计算造价时所有消耗不至于漏算。

3.3.1.5　预算定额的编制步骤

（1）准备工作阶段

本阶段主要工作是拟定编制方案，抽调专业人员组织编制机构，普遍收集各项所需资料，包括：各种标准设计图纸图集，相关现行规定、规范、政策法规和专业管理的专业资料，专业人员的意见、看法，以及专项资料和试验资料等。

（2）定额编制阶段

确定好编制原则：包括统一编制表格、编制方法，统一计算口径、计算单位，统一专业术语、文字符号代码等工作。再确定定额的项目划分和工程量计量规则，然后进行人工、材料、机械台班耗用量的计算、复核和测算。

（3）定额报批阶段

预算定额初稿编制确定后，必须进行定额水平计算，对新编预算定额与先行预算定额进行对比测算，分析定额水平升降的原因，并在此基础之上对定额初稿进行必要的修订。

（4）修改定稿和送审阶段

定额编制初稿完成并经水平测定后，需征求各有关方面的建议，统一汇总分类，制定出修改方案，按顺序修改，修改定稿后，撰写编制说明及送审报告，报送领导机关审批，经上级主管部门批准后才可正式使用，同时为修编定额提供的历史资料应建立技术档案保存。

3.3.2 消耗指标的确定

3.3.2.1 人工消耗指标的确定

预算定额中人工工日消耗量是指在正常施工条件下生产单位合格产品所必须消耗的人工工日数量，它由基本用工、其他用工及人工幅度差三部分组成。

（1）基本用工：基本用工是指完成单位合格产品所必须消耗的技术工种用工，分别以不同工种列出定额用工，其计算公式如下：

$$基本用工＝\sum（综合取定的工程量 \times 时间定额）$$

（2）其他用工：其他用工是指不包括在技术工种劳动定额内而预算定额又必须考虑的工时，常用包括：

① 超运距用工：超运距用工是指当预算定额中的材料半成品的取定运距大于劳动定额中材料半成品定额的运距，这部分超距离运输增加的用工，而这段超出的距离称之为超运距。其计算公式如下：

$$超运距＝预算定额取定运距—劳动定额取定运距$$

$$超运距用工＝\sum（超运距材料数量 \times 运距时间定额）$$

② 辅助用工：辅助用工是指施工配合的用工和材料加工的用工，如材料加工（筛砂、洗石等）、机械土方工程配合用工等。其计算公式如下：

$$辅助用工＝\sum（材料加工数量 \times 相应的加工时间定额）$$

③ 人工幅度差：人工幅度差是指预算定额与劳动定额的差额，是在劳动定额中未包括而在预算定额中又必须考虑的用工。它是在正常施工的条件下所必须发生的但又很难准确计量的各种零星工序用工。其内容包括：

a. 各工种间的搭接及交差作业相配合或影响所发生的停歇用工；

b. 质量检查和隐蔽工程验收工作的影响；

c. 临时水电线路所造成的停工；

d. 施工机械在各单位工程之间的转移所造成的停工；

e. 工序交接时对前一工序的休整用工；

f. 施工班组操作地点的转移用工；

g. 施工中不可避免的其他用工。

其计算公式如下：

人工幅度差用工＝(基本用工＋超运距用工＋辅助用工)×人工幅度差系数

人工幅度差系数一般为 10%～15%。

④ 人工消耗指标，其计算公式如下：

预算定额用工＝基本用工＋ 超运距用工＋ 辅助用工＋ 人工幅度差用工

【例 3-4】 预算定额砖石工程分部中一砖厚标准砖内墙人工工日消耗量计算(编制一砖厚标准砖内墙的预算定额先选择有代表性的各类典型工程施工图)。

(1) 基本要素

① 项目名称：标准砖一砖内墙。

② 项目内容：调运砂浆、运砌砖(包括双面清水墙、单面清水墙和混水墙)、砌附墙、烟囱、垃圾道、砌窗台虎头砖、腰线、砖过梁(最好应扣除梁头、板头的体积和所占的比重)等。

③ 计量单位：10m³。

④ 施工方法：砌砖采用手工操作，砂浆采用砂浆搅拌机，垂直运输采用塔吊，水平运输采用双轮手推车。根据施工组织设计确定材料的现场运输距离：砂子为 80m，石灰膏为 150m，砖为 170m，砂浆为 180m(见表 3-6)。

预算定额砌砖工程材料超运距计算表 (m) 表 3-6

材料名称	预算定额规定运距	劳动定额规定运距	超运距
砂　子	80	50	30
石 灰 膏	150	100	50
标 准 砖	170	50	120
砂　浆	180	50	130

⑤ 有关含量：根据所选择的 6 个典型工程测定，确定双面清水墙和单面清水墙各占 20%混水墙占 60%的 10m³ 一砖内墙中，双面清水墙的工程量是 2m³，单面清水墙的工程量是 2m³，混水墙工程量是 6m³，附墙烟囱孔有 0.34m/m³，弧形及圆形碹有 0.06m/m³，垃圾道 0.03m/m³，预留抗震柱孔 0.3m/m³，墙顶抹灰找平 0.0625m/m³，壁橱 0.002 个/m³，吊柜 0.002 个/m³。

(2) 计算人工工日

① 10m³ 一砖内墙的基本用工为 (根据 1985 年全国统一劳动定额)

单面清水墙	2.0m³×1.16 工日/m³＝2.32 工日
双面清水墙	2.0m³×1.20 工日/m³＝2.400 工日
混水墙	6.0m³×0.972 工日/m³＝5.832 工日
附墙烟囱孔	10m³×0.34m/m³×0.05 工日/m³＝0.170 工日
弧形及圆形碹	10m³×0.006m/m³×0.03 工日/m³＝0.002 工日
垃圾道	10m³×0.03m/m³×0.06 工日/m³＝0.018 工日
预留抗震柱孔	10m³×0.3m/m³×0.05 工日/m³＝0.15 工日
墙顶抹灰找平	10m³×0.0625m/m³×0.08 工日/m³＝0.050 工日

壁橱	$10m^3 \times 0.02$ 个$/m^3 \times 0.32$ 工日/个$=0.006$ 工日
吊柜	$\underline{10m^3 \times 0.002 \text{个}/m^3 \times 0.15 \text{工日/个}=0.003 \text{工日}}$

主体工程及增加的基本用工合计　　　　　　　　　　　　　　　　10.951 工日

② 材料超运距用工

根据超运距用工数量，计算超运距用工如下：

砂子	$2.43m^3 \times 0.0453$ 工日$/m^3 = 0.110$ 工日
石灰膏	$0.19m^3 \times 0.128$ 工日$/m^3 = 0.024$ 工日
标准砖	$10m^3 \times 0.139$ 工日$/m^3 = 1.390$ 工日
砂浆	$\underline{10m^3 \times (0.0516+0.00816) \text{工日}/m^3 = 0.598 \text{工日}}$
合计	2.122 工日

③ 辅助用工数量

根据劳动定额其一砖内墙辅助用工计算如下：

筛砂子	$2.43m^3 \times 0.111$ 工日$/m^3 = 0.27$ 工日
淋石灰膏	$\underline{0.19m^3 \times 0.50 \text{工日}/m^3 = 0.095 \text{工日}}$
合计	0.365 工日

④ 人工幅度差用工数量计算

按国家规定：人工幅度差系数取 10%。

据其计算公式如下：

$(10.951+2.122+0.365) \times 10\% = 1.344$ 工日

$10m^3$ 一砖内墙人工消耗指标计算如下：

$10.951+2.122+0.365+1.344=14.782$ 工日

3.3.2.2　材料消耗指标的确定

(1) 预算定额中材料的组成

预算定额中材料由以下三部分组成：

① 主要材料和辅助材料：是指直接构成工程实体的材料。该材料的定额消耗量是材料总消耗量，包括材料的净用量和损耗量。

② 周转性材料：是指在施工中多次使用但又不构成实体的材料。最常用的如脚手架、模板等。该类材料的定额消耗量是在多次使用中逐次分摊而形成的摊销量。

③ 次要材料：是指用量较小，价值不大，又不便于计算的零星材料。该类材料一般计算其消耗量，一般将其价值转换为人民币"元"累计，以其他材料费形式出现。

(2) 材料消耗量确定方法

先根据工程量计算出所需要材料的净用量，再根据材料消耗规定确定其损耗量，计算出材料的总消耗量。其计算公式如下：

$$材料的消耗量 = 材料净用量 \times 材料损耗率$$

$$材料总消耗用量 = 材料净用量 + 材料损耗量$$

【例 3-5】　预算定额砖石工程分部 $1m^3$ 一砖外墙标准砖和砂浆的消耗量计算。

(1) $1m^3$ 砌体标准砖消耗量按材料消耗定额中的计算公式计算

$$标准砖净用量 = \frac{1}{0.24 \times (0.24+0.01) \times (0.053+0.01)} \times 2 = 529 \text{块}$$

（2）1m³ 砌筑砂浆净用量

砂浆净用量＝1－529×（0.24×0.115×0.053）＝0.226m³

部分建筑材料、成品、半成品损耗率参考表　　　　　　表 3-7

材料名称	工程项目	损耗率（%）	材料名称	工程项目	损耗率（%）
普通黏土砖	地面、屋面、空花（斗）墙	1.5	水泥砂浆	抹墙及墙群	2
普通黏土砖	基础	0.5	水泥砂浆	地面、屋面、构筑物	1
普通黏土砖	实砖墙	2	素水泥浆		1
普通黏土砖	方砖柱	3	混凝土（预制）	柱、基础梁	1
普通黏土砖	圆砖柱	7	混凝土（预制）	其他	1.5
普通黏土砖	烟囱	4	混凝土（现浇）	二次灌浆	3
普通黏土砖	水塔	3.0	混凝土（现浇）	地面	1
白瓷砖		3.5	混凝土（现浇）	其余部分	1.5
面砖、缸砖		2.5	细石混凝土		1
水磨石板		1.5	轻质混凝土		2
大理石板		1.5	钢筋（预应力）	后张吊车梁	13
混凝土板		1.5	钢筋（预应力）	先张高强丝	9
砂	混凝土、砂浆	3	钢材	其他部分	6
白石子		4	铁件	成品	2
砾石（碎石）		3	电焊条		12
方整石	砌体	3.5	小五金	成品	1
方整石	其他	1	木材	窗扇、筐（包括材料）	6
碎砖、炉渣		1.5	木材	镶板门芯板制作	13.1
珍珠岩粉		4	木材	镶板门企口板制作	22
生石膏		2	木材	木屋架、檩、椽圆木	5
滑石粉	油漆工程用	5	木材	木屋架、檩、椽方木	6
水泥		2	木材	屋面板平口制作	4.4
砌筑砂浆	砖、毛方石砌体	1	木材	屋面板平口安装	3.3
砌筑砂浆	空斗墙	5	木材	木栏杆及扶手	4.7
砌筑砂浆	泡沫混凝土块墙	2	木材	封檐板	2.5
砌筑砂浆	多孔砖墙	10	模板制作	各种混凝土结构	5
砌筑砂浆	加气混凝土块	2	模板安装	工具式钢模板	1
混合砂浆	抹天棚	3.0	模板安装	支撑系统	1
混合砂浆	抹墙及墙群	2	模板制作	圆形储仓	3
石灰砂浆	抹天棚	1.5	胶合板、纤维板	天棚、间壁	5
石灰砂浆	抹墙及墙群	1	石油沥青		1
水泥砂浆	抹天棚、梁柱腰线、挑檐	2.5	玻璃	配件	15

（3）测定理论工程量与实际工程量的差异

经过对 6 个有代表性的典型工程的测算，其中，未扣除梁头、板头所占砖墙体积为：

49

梁头	0.52%
板头	2.29%
合计	2.81%

（4）扣除梁头、板头后标准砖及砂浆净用量

扣除梁头、板头后标准砖净用量：

$529 \times (1-2.81\%) = 514$ 块

扣除梁头、板头后砂浆净用量：

$0.226 \times (1-2.81\%) = 0.220 \mathrm{m}^3$

（5）$1\mathrm{m}^3$ 一砖内墙标准砖及砂浆消耗量指标

标准砖消耗量＝材料净用量＋材料损耗量

　　　　　　＝材料净用量×（1＋材料损耗率）

　　　　　　＝$514 \times (1+2\%) = 524$ 块

砂浆总耗用量＝$0.220 \times (1+2\%) = 0.224 \mathrm{m}^3$

以上计算公式中的材料损耗率见（表 3-7）中。

3.3.2.3 机械台班消耗量指标的确定

预算定额中的机械台班消耗量指标由施工定额中规定的机械台班消耗量和劳动定额与预算定额的机械台班幅度差组成。

① 定额机械台班消耗量是指在施工过程中，如机械化打桩工程、机械化运输等工程所用的各种机械在正常生产条件下，必须消耗的台班数量。

综合机械台班使用量＝∑（各工序实物工程量×相应施工机械台班定额使用量）

② 机械台班幅度差是指定额中没有包括，而在实际的施工过程中必须考虑增加的机械台班。如正常施工情况下施工机械不可避免的周转时间；施工机械转移工作面及配合机械相互影响损失时间；因临时水电故障、线路移动检修造成的不可避免的工序间歇时间；配合机械施工的工人与其他工种交叉造成的间歇时间。

幅度差系数一般由测定和统计资料取定。大型机械幅度差系数为：土方机械1.25；打桩机械1.33；吊桩机械1.30；其他分部工程中如钢筋加工、木材等各项专用机械幅度差均为1.10。以手工操作为主工人班组所配备的施工机械，如砂浆、混凝土搅拌机等为小组配用，以小组产量计算机械台班产量，不另外加机械调度差。

计算公式为：

a. 按机械台班产量定额计算

预算定额机械台班总使用量＝综合机械台班使用量×机械幅度差系数

b. 按工人小组日产量计算

$$分项定额机械台班使用量 = \frac{分项定额计量单位}{小组总产量}$$

小组总产量＝小组总人数×劳动定额的综合产量定额

【例 3-6】 预算定额砖石工程分部一砖厚内墙，每 $10\mathrm{m}^3$ 塔吊台班使用量的计算。砌 $10\mathrm{m}^3$ 标准砖一砖内墙，时间定额为 10.522 工日，则其产量定额为 $0.095\mathrm{m}^3$。

小组日产量＝$22 \times 0.0956 = 2.09 \mathrm{m}^3$

塔吊机械台班使用量＝1/2.09＝0.48 台班/10m³

3.3.3　基础单价的确定

预算的基础单价都由人工费、材料费、机械费三部分组成。其计算公式为：

人工费＝∑（某定额项目的人工消耗量×地区相应人工工日单价）

材料费＝∑（某定额项目的材料消耗量×地区相应人材料预算定额）

机械费＝∑（某定额项目的机械台班消耗量×地区相应机械台班预算价格）

3.3.3.1　人工工日单价

人工工日单价即人工工资标准，是指一个建筑工人一个工作日在预算中应计入的全部人工费。其组成内容见表 3-8。

人工单价组成内容　　　　　　　　　　　　　表 3-8

基本工资	岗位工资
	技能工资
	年功工资
工资性津贴	流动施工津贴
	交通补贴
	住房补贴
	物价补贴
	工资附加
	地区津贴
辅助工资	
职工福利费	
劳动保护费	劳动保护
	洗理费
	书报费
	取暖费

人工工日单价组成的具体内容和单价的高低各部门各地区并不完全相同。但计入预算定额的人工单价是根据有关法规政策的精神，按某一平均技术等级为标准的日工资单价。例：《江苏省建筑与装饰工程计价表》中，人工工资分别按一类工 28.00 元/工日；二类工 26.00 元/工日；三类工 24.00 元/工日计算。单独装饰工程按 30.00～45.00 元/工日进行调整后执行。

3.3.3.2　材料预算价格

材料费用工程直接费的主要组成部分均占工程总造价的 70% 左右，是根据材料消耗量和材料预算价格确定的。

（1）材料预算价格的组成

材料预算价格是材料（包括构件、成品、半成品等）由从其来源地（或交货地点）到达工地仓库后的出库价格，一般由材料原价、供销部门手续费、包装费、运杂费和采购及保管费组成。为方便应用，通常将材料原价、采购及保管费三项合并称为材料供应价，则材料预算价格就由材料供应价、运杂费和采购及保管费三项构成。

① 材料原价

是指材料的出厂价格，或者是销售部门的批发牌价和市场价格。

在确定材料原价时，同一材料因其来源地、交货地点、生产厂家和供货单位不同，有几种原材料价格。根据不同来源地供货数量比例，采用加数平均的计算方法确定其综合原价。计算公式如下：

$$\text{加数平均材料原价} = \frac{k_1 c_1 + k_2 c_2 + \cdots + k_n c_n}{k_1 + k_2 + \cdots + k_n}$$

式中　c_1、$c_2 \cdots c_n$——不同供货地点的原价；

　　　k_1、$k_2 \cdots k_n$——不同供货地点的供应量或不同使用地点的需求量。

② 供销部门手续费

是根据国家现行的物资供应体制，不能直接向生产厂采购、订货，而需通过物资部门供应而发生的经营管理费。若不经过物资供应部门则不需计供销手续费。计算公式如下：

　　　　　供销部门手续费＝材料净重×供销部门单位重量手续费率

或：　　　供销部门手续费＝材料原价×供销部门手续费率

③ 包装费

是指为了便于材料运输，减小运输损坏以及保护材料而进行包装所需的一切费用，包括水运、陆运的支撑、篷布、包装箱、包装袋等费用。材料到达现场或使用后，要对包装进行回收，回收价值冲减材料预算价格，包装品回收标准见表3-9。

包装品回收标准　　　　　　　　　　　　　　　表3-9

包装材料名称	回收率(%)	回收价值率(%)	使用次数	残值回收率(%)
铁桶	95	50	10	3
铁皮	50	50		
铁丝	20	50		
木桶、木箱	70	20	4	5
木杆	70	20	5	3
竹制品				10
纸袋、纤维袋	60	50		
麻袋	60	50	5	
玻璃、陶瓷制品	30	60		
塑料、纤维桶			8	

在计算包装费时，应区别不同情况：

a. 材料出厂时已经包装者，其包装费已计入原价的，不再另计算包装费，但应扣除包装品的回收价值；若其未计入原价的，应计算包装费。

b. 租赁包装品时，其包装费按资金计算。

c. 自备包装者，其包装按包装品价值按正常使用次数分摊计算。

计算公式如下：

　　　　　包装费＝∑（包装材料原价×单价）

容器包装：

$$包装费回收价值=\frac{包装材料原价\times回收率\times回收价值率}{包装材料标准容量}$$

简易包装：

$$包装费回收价值=包装材料原价\times回收量比例\times回收价值比例$$

④ 运杂费

运杂费是指材料由采购地区或发货地点起到达工地仓库或施工现场存放点全部运输过程中所支付的一切费用，包括材料运输费和运输损耗费。若同一品种的材料有若干来源地，材料运杂费应加权平均计算。

a. 运输费包括材料运输过程中发生的车船费、调车费、装卸费、保险费等。运输费一般占材料预算价格的10%～20%。

b. 运输损耗费是材料在装卸和运输过程中所发生的合理损耗。计算公式如下：

$$运输损耗=材料原价\times相应材料损耗率$$

⑤ 材料采购及保管费

材料采购及保管费是指材料供应部门在组织采购、供应和保管材料过程中所需的各项费用。它包括材料采购、供应及保管人员的工资、职工福利费、办公费、交通差旅费、固定资产使用费、工具器具使用费、劳动保护费、检验试验费、材料储存损耗等费用。其计算公式如下：

$$采购及保管费=(材料原价+供销部门手续费+包装费+运杂费)\times采购及保管费率$$

（2）材料预算价格

材料预算价格是综合以上五项计算得到的。计算公式：

$$材料预算价格=(材料原价+供销部门手续费+包装费+运杂费)\times$$
$$(1+采购及保管费率)-包装材料回收价值。$$

3.3.3.3 机械台班预算价格

机械台班预算价格又称机械台班单价，是指一台施工机械在正常条件下运转一个工作班所需支付及分摊的各项费用之和。

机械台班预算价格由折旧费、大修理费、经常修理费、按拆费及场外运费、燃料动力费、人工费、养路费及车船使用费七项组成。

① 折旧费。折旧费是指机械设备在规定的使用年限内，陆续收回其使用原值及所支付贷款利息的费用。计算公式如下：

$$台班折旧费=\frac{机械预算价格\times(1-残值率)}{耐用总台班}$$

a. 机械预算价格是机械到达使用单位机械管理部门的全部应支付的费用。

b. 残值率是机械报废时其残余价值与其原价值的百分比。国家规定施工机械残值率在3%～5%范围内。

c. 耐用总台班是新机械从使用至报废前的总使用台班数。

$$耐用总台班=机械使用年限\times年平均工作台班=耐用周期数\times大修理间隔台班$$

② 大修理费。大修理费是指机械设备按规定的大修理间隔台班必须进行大修理，以

恢复机械正常功能所需的费用。其计算公式如下：

$$台班大修理费用 = \frac{一次大修理费 \times 寿命期内大修理次数}{耐用总台班}$$

a. 一次大修理费是指机械设备在规定的大修理范围内进行一次全面修理所需消耗的工时、配件、辅助材料等全部材料。

b. 寿命周期内大修理次数为：

$$寿命周期内大修理次数 = \frac{耐用总台班}{大修理间隔台班} - 1$$

③ 经常修理费是指机械设备除大修理以外的各种保养（包括一、二、三级保养）以及排除临时故障所需的费用。为保障机械正常运转所需替换设备、随机用工具、附件摊销和维护的费用，机械运转与日常保养所需的油脂、擦拭材料费用，机械停置时间的维护保养费用等。计算公式如下：

$$台班经常修理费 = \frac{\sum(各级保养一次费用 \times 各级保养次数) + 临时故障排除费}{耐用总台班} +$$

$$替换设备台班摊消费 + 工具附具台班摊消费 + 辅料费$$

或用简化计算，计算公式如下：

$$台班经常修理费 = 台班大修理费 \times \frac{机械台班经常修理费}{台班大修理费}$$

④ 安拆费及场外运费。安拆费是指机械在施工现场进行安装、拆卸所需的人工、材料、机械、试运转以及安装所需的辅助设施的费用，包括安装机械的基础、底座、固定锚桩、行走轨道、枕木等的折旧费及其搭设、拆除费。

$$台班安拆费 = \frac{一次安装拆卸费 \times 年安装拆卸次数}{年工作台班} + 台班辅助设施摊消费$$

其中：$$台班辅助设施摊消费 = \frac{辅助设施一次费用 \times (1 - 残值率)}{辅助设施耐用台班}$$

场外运输费是指机械整体或分件自停放场地运至施工现场或出场运输及转移，运距在 25km 以内的费用，包括机械的装卸、运输、辅助材料及架线费用等。

$$台班场外运费 = \frac{(一次运输费 + 一次装卸费 + 一次摊消费) \times 年平均运输次数}{年工作台班}$$

⑤ 燃料动力费。燃料动力费是指机械在运转施工作业中所耗用的电力、固体燃料、液体燃料、水和风力等的费用。其计算公式如下：

$$台班燃料动力费 = 台班燃料动力消耗量 \times 相应单价$$

⑥ 人工费。人工费是指机上司机、司炉及其他操作人员的工作日工资及上述人员在机械规定工作台班以外的基本工资和工资性津贴。

⑦ 养路费及车船使用税。养路费及车船使用税是指部分机械按照国家有关规定应缴纳的养路费及车船使用税。

$$台班养路费（使用税） = \frac{核定吨位 \times 年工作月数 \times 每吨月养路费（使用税）}{年工作台班数}$$

3.3.4 工程计价表

3.3.4.1 工程计价表的概念

工程计价表是以货币的形式确定定额计量单位某分部分项工程或结构构件费用的文件。是根据预算定额所确定的人工、材料和机械台班消耗数量乘以人工工资单价、材料预算价格和机械台班预算价格组成，即人工费材料费、机械费以及管理费和利润汇总而成。

地区工程计价表是根据建筑工程预算定额所编制的适合各城市、各地区范围内计算当地建筑工程造价的基础资料。

工程计价表是各建筑企业采用工程量清单计算工程造价的主要依据。

3.3.4.2 工程计价表的编制依据

地区工程计价表应按本地区工程建设的需要和本地区的特点进行编制，其主要编制依据有：

（1）住房和城乡建设部、国家质量监督检验检疫总局联合发布的《建设工程工程量清单计价规范》。

（2）全国统一建筑工程预算定额。

（3）该地区现行预算建筑工人工资标准。

（4）该地区现行材料预算价格。

（5）该地区现行施工机械台班预算价格。

（6）该地区现行其他费用标准。

（7）省内有关补充定额。

3.3.4.3 工程计价表的作用

（1）工程计价表是编制工程招标标底、招标工程结算核算的指导。

（2）计价表是工程投标报价、企业进行内部核算、制订企业定额的参考。

（3）计价表是一般工程（依法可不招标工程）编制与审核工程预结算的依据。

（4）计价表是编制建筑工程概算定额的主要依据。

（5）计价表是建设行政主管部门调解工程造价纠纷、合理确定工程造价的依据。

3.3.4.4 地区工程计价表的构成

现以《江苏省建筑与装饰计价表》为例进行说明。

工程计价表是按照建筑结构、工程内容和使用材料等共分为土、石方工程，打桩及基础垫层，砌筑工程，钢筋工程，混凝土工程，金属结构工程，构件运输及安装工程，木结构工程，屋、平、立面防水及保温隔热工程，防腐耐酸工程，厂区道路及排水工程，楼地面工程，墙柱面工程，天棚工程，门窗工程，油漆、涂料，裱糊工程，其他零星工程，建筑物超高增加费用，脚手架，模板工程，施工排水，降水，深基坑支护，建筑工程垂直运输，场内二次搬运。共有二十三章及九个附录组成。

工程计价表一般由费用计算规则、总说明、建筑面积计算规则、目录、各章节说明、工程量计算规则、各项工程项目表及附录组成。

（1）费用计算规则。工程计价表的费用计算规则介绍了工程费用计算的说明、费用项目划分、工程类别的划分、费用计算规则及计算标准，工程造价计算程序。

（2）总说明。工程计价表总说明介绍了工程计价表的使用范围、编制依据、计价表的作用、编制时已考虑和没考虑的因素，并且指出了在计价表的具体应用中注意的事项和各项有关规定。

（3）建筑面积计算规则。具体介绍了计算建筑面积的范围，不计算建筑面积的范围及其他内容。

（4）各章节说明及各章工程量计算规则。各章说明介绍了各章节的一般规定及各分项工程在施工工艺、材料以及计价表套用方面的各项具体规定。各章工程量计算规则介绍各分项工程量计算规定。

（5）计价表。计价表一般由工作内容、计量单位和项目表组成。计价表的工作内容是指各分项所包含的施工内容。

项目表是工程计价表的主要组成部分，反映了一定计量单位分项工程的综合单价以及综合单价的人工费、材料费、机械费、管理费、利润以及人工、材料、机械台班消耗量标准，有的项目表下列有附注，说明当设计项目与计价表不符合时该如何换算。

表 3-10 是工程计价表第三章砌筑工程柱中的砌砖中砖基础、砖柱项目的项目表。项目表上方介绍了砖基础、砖柱的项目工作内容。表中反映了一般的砖基础、砖柱工程各子项目工程的综合的单价以及人工、材料、机械台班消耗量指标。如：砌 $1m^3$ 直形砖基础，其综合单价为 185.80 元，其中人工费 29.64 元，材料费 141.81 元，机械费 2.47 元，管理费 8.03 元，利润 3.85 元，其中需消耗二类工工日 1.14 工日，二类工单价为 26.00 元/工日；240mm×115mm×53mm 标准砖 5.22 百块，单价为 21.42 元/百块；水 $0.104m^3$，单价为 2.80 元/m^3；灰浆拌合机 200L，0.048 台班，单价为 51.43 元/台班。在小计中可知材料中包括的是 M5 水泥砂浆 $0.242m^3$，单价为 122.78 元/m^3，表下注中说明若基础深度自设计室外地面至砖基础底表面超过 1.5m，其超过部分每立方米应增加人工 0.041/工日。

江苏省建筑与装饰工程计价表节录

表 3-10

工作内容：1. 砖基础：运料、调铺砂浆、清理基槽坑、砌砖等。
　　　　　2. 砖柱：清理地槽、运料、调铺砂浆、砌砖。

定额编号				3-1		3-2		3-3		3-4	
项目		单位	单价	砖基础				砖柱			
				直形		圆、弧形		方形		圆形	
				数量	合价	数量	合价	数量	合价	数量	合价
综合单价		元		185.80		192.93		217.81		266.99	
其中	人工费	元		29.64		34.84		47.84		50.44	
	材料费	元		141.81		141.81		149.02		194.15	
	机械费	元		2.47		2.47		2.37		2.73	
	管理费	元		8.03		9.33		12.55		13.29	
	利润	元		3.85		4.48		6.03		6.38	
二类工			26.00	1.14	29.64	1.34	34.48	1.84	47.84	1.94	50.44
材料	201008	标准砖 240mm×115mm×	21.42	5.22	111.81	5.22	111.81	5.46	116.95	7.53	157.44
	613206	53mm 水	2.80	0.104	0.29	0.104	0.29	0.109	0.31	0.147	0.41

定额编号			单位	单价	3-1		3-2		3-3		3-4	
					砖基础				砖柱			
项目					直形		圆、弧形		方形		圆形	
					数量	合价	数量	合价	数量	合价	数量	合价
机械	06016	灰浆拌合机 200L		51.43	0.048	2.47	0.084	2.47	0.046	2.37	0.053	2.73
						144.21		149.41		167.46		211.02
(1)	012004	水泥砂浆 M10 合计		132.86	(0.242)	(32.15) (176.36)	(0.242)	(32.15) (181.56)				
(2)	012008	混合砂浆 M10 合计		137.50					0.231	31.76 199.23	0.264	36.3 247.32
(3)	012003	水泥砂浆 M7.5 合计		124.46	(0.242)	(30.12) (174.33)	(0.242)	(30.12) (179.53)				
(4)	012007	混合砂浆 M7.5 合计		131.82					(0.231)	(30.45) (179.92)	(0.264)	(34.80) (245.02)
(5)	012002	水泥砂浆 M5 合计		122.78	0.242	29.71 173.92	0.242	29.71 179.12				
(6)	012006	混合砂浆 M5 合计		127.22					(0.231)	(29.39) (196.86)	(0.264)	(33.59) (244.61)

注：基础深度自设计室外地面至砖基础底表面超过 1.5m，其超过部分每立方米砌体增加人工 0.041 工日。

3.4 概 算 定 额

3.4.1 概算定额的概念

概算定额是指完成单位合格的扩大的建筑工程结构构件或分部分项工程所需要的人工、材料和机械台班的消耗数量限额标准。它是介于预算定额和概算指标之间的一种定额。

概算定额是在综合预算定额或预算定额的基础上，进行综合、扩大和合并而成。建筑工程概算定额，亦称"扩大结构定额"。例如，砖墙概算项目定额，就是以砖墙为主，综合了砌砖，钢筋混凝土过梁制作、安装、运输，勒脚，内外墙面抹灰，内墙面刷涂料等预算定额的分项工程项目。

概算定额表达的主要内容、主要方式及基本使用方法都与综合预算定额相近。

定额基准价＝定额单位人工费＋定额单位材料费＋定额单位机械费

编制概算定额时，应考虑到能适应规划、设计、施工各阶段的要求。概算定额应反映大多数企业的设计、生产及施工管理水平。

3.4.2 概算定额的作用

概算定额的作用表现如下：

（1）概算定额是初步设计阶段编制概算和技术设计阶段编制修正概算的依据。

（2）概算定额可作为快速编制施工图预算、工程标底和投标报价参考之用。

（3）概算定额为设计人员在初步设计阶段做设计方案比较时之用。所谓设计方案比较的目的是选择出技术先进可靠、经济合理的方案，在满足使用功能的条件下，达到降低成本的目的。

（4）概算定额是编制概算指标和投资估算指标的依据。

因此，建筑工程概算定额的正确性和合理性，对提高概算准确性，合理使用建设资金，加强建设管理，控制工程造价及充分发挥投资效果起着积极的作用。

3.4.3 概算定额的内容

建筑工程概算定额由于专业特点和地区特点的不同，其内容也不尽相同。但基本内容由文字说明和定额项目表组成。

（1）文字说明部分。文字说明包括总说明和各分部说明。总说明中主要说明定额的编制目的、编制范围、定额作用、使用方法、取费计算基础以及其他有关规定等。各分部说明中主要阐述本分部综合分项工程内容、使用方法、工程量计算规则以及其他有关规定等。

（2）定额项目表。定额项目表是概算定额手册的主要内容，由若干分节定额组成。各节定额由工程内容、定额表及附注说明组成。定额项目表主要反映用货币表现的人工费、材料费和机械费及各地区的基价。定额表中列有定额编号、计量单位、概算价格、人工、材料、机械台班消耗量指标。

表 3-11 是江苏省建筑工程概算定额的现浇钢筋混凝土柱概算定额示例。

现浇钢筋混凝土柱概算定额 表 3-11

概算定额编号				4—3		4—4	
项　　目	单位	单价（元）		矩形柱			
				周长 1.8m 以内		周长 1.8m 以外	
				数量	合价	数量	合计
基　准　价	元			13428.76		12947.26	
其中	人　工　费	元		2116.40		1728.76	
	材　料　费	元		10272.03		10361.83	
	机　械　费	元		1040.33		856.67	
合　计　工	工日	22.00		96.20	2116.40	78.58	1728.76

概算定额编号			4—3		4—4	
项　目	单位	单价（元）	矩形柱			
			周长1.8m以内		周长1.8m以外	
			数量	合价	数量	合计
材料 中(粗)砂(天然)	t	35.81	9.494	339.98	8.817	315.74
碎石5～20mm	t	36.18	12.207	441.65	12.207	441.65
石灰膏	m³	98.99	0.221	20.75	0.155	14.55
普通木成材	m³	1000.00	0.302	302.00	0.187	187.00
圆钢(钢筋)	t	3000.00	2.188	6564.00	2.407	7221.00
组合钢模板	kg	4.00	64.416	257.66	39.848	159.39
钢支撑(钢管)	kg	4.85	34.165	165.70	21.134	102.50
零星卡具	kg	4.00	33.954	135.82	21.004	84.02
铁钉	kg	5.96	3.091	18.42	1.912	11.40
镀锌铁丝22号	kg	8.07	8.368	67.53	9.206	74.29
电焊条	kg	7.84	15.644	122.65	17.212	134.94
803涂料	kg	1.45	22.901	33.21	16.038	23.26
水	m³	0.99	12.700	12.57	12.300	12.21
水泥32.5级	kg	0.25	664.459	166.11	517.117	129.28
水泥42.5级	kg	0.30	4141.200	1242.36	4141.200	1242.36
脚手费	元			196.00		90.60
其他材料费	元			185.62		117.64
机械 垂直运输费	元			628.00		510.00
其他机械费	元			412.33		346.67

3.4.4　概算定额的编制

3.4.4.1　概算定额的编制依据

建筑工程概算定额的编制依据有：

（1）现行的设计标准、规范和施工技术规范、规程等。

（2）现行的建筑安装预算定额和概算定额。

（3）有代表性的设计图纸和标准设计图集。

（4）现行的人工工资标准、材料预算价格、机械台班预算价格。

（5）有关的施工图预算或工程决算等经济资料。

3.4.4.2　概算定额的编制原则

（1）概算定额项目划分应简明适用。

概算定额项目的粗细程度要适应初步设计深度的要求，在保证一定准确性的前提下，以主体结构分部工程为主，合并相关联的子项，并考虑应用电子计算机编制概算的要求，应简明和便于计算，要求计算简单和项目齐全，但它只能综合，而不能漏项。

（2）概算定额水平应与预算定额水平一致。

概算定额水平应反映正常条件下大多数地区和企业的生产力水平。但概算定额是在预算定额的基础上综合扩大的，因此，应使概算定额与预算定额两者之间的幅度差控制在5%以内，这样才能使设计概算起到控制施工图预算的作用。

3.4.4.3　概算定额的编制步骤

概算定额编制一般分三个阶段：

（1）准备阶段。包括成立编制机构，确定机构人员，进行调查研究，明确编制目的，了解现行概算定额执行情况及存在问题，明确编制方法、编制范围及编制内容，制定概算定额的编制细则和划分定额项目。

（2）编制阶段。包括收集、整理各种编制依据，根据已制定的编制细则、定额项目划分和工程量计算规则，对收集到的设计图纸、技术资料进行细致的测算和分析，根据所制定的方法和定额项目编制出概算定额初稿；将该初稿的定额总水平与预算定额水平相比较。如果水平差距较大时，则应进行必要的调整。

（3）审查定稿阶段。在征求意见修改之后，形成审批稿，再经批准后即可交付印刷。包括对概预算定额水平进行测算，以保证两者在水平上的一致性。

3.4.4.4　概算定额的编制方法

概算定额的编制方法与预算定额的编制方法是一致的，只是编制的基础不同，预算定额以施工定额为编制基础，而概算定额以预算定额为基础。在编制概算定额时，首先应根据选定的有代表性的图纸，按工程量规则计算出定额项目的工程量，再根据该项目所综合的预算定额分项工程，分别套用预算定额中的人材机的消耗量，得出概算定额中项目的人材机的消耗指标。

3.5　概 算 指 标

3.5.1　概算指标的概念

概算指标相对于概算定额更为综合和概括，它是一种对各类建筑物用建筑面积、体积或万元造价为计算单位，以整个建筑物为依据所整理的造价和人工、主要材料用量的指标。

概算指标通常以 $100m^3$、$100m^2$ 为计量单位，构筑物以座为计量单位，所以估算工程造价较为简便。

3.5.2　概算指标的作用

建筑工程概算指标的作用有：

（1）在初步设计阶段，在没有条件计算工程量时，可作为编制建筑工程设计概算的依据。

（2）设计单位在建筑方案设计阶段，进行方案设计技术经济分析和估算的依据。

（3）是编制基本建设投资计划和计算材料需要量的依据。

（4）是投资估算指标的编制依据。

3.5.3　概算指标的内容

概算指标是指整个房屋或建筑物单位面积（或单位体积）的消耗指标。概算指标内容包括总说明、经济指标、结构特征等。

（1）总说明。主要从总体上说明概算指标的用途、编制依据、适用范围、工程量计算规则等。

（2）经济指标。说明该单项工程和其中土建、给排水等单位工程的单价指标。

（3）结构特征。说明概算指标的使用条件。示例如表 3-12 所示。

某 3 层框架工业厂房的经济技术指标 表 3-12

项目名称		多层厂房			水泥	kg/m²	282
檐高(m)	10.8	建筑占地面积(m²)	466	每平方米主要材料及其他指标	钢材	kg/m²	44
层数(层)	3	总建筑面积(m²)	1042		钢模	kg/m²	2.90
层高(m)	3.6	其中:地上面积(m²)	1042		原木	m³/m²	0.020
开间(m)	3.5	地下面积(m²)		混凝土折厚	地上	cm/m²	19
进深(m)	11.6	总造价(万元)	64.4		地下	cm/m²	13
间		单位造价(元·m²)	618		桩基	cm/m²	
工程特征	框架结构,钢筋混凝土有梁带形基础,铝合金弹簧门,木门,钢窗,外墙玻璃马赛克,内墙803涂料,水磨石地面						
设备选型	50 门共电式交换机 1 套,3 台立式冷风机,1 台窗式空调器						

3.5.4 概算指标的编制

单位工程概算指标中的构成数据，主要来自各种工程的概算、预算和决算资料。在编制时，首先是选择典型工程和图纸，根据施工图和现行预算计价表编出预算书，求出每 100m² 建筑面积的预算造价，人工、材料、机械费、主要材料消耗量指标。如每 10m² 框架工程中的梁、柱混凝土体积的概算指标，是根据现行国家标准图集，各地区设计通用图集以及历年来建设工程中比较常用的工程项目的结构形式、构造和建筑要求进行预算。对所得的大量数据加以整理、分析、归纳计算而得。

3.5.5 概算指标的应用

概算指标的应用具有很大的灵活性。由于它的综合性比较强，在应用的时候，不可能与设计对象的建筑特征、结构特征等完全对应。所以使用应慎重，如果设计对象的建筑特征、结构特征与概算指标的规定有局部的不同时，应先调整后套用，以提高准确性。

3.6 建设工程工程量清单计价规范（节录）

3.6.1 总则

（1）为规范建设工程造价计价行为，统一建设工程计价文件的编制原则和计价方法，根据《中华人民共和国建筑法》、《中华人民共和国合同法》、《中华人民共和国招标投标法》等法律法规，制定本规范。

（2）本规范适用于建设工程发承包及实施阶段的计价活动。

（3）建设工程发承包及实施阶段的工程造价应由分部分项工程费、措施项目费、其他项目费、规费和税金组成。

（4）招标工程量清单、招标控制价、投标报价、工程计量、合同价款调整、合同价款结算与支付以及工程造价鉴定等工程造价文件的编制与核对，应由具有专专业资格的工程造价人员承担。

（5）承担工程造价文件的编制与核对的工程造价人员及其所在单位，应对工程造价文件的质量负责。

（6）建设工程发承包及实施阶段的计价活动应遵循客观、公正、公平的原则。

（7）建设工程发承包及实施阶段的计价活动，除应符合本规范外，尚应符合国家现行有关标准的规定。

3.6.2 术语

（1）工程量清单

载明建设工程分部分项工程项目、措施项目、其他项目的名称和相应数量以及规费、税金项目等内容的明细清单。

（2）招标工程量清单

招标人依据国家标准、招标文件、设计文件以及施工现场实际情况编制的，随招标文件发布供投标报价的工程量清单，包括其说明和表格。

（3）已标价工程量清单

构成合同文件组成部分的投标文件中已标明价格，经算术性错误修正（如有）且承包人已确认的工程量清单，包括其说明和表格。

（4）分部分项工程

分部工程是单项或单位工程的组成部分，是按结构部位、路段长度及施工特点或施工任务将单项或单位工程划分为若干分部的工程；分项工程是分部工程的组成部分，是按不同施工方法、材料、工序及路段长度等将分部工程划分为若干个分项或项目的工程。

（5）措施项目

为完成工程项目施工，发生于该工程施工准备和施工过程中的技术、生活、安全、环境保护等方面的项目。

（6）项目编码

分部分项工程和措施项目清单名称的阿拉伯数字标识。

（7）项目特征

构成分部分项工程项目、措施项目自身价值的本质特征。

（8）综合单价

完成一个规定清单项目所需的人工费、材料和工程设备费、施工机具使用费和企业管理费、利润以及一定范围内的风险费用。

（9）风险费用

隐含于已标价工程量清单综合单价中，用于化解发承包双方在工程合同中约定内容和范围内的市场价格波动风险的费用。

（10）工程成本

承包人为实施合同工程并达到质量标准，在确保安全施工的前提下，必须消耗或使用的人工、材料、工程设备、施工机械台班及其管理等方面发生的费用和按规定缴纳的规费和税金。

（11）单价合同

发承包双方约定以工程量清单及其综合单价进行合同价款计算、调整和确认的建设工程施工合同。

（12）总价合同

发承包双方约定以施工图及其预算和有关条件进行合同价款计算、调整和确认的建设工程施工合同。

（13）成本加酬金合同

承包双方约定以施工工程成本再加合同约定酬金进行合同价款计算，经计算、调整和确认的建设工程施工合同。

（14）工程造价信息

工程造价管理机构根据调查和测算发布的建设工程人工、材料、工程设备、施工机械台班的价格信息，以及各类工程的造价指数、指标。

（15）工程造价

指数反映一定时期的工程造价相对于某一固定时期的工程造价变化程度的比值或比率。包括按单位或单项工程划分的造价指数，按工程造价构成要素划分的人工、材料、机械等价格指数。

（16）工程变更

合同工程实施过程中由发包人提出或由承包人提出经发包人批准的合同工程任何一项工作的增、减、取消或施工工艺、顺序、时间的改变；设计图纸的修改；施工条件的改变；招标工程量清单的错、漏从而引起合同条件的改变或工程量的增减变化。

（17）工程量偏差

承包人按照合同工程的图纸（含经发包人批准由承包人提供的图纸）实施，按照现行国家计量规范规定的工程量计算规则计算得到的完成合同工程项目应予计量的工程量与相应的招标工程量清单项目列出的工程量之间出现的量差。

（18）暂列金额

招标人在工程量清单中暂定并包括在合同价款中的一笔款项。用于工程合同签订时尚未确定或者不可预见的所需材料、工程设备、服务的采购，施工中可能发生的工程变更、合同约定调整因素出现时的合同价款调整以及发生的索赔、现场签证确认等的费用。

（19）暂估价

招标人在工程量清单中提供的用于支付必然发生但暂时不能确定价格的材料、工程设备的单价以及专业工程的金额。

（20）计日工

在施工过程中，承包人完成发包人提出的工程合同范围以外的零星项目或工作，按合同中约定的单价计价的一种方式。

（21）总承包服务费

总承包人为配合协调发包人进行的专业工程发包，对发包人自行采购的材料、工程设备等进行保管以及施工现场管理、竣工资料汇总整理等服务所需的费用。

（22）安全文明施工费

在合同履行过程中，承包人按照国家法律、法规、标准等规定，为保证安全施工、文明施工，保护现场内外环境和搭拆临时设施等所采用的措施而发生的费用。

（23）索赔

在工程合同履行过程中，合同当事人一方因非己方的原因而遭受损失，按合同约定或法律法规规定承担责任，从而向对方提出补偿的要求。

（24）现场签证

发包人现场代表（或其授权的监理人、工程造价咨询人）与承包人现场代表就施工过程中涉及的责任事件所作的签认证明。

（25）提前竣工（赶工）费

承包人应发包人的要求而采取加快工程进度措施，使合同工程工期缩短，由此产生的应由发包人支付的费用。

（26）误期赔偿费

承包人未按照合同工程的计划进度复施工，导致实际工期超过合同工期（包括经发包人批准的延长工期），承包人应向发包人赔偿损失的费用。

（27）不可抗力

发承包双方在工程合同签订时不能预见的，对其发生的后果不能避免，并且不能克服的自然灾害和社会性突发事件。

（28）工程设备

指构成或计划构成永久工程一部分的机电设备、金属结构设备、仪器装置及其他类似的设备和装置。

（29）缺陷责任期

指承包人对已交付使用的合同工程承担合同约定的缺陷修复责任的期限。

（30）质量保证金

发承包双方在工程合同中约定，从应付合同价款中预留，用以保证承包人在缺陷责任期内履行缺陷修复义务的金额。

（31）费用

承包人为履行合同所发生或将要发生的所有合理开支，包括管理费和应分摊的其他费用，但不包括利润。

（32）利润

承包人完成合同工程获得的盈利。

（33）企业定额

施工企业根据本企业的施工技术、机械装备和管理水平而编制的人工、材料和施工机械台班等消耗标准。

（34）规费

根据国家法律、法规规定，由省级政府或省级有关权力部门规定施工企业必须缴纳的，应计入建篷筑安装工程造价的费用。

（35）税金

国家税法规定的应计入建筑安装工程造价内的营业税、城市维护建设税、教育费附加和地方教育附加。

（36）发包人

具有工程发包主体资格和支付工程价款能力的当事人以及取得该当事人资格的合法继承人，本规范有时又称招标人。

（37）承包人

被发包人接受的具有工程施工承包主体资格的当事人以及取得该当事人资格的合法继承人，本规范有时又称投标人。

（38）工程造价咨询人

取得工程造价咨询资质等级证书，接受委托从事建设工程造价咨询活动的当事人以及取得该当事人资格的合法继承人。

（39）造价工程师

取得造价工程师注册证书，在一个单位注册、从事建设工程造价活动的专业人员。

（40）造价员

取得全国建设工程造价员资格证书，在一个单位注册、从事建设工程造价活动的专业人员。

（41）单价项目

工程量清单中以单价计价的项目，即根据合同工程图纸（含设计变更）和相关工程现行国家计量规范规定的工程量计算规则进行计量，与已标价工程量清单相应综合单价进行价款计算的项目。

（42）总价项目

工程量清单中以总价计价的项目，即此类项目在相关工程现行国家计量规范中无工程量计算规则，以总价（或计算基础乘费率）计算的项目。

（43）工程计量

发承包双方根据合同约定，对承包人完成合同工程的数量进行的计算和确认。

（44）工程结算

发承包双方根据合同约定，对合同工程在实施中、终止时、已完工后进行的合同价款计算、调整和确认。包括期中结算、终止结算、竣工结算。

（45）招标控制价

招标人根据国家或省级、行业建设主管部门颁发的有关计价依据和办法，以及拟定的招标文件和招标工程量清单，结合工程具体情况编制的招标工程的最高投标限价。

（46）投标价

投标人投标时响应招标文件要求所报出的对已标价工程量清单汇总后标明的总价。

（47）签约合同价（合同价款）

发承包双方在工程合同中约定的工程造价，即包括了分部分项工程费、措施项目费、其他项目费、规费和税金的合同总金额。

（48）预付款

在开工前，发包人按照合同约定，预先支付给承包人用于购买合同工程施工所需的材料、工程设备，以及组织施工机械和人员进场等的款项。

（49）进度款

在合同工程施工过程中，发包人按照合同约定对付款周期内承包人完成的合同价款给予支付的款项，也是合同价款期中结算支付。

（50）合同价款调整

在合同价款调整因素出现后，发承包双方根据合同约定，对合同价款进行变动的提出、计算和确认。

（51）竣工结算价

发承包双方依据国家有关法律、法规和标准规定，按照合同约定确定的，包括在履行合同过程中按合同约定进行的合同价款调整，是承包人按合同约定完成了全部承包工作后，发包人应付给承包人的合同总金额。

（52）工程造价鉴定

工程造价咨询人接受人民法院、仲裁机关委托，对施工合同纠纷案件中的工程造价争议，运用专门知识进行鉴别、判断和评定，并提供鉴定意见的活动。也称为工程造价司法鉴定。

3.6.3 一般规定

（1）计价方式

使用国有资金投资的建设工程发承包，必须采用工程量清单计价。

非国有资金投资的建设工程，宜采用工程量清单计价。

不采用工程量清单计价的建设工程，应执行本规范除工程量清单等专门性规定外的其他规定。

工程量清单应采用综合单价计价。

措施项目中的安全文明施工费必须按国家或省级、行业建设主管部门的规定计算，不得作为竞争性费用。

规费和税金必须按国家或省级、行业建设主管部门的规定计算，不得作为竞争性费用。

（2）发包人提供材料和工程设备

发包人提供的材料和工程设备（以下简称甲供材料）应在招标文件中按照本规范附录L.1的规定填写《发包人提供材料和工程设备一览表》，写明甲供材料的名称、规格、数量、单价、交货方式、交货地点等。

承包人投标时，甲供材料单价应计入相应项目的综合单价中，签约后，发包人应按合同约定扣除甲供材料款，不予支付。

承包人应根据合同工程进度计划的安排，向发包人提交甲供材料交货的日期计划。发包人应按计划提供。

发包人提供的甲供材料如规格、数量或质量不符合合同要求，或由于发包人原因发生交货日期延误、交货地点及交货方式变更等情况的，发包人应承担由此增加的费用和（或）工期延误，并应向承包人支付合理利润。

发承包双方对甲供材料的数量发生争议不能达成一致的，应按照相关工程的计价定额同类项目规定的材料消耗量计算。

若发包人要求承包人采购已在招标文件中确定为甲供材料的，材料价格应由发承包双方根据市场调查确定，并应另行签订补充协议。

3.6.4 工程量清单编制

3.6.4.1 一般规定

招标工程量清单应由具有编制能力的招标人或受其委托、具有相应资质的工程造价咨询人编制。

招标工程量清单必须作为招标文件的组成部分，其准确性和完整性应由招标人负责。

招标工程量清单是工程量清单计价的基础，应作为编制招标控制价、投标报价、计算或调整工量、索赔等的依据之一。

招标工程量清单应以单位（项）工程为单位编制，应由分部分项工程项目清单、措施项目清单、其他项目清单、规费和税金项目清单组成。

编制招标工程量清单应依据：

(1) 本规范和相关工程的国家计量规范；

(2) 国家或省级、行业建设主管部门颁发的计价定额和办法；

(3) 建设工程设计文件及相关资料；

(4) 与建设工程有关的标准、规范、技术资料；

(5) 拟定的招标文件；

(6) 施工现场情况、地勘水文资料、工程特点及常规施工方案；

(7) 其他相关资料。

3.6.4.2 分部分项工程项目

分部分项工程项目清单必须载明项目编码、项目名称、项目特征、计量单位和工程量。

分部分项工程项目清单必须根据相关工程现行国家计量规范规定的项目编码、项目名称、特征、计量单位和工程量计算规则进行编制。

3.6.4.3 措施项目

措施项目清单必须根据相关工程现行国家计量规范的规定编制。

措施项目清单应根据拟建工程的实际情况列项。

3.6.4.4 其他项目

其他项目清单应按照下列内容列项：暂列金额；暂估价，包括材料暂估单价、工程设备暂估单价、专业工程暂估价；计日工；总承包服务费。

暂列金额应根据工程特点按有关计价规定估算。

暂估价中的材料、工程设备暂估单价应根据工程造价信息或参照市场价格估算，列出明细表；专业工程暂估价应分不同专业，按有关计价规定估算，列出明细表。

计日工应列出项目名称、计量单位和暂估数量。

总承包服务费应列出服务项目及其内容等。

出现本规范未列的项目，应根据工程实际情况补充。

3.6.4.5 规费

规费项目清单应按照下列内容列项：

（1）社会保险费：包括养老保险费、失业保险费、医疗保险费、工伤保险费、生育保险费；

（2）住房公积金；

（3）工程排污费。

出现本规范第未列的项目，应根据省级政府或省级有关部门的规定列项。

3.6.4.6 税金

（1）税金项目清单应包括下列内容：营业税；城市维护建设税；教育费附加；地方教育附加。

（2）出现本规范未列的项目，应根据税务部门的规定列项。

3.6.5 招标控制价

招标控制价应根据下列依据编制与复核：

（1）本规范；

（2）国家或省级、行业建设主管部门颁发的计价定额和计价办法；

（3）建设工程设计文件及相关资料；

（4）拟定的招标文件及招标工程量清单；

（5）与建设项目相关的标准、规范、技术资料；

（6）施工现场情况、工程特点及常规施工方案；

（7）工程造价管理机构发布的工程造价信息，当工程造价信息没有发布时，参照市场价；

（8）其他的相关资料。

综合单价中应包括招标文件中划分的应由投标人承担的风险范围及其费用。招标文件中没有明确的，如是工程造价咨询人编制，应提请招标人明确；如是招标人编制，应予明确。

分部分项工程和措施项目中的单价项目，应根据拟定的招标文件和招标工程量清单项目中的特征描述及有关要求确定综合单价计算。

措施项目中的总价项目应根据拟定的招标文件和常规施工方案计价。

其他项目应按下列规定计价：

（1）暂列金额应按招标工程量清单中列出的金额填写；

（2）暂估价中的材料、工程设备单价应按招标工程量清单中列出的单价计入综合单价；

（3）暂估价中的专业工程金额应按招标工程量清单中列出的金额填写；

（4）计日工应按招标工程量清单中列出的项目根据工程特点和有关计价依据确定综合单价计算；

（5）总承包服务费应根据招标工程量清单列出的内容和要求估算；

（6）规费和税金应按本规范规定计算。

3.6.6 投标报价

投标报价应根据下列依据编制和复核：

（1）本规范；

（2）国家或省级、行业建设主管部门颁发的计价办法；

（3）企业定额，国家或省级、行业建设主管部门颁发的计价定额和计价办法；

（4）招标文件、招标工程量清单及其补充通知、答疑纪要；

（5）建设工程设计文件及相关资料；

（6）施工现场情况、工程特点及投标时拟定的施工组织设计或施工方案；

（7）与建设项目相关的标准、规范等技术资料；

（8）市场价格信息或工程造价管理机构发布的工程造价信息；

（9）其他的相关资料。

综合单价中应包括招标文件中划分的应由投标人承担的风险范围及其费用，招标文件中没有明确的，应提请招标人明确。

分部分项工程和措施项目中的单价项目，应根据招标文件和招标工程量清单项目中的特征描述确定综合单价计算。

措施项目中的总价项目金额应根据招标文件及投标时拟定的施工组织设计或施工方案，按本规范规定自主确定。

其他项目应按下列规定报价：

（1）暂列金额应按招标工程量清单中列出的金额填写；

（2）材料、工程设备暂估价应按招标工程量清单中列出的单价计入综合单价；

（3）专业工程暂估价应按招标工程量清单中列出的金额填写；

（4）计日工应按招标工程量清单中列出的项目和数量，自主确定综合单价并计算计日工金额；

（5）总承包服务费应根据招标工程量清单中列出的内容和提出的要求自主确定。

规费和税金应按本规范规定确定。

投标总价应当与分部分项工程费、措施项目费、其他项目费和规费、税金的合计金额一致。

思 考 题

1. 什么是建筑工程定额？试述建筑工程定额的性质和作用。

2. 什么叫定额水平？试述定额水平和生产力之间的关系。

3. 施工定额的概念、内容和主要作用是什么？

4. 劳动定额、材料消耗定额和机械台班消耗定额的基本概念是什么？

5. 简述时间定额、产量定额的概念。二者的关系是什么？

6. 简述制定劳动定额的几种方法及各自的优缺点。

7. 材料消耗定额的编制方法有哪些？

8. 什么叫预算定额？预算定额有何作用？

9. 解释：基本用工、超运距用工、辅助用工、人工幅度差、机械幅度差。

10. 试述人工工资单价和材料预算价格的组成及计算。

11. 什么叫工程计价表？试述工程计价表的基本形式。

12. 什么叫工程量清单？试述工程量清单的基本组成内容。

13. 试计算标准砖一砖半厚墙 $1m^3$ 所需要的标准砖和砂浆的净用量。

14. 阐述概算定额和概算指标的定义和作用。

第4章　土石方工程工程量清单计价

教学目的和要求： 了解计算土石方工程量计算前应已知的条件，掌握平整场地的概念和计算方法。区分挖沟槽、挖基坑、挖土方、山坡切土的概念，掌握其计算方法，并能够掌握土方回填和运输的工程量计算方法。

教学内容： 人工土、石方的定额计算规则；机械土、石方的计算定额规则；土方工程、石方工程工程量清单项目设置、项目特征描述的内容、计量单位及工程量计算规则；土石方工程清单计价注意事项。

4.1　土石方工程计量

4.1.1　计算规则及运用要点

4.1.1.1　人工土、石方

（1）计算土、石方工程量前，应确定下列各项资料：

① 土壤及岩石类别的确定。土壤及岩石类别的划分，应依工程地质勘察资料与前面所述"土壤及岩石的划分"对照后确定。

② 地下水位标高。

③ 土方、沟槽、基坑挖（填）起止标高、施工方法及运距。

④ 岩石开凿、爆破方法、石碴清运方法及运距。

⑤ 其他有关资料。

（2）一般规则

① 土方体积，以挖凿前的天然密实体积（m³）为准，若虚方计算，按表 4-1 进行折算。

土方体积折算表（m³）　　　　　　　　　　　　　　表 4-1

虚方体积	天然密实体积	夯实后体积	松填体积
1.00	0.77	0.67	0.83
1.30	1.00	0.87	1.08
1.50	1.15	1.00	1.25
1.20	0.92	0.80	1.00

② 挖土一律以设计室外地坪标高为起点，深度按图示尺寸计算。

③ 按不同的土壤类别、挖土深度、干湿土分别计算工程量。

④ 在同一槽、坑内或沟内有干、湿土时应分别计算，但使用定额时，按槽、坑或沟的全深计算。

（3）平整场地工程量，按下列规定计算：

① 平整场地是指建筑物场地挖、填土方厚度在±300mm 以内及找平。

② 平整场地工程量按建筑物外墙外边线每边各加 2m，以平方米计算。

（4）沟槽、基坑土方工程量，按下列规定计算：

① 沟槽、基坑划分。

凡沟槽底宽在 3m 以内，沟槽底长大于 3 倍槽底宽的为沟槽；

凡土方基坑底面积在 20m² 以内的为基坑；

凡沟槽底宽在 3m 以上，基坑底面积在 20m² 以上，平整场地挖填方厚度在±300mm 以上，均按挖土方计算。

② 沟槽工程量按沟槽长度乘沟槽截面积（m²）计算。

沟槽长度（m），外墙按图示基础中心线长度计算；内墙按图示基础底宽加工作宽度之间净长度计算。沟槽宽（m）按设计宽度加基础施工所需工作面宽度计算。突出墙面的附墙烟囱、垛等体积并入沟槽土方工程量内。

③ 挖沟槽、基坑、土方需放坡时，以施工组织设计规定计算，施工组织设计无明确规定时，放坡高度、比例按表 4-2 计算。

放坡高度、比例确定表　　　　　　　　表 4-2

土壤类别	放坡深度规定(m)	高与宽之比		
		人工挖土	机械挖土	
			坑内作业	坑上作业
一、二类土	超过 1.20	1：0.5	1：0.33	1：0.75
三类土	超过 1.50	1：0.33	1：0.25	1：0.67
四类土	超过 2.00	1：0.25	1：0.10	1：0.33

常见的工作面与放坡形式有：

a. 放坡开挖，如图 4-1 所示。

b. 支挡土板不放坡开挖，如图 4-2 所示。

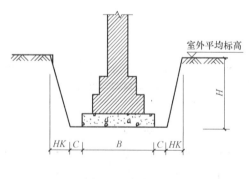

图 4-1　放坡开挖

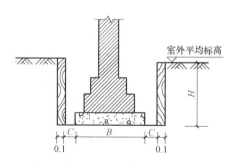

图 4-2　支挡土板不放坡开挖

c. 不支挡土板不放坡开挖，如图 4-3 所示。

④ 基础施工所需工作面宽度按表 4-3 的规定计算。

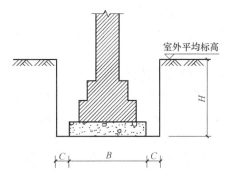

图 4-3 不支挡土板不放坡开挖

<table>
<tr><td colspan="2" align="center">基础施工所需工作面宽度表</td><td align="right">表 4-3</td></tr>
</table>

基础材料	每边各增加工作面宽度(mm)
砖基础	以最底下一层大放脚边至地槽(坑)边 200
浆砌毛石、条石基础	以基础边至地槽(坑)边 150
混凝土基础支模板	以基础边至地槽(坑)边 300
基础垂直面做防水层	以防水层面的外表面至地槽(坑)边 800

⑤ 沟槽、基坑需支挡土板时，挡土板面积按槽、坑边实际支挡板面积(即：每块挡板的最长边×挡板的最宽边之积)计算。

(5) 岩石开凿及爆破工程量，区别石质按下列规定计算：

① 人工凿岩石按图示尺寸以立方米计算。

② 爆破岩石按图示尺寸以立方米计算；基槽、坑深度允许超挖：普坚石、次坚石 200mm；特坚石 150mm。超挖部分岩石并入相应工程量内。爆破后的清理、修整执行人工清理定额。

(6) 回填土区分夯填、松填以立方米计算，如图 4-4 所示。

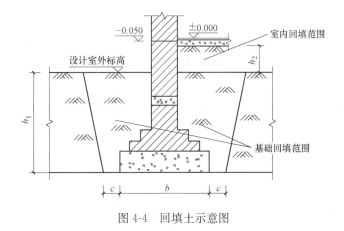

图 4-4 回填土示意图

① 基槽、坑回填土体积等于挖土体积减去设计室外地坪以下埋设的体积(包括基础垫层、柱、墙基础及柱等)。

② 室内回填土体积按主墙间净面积乘填土厚度计算，不扣除附垛及附墙烟囱等体积。

（7）余土外运、缺土内运工程量按下式计算：

运土工程量＝挖土工程量－回填土工程量正值为余土外运，负值为缺土内运。

4.1.1.2　机械土、石方

（1）机械土、石方运距按下列规定计算：

① 推土机推距：按挖方区重心至回填区重心之间的直线距离计算；

② 铲运机运距：按挖方区重心至卸土区重心加转向距离 45m 计算；

③ 自卸汽车运距：按挖方区重心至填土区（或堆放地点）重心的最短距离计算。

（2）强夯加固地基，以夯锤底面积计算，并根据设计要求的夯击能量和每点夯击数执行相应定额。

（3）建筑场地原土碾压以平方米计算，填土碾压按图示填土厚度以立方米计算。

4.1.2　计算举例

【例 4-1】　某单位传达室基础平面图和剖面图如图 4-5 所示。根据地质勘探报告，土壤类别为三类，无地下水。该工程设计室外地坪标高为－0.30m，室内地坪标高为±0.000，场内运土运距 100m，计算人工开挖地槽工程量。

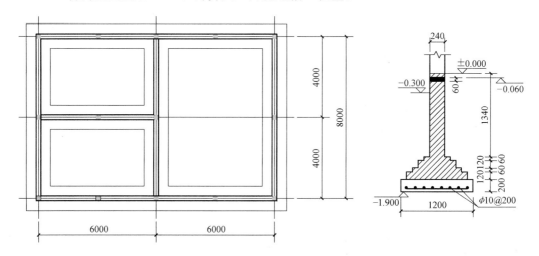

图 4-5　基础平面图及基础剖面图

【解】　工程量计算

（1）挖土深度：

1.9－0.3＝1.60m

深度大于 1.5m，需要放坡，边坡坡度 1：0.33。

（2）槽底宽度：

1.2＋0.3×2＝1.80m

（3）槽上口宽度：

1.80＋1.60×0.33×2＝2.856m

（4）地槽长度：

外墙：（12.00＋8.00）×2＝40.00m

内墙：（8.0－1.8）＋（6.0－1.8）＝10.40m

（5）人工挖地槽工程量：

$(40.0+10.4)\times1/2\times(1.80+2.856)\times1.60=187.73m^3$

（6）挖出土场内运输为 187.73m³。

【例 4-2】 某办公楼，为三类工程，其地下室如图 4-6 所示。设计室外地坪标高为 −0.30m，地下室的室内地坪标高为 −1.50m。现某土建单位投标该办公楼土建工程。已知该工程采用筏形基础，C30 钢筋混凝土，垫层为 C10 素混凝土，垫层底标高为 −1.90m。垫层施工前原土打夯。地下室墙外壁做防水层。施工组织设计确定用反铲挖掘机（斗容量 1m³）挖土，深度超过 1.5m 放坡，放坡系数为 1：0.33，土壤为三类干土，斗容量 1m³ 反铲挖掘机挖土装车，自卸汽车运土运距 1km，100cm 厚人工修边坡，200cm 厚人工整平坑底。计算该工程土方的挖土和回填土工程量。

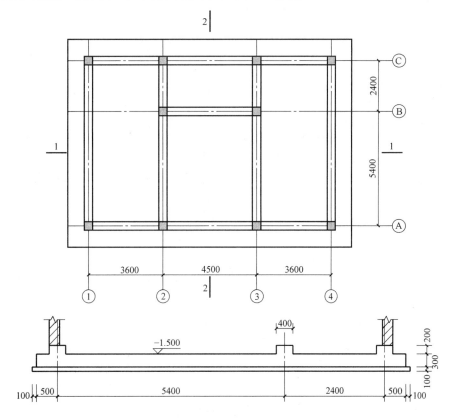

图 4-6　基础平面图及剖面图

【解】

基坑下口：

$a=3.6+4.5+3.6+0.4+0.8\times2=13.7m$

$b=5.4+4.2+0.4+0.8\times2=9.8m$

基坑上口：

$A=13.7+1.6\times0.33\times2=14.756m$

$B=9.8+1.6\times0.33\times2=10.856m$

挖土体积$=1/6\times H[a\times b+(A+a)\times(B+b)+A\times B]=235.264m^3$

其中:

人工修边坡:$[1.685 \times (13.7+14.756) \div 2 + 1.685 \times (9.8+10.856) \div 2] \times 0.1 \times 2 = 8.275 m^3$

人工整平坑底:$13.7 \times 9.8 \times 0.2 = 26.852 m^3$

人工挖土方量:$8.275 + 26.852 = 35.127 m^3$,大于总挖方量10%,取总挖方量10%,$235.264 \times 0.10 = 23.526 m^3$

机械挖土工程量:$235.264 \times 0.90 = 211.738 m^3$

基础回填土工程量计算:挖土方一地下室体积一筏形基础一垫层$= 235.264 - (3.6 \times 2 + 4.5 + 0.4) \times (5.4 + 2.4 + 0.4) \times (1.5 - 0.3) - 33.258 - 11.61 = 71.062 m^3$

基坑原土打底夯:$13.7 \times 9.8 = 134.26 m^2$

4.2 土石方分部工程量清单编制

4.2.1 计算规则及运用要点

《房屋建筑与装饰工程计量规范》GB 500854—2013 中,土石方分部共计 3 节,包括 13 个项目。第一节土方工程包括平整场地、挖一般土方、挖沟槽土方、挖基坑土方、冻土开挖、挖淤泥流砂、管沟土方 7 个项目,第二节石方工程包括挖一般石方、挖沟槽石方、挖基坑石方、基底摊座、管沟石方 5 个项目,第三节包括回填方、余方弃置、缺方内运 3 个项目。

本章的分部分项工程综合度较高,以挖沟槽土方为例,其包含的工作内容包括:排地表水、土方开挖、围护(挡土板)、支撑、基底钎探、运输等内容。

本章工程量计算规则与基础定额差别也比较大,以平整场地为例,其工程量按设计图示尺寸以建筑物首层建筑面积计算,即计算到外墙外边线,而基础定额为计算到外墙外边线每边扩出 2m。

4.2.1.1 土方工程

工程量清单项目设置、项目特征描述的内容、计量单位及工程量计算规则,应按表 4-4 的规定执行。

4.2.1.2 石方工程

工程量清单项目设置、项目特征描述的内容、计量单位及工程量计算规则,应按表 4-5 的规定执行。

土方工程清单项目表　　　　　　　　　　　　　　表 4-4

项目编码	项目名称	项目特征	计量单位	工程量计算规则	工作内容
010101001	平整场地	1. 土壤类别 2. 弃土运距 3. 取土运距	m²	按设计图示尺寸以建筑物首层建筑面积计算。	1. 土方挖填 2. 场地找平 3. 运输

项目编码	项目名称	项目特征	计量单位	工程量计算规则	工作内容
010101002	挖一般土方	1. 土壤类别 2. 挖土深度	m³	按设计图示尺寸以体积计算	1. 排地表水 2. 土方开挖 3. 围护（挡土板）、支撑 4. 基底钎探 5. 运输
010101003	挖沟槽土方			1. 房屋建筑按设计图示尺寸以基础垫层底面积乘以挖土深度计算。 2. 构筑物按最大水平投影面积乘以挖土深度（原地面平均标高至坑底高度）以体积计算	
010101004	挖基坑土方				
010101005	冻土开挖	冻土厚度		按设计图示尺寸开挖面积乘厚度以体积计算	1. 爆破 2. 开挖 3. 清理 4. 运输
010101006	挖淤泥、流砂	1. 挖掘深度 2. 弃淤泥、流砂距离		按设计图示位置、界限以体积计算	1. 开挖 2. 运输
010101007	管沟土方	1. 土壤类别 2. 管外径 3. 挖沟深度 4. 回填要求	1. m 2. m³	1. 以米计量，按设计图示以管道中心线长度计算 2. 以立方米计量，按设计图示管底垫层面积乘以挖土深度计算；无管底垫层按管外径的水平投影面积乘以挖土深度计算	1. 排地表水 2. 土方开挖 3. 围护（挡土板）、支撑 4. 运输 5. 回填

注：①挖土应按自然地面测量标高至设计地坪标高的平均厚度确定。竖向土方、山坡切土开挖深度应按基础垫层底表面标高至交付施工现场地标高确定，无交付施工场地标高时，应按自然地面标高确定。

②建筑物场地厚度≤±300mm的挖、填、运、找平，应按本表中平整场地项目编码列项。厚度>±300mm的竖向布置挖土或山坡切土应按本表中挖一般土方项目编码列项。

③沟槽、基坑、一般土方的划分为：底宽≤7m，底长>3倍底宽为沟槽；底长≤3倍底宽、底面积≤150m²为基坑；超出上述范围则为一般土方。

④挖土方如需截桩头时，应按桩基工程相关项目编码列项。

⑤弃、取土运距可以不描述，但应注明由投标人根据施工现场实际情况自行考虑，决定报价。

⑥如土壤类别不能准确划分时，招标人可注明为综合，由投标人根据地勘报告决定报价。

⑦土方体积应按挖掘前的天然密实体积计算。

⑧挖沟槽、基坑、一般土方因工作面和放坡增加的工程量（管沟工作面增加的工程量），是否并入各土方工程量中，按各省、自治区、直辖市或行业建设主管部门的规定实施，如并入各土方工程量中，办理工程结算时，按经发包人认可的施工组织设计规定计算。

⑨挖方出现流砂、淤泥时，应根据实际情况由发包人与承包人双方现场签证确认工程量。

⑩管沟土方项目适用于管道（给排水、工业、电力、通信）、光（电）缆沟（包括：人孔桩、接口坑）及连接井（检查井）等。

石方工程清单项目表 表 4-5

项目编码	项目名称	项目特征	计量单位	工程量计算规则	工作内容
010102001	挖一般石方	1. 岩石类别 2. 开凿深度 3. 弃渣运距	m³	按设计图示尺寸以体积计算	1. 排地表水 2. 凿石 3. 运输
010102002	挖沟槽石方			按设计图示尺寸沟槽底面积乘以挖石深度以体积计算	
010102003	挖基坑石方			按设计图示尺寸基坑底面积乘以挖石深度以体积计算	
010102004	基底摊座		m²	按设计图示尺寸以展开面积计算	
010102005	管沟石方	1. 岩石类别 2. 管外径 3. 挖沟深度	1. m 2. m³	1. 以米计量,按设计图示以管道中心线长度计算 2. 以立方米计量,按设计图示截面积乘以长度计算	1. 排地表水 2. 凿石 3. 回填 4. 运输

注：①挖石应按自然地面测量标高至设计地坪标高的平均厚度确定。基础石方开挖深度应按基础垫层底表面标高至交付施工现场地标高确定，无交付施工场地标高时，应按自然地面标高确定。
　　②厚度>±300mm 的竖向布置挖石或山坡凿石应按本表中挖一般石方项目编码列项。
　　③沟槽、基坑、一般石方的划分为：底宽≤7m，底长>3 倍底宽为沟槽；底长≤3 倍底宽、底面积≤150m² 为基坑；超出上述范围则为一般石方。
　　④弃碴运距可以不描述，但应注明由投标人根据施工现场实际情况自行考虑，决定报价。
　　⑤石方体积应按挖掘前的天然密实体积计算。

4.2.1.3　回填

工程量清单项目设置、项目特征描述的内容、计量单位及工程量计算规则，应按表 4-6 的规定执行。

回填清单项目表 表 4-6

项目编码	项目名称	项目特征	计量单位	工程量计算规则	工作内容
010103001	回填方	1. 密实度要求 2. 填方材料品种 3. 填方粒径要求 4. 填方来源、运距	m³	按设计图示尺寸以体积计算。 1. 场地回填：回填面积乘平均回填厚度 2. 室内回填：主墙间面积乘回填厚度，不扣除间隔墙 3. 基础回填：挖方体积减去自然地坪以下埋设的基础体积（包括基础垫层及其他构筑物）	1. 运输 2. 回填 3. 压实
010103002	余方弃置	1. 废弃料品种 2. 运距	m³	按挖方清单项目工程量减利用回填方体积（正数）计算	余方点装料运输至弃置点
010103003	缺方内运	1. 填方材料品种 2. 运距		按挖方清单项目工程量减利用回填方体积（负数）计算	取料点装料运输至缺方点

注：① 填方密实度要求，在无特殊要求情况下，项目特征可描述为满足设计和规范的要求。
　　② 填方材料品种可以不描述，但应注明由投标人根据设计要求验方后方可填入，并符合相关工程的质量规范要求。
　　③ 填方粒径要求，在无特殊要求情况下，项目特征可以不描述。

4.2.2 计算举例

【例 4-3】 计算例 4-1 工程的基础土方清单工程量。

【解】 工程量计算

(1) 挖土深度：1.9－0.3＝1.60m

(2) 槽底宽度：1.2m

(3) 地槽长度：

外墙：(12.00＋8.00)×2＝40.00m

内墙：(8.0－1.2)＋(6.0－1.2)＝11.60m

(4) 人工挖地槽工程量：

(40.0＋11.6)×1.2×1.60＝99.07m³

【例 4-4】 计算例 4-2 工程的基础土方清单工程量。

【解】

垫层尺寸：$a＝3.6＋4.5＋3.6＋0.6×2＝12.9m$

$b＝5.4＋4.2＋0.6×2＝9.0m$

挖土工程量：12.9×9.0×1.6＝185.76m³

基础回填土工程量计算：

挖土方－地下室体积－筏形基础－垫层＝185.76－(3.6×2＋4.5＋0.4)×(5.4＋2.4＋0.4)×(1.5－0.3)－33.258－11.61＝21.83m³

4.3　土石方分部工程量清单组价

投标人投标报价时须在工程量清单的基础上先确定各清单项的综合单价，即组价。投标人应当依据企业定额和市场价格信息，并按照国务院和省、自治区、直辖市人民政府建设行政主管部门发布的工程造价计价办法确定综合单价。在投标人未编制企业定额的情况下，也可以使用国家或省级、行业建设主管部门颁发的计价定额确定综合单价。《江苏省建筑与装饰工程计价表》是在《全国统一建筑装饰装修工程消耗量定额》GYD-901—2002 的基础上编制的，其计算规则与应用要点与《全国统一建筑装饰装修工程消耗量定额》基本相同。本教材以《江苏省建筑与装饰计价表》（以下简称计价表）作为计价定额，说明计价定额应用时应注意的问题以及组价的方法。

4.3.1　计价表应用要点

4.3.1.1　人工土、石方

(1) 土壤及岩石的划分。

① 土壤划分：具体标准见表 4-7。

② 岩石划分：具体标准见表 4-8。

(2) 土、石方的体积除另有规定外，均按天然实体积计算（自然方），填土按夯实后的体积计算。

土壤类别划分标准表

表 4-7

土壤划分	土壤名称	工具鉴别方法	紧固系数（f）
一类土	1. 砂；2. 略有黏性的砂土；3. 腐殖物及种植物土；4. 泥炭	用锹或锄挖掘	0.5～0.6
二类土	1. 潮湿的黏土和黄土；2. 软的碱土或盐土；3、含有碎石、卵石或建筑材料碎屑的堆积土和种植土	主要用锹或锄挖掘，部分用镐刨	0.61～0.8
三类土	1. 中等密实的黏性土或黄土；2. 含有卵石、碎石或建筑材料碎屑的潮湿的黏性土或黄土	主要用镐刨，少许用锹、锄挖掘	0.81～1.0
四类土	1. 坚硬的密实黏性土或黄土；2. 硬化的重盐土；3. 含有10%～30%的重量在25kg以下的石块的中等密实的黏性土或黄土	全部用镐刨，少许用撬棍挖掘	1.01～1.5

岩石类别划分标准表

表 4-8

岩石分类	岩石名称	用轻钻机钻进1m耗时（min）	开挖方法及工具	紧固系数（f）
松石	1. 含有重量在50kg以内的巨砾（占体积10%以上）的水碛石；2. 砂藻岩和软白垩岩；3. 胶结力弱的砾岩；4. 各种不坚实的片岩；5. 石膏	小于3.5	部分用手凿工具，部分用爆破开挖	1.51～2.0
次坚石	1. 凝灰岩和浮石；2. 中等硬变的片岩；3. 石灰岩；4. 坚实的泥板岩；5. 砾质花岗岩；6. 砂质云片岩；7. 硬石膏	3.5～8.5	用风镐和爆破开挖	2.01～8.0
普坚石	1. 严重风化的软弱的花岗岩、片麻岩石和正长岩；2. 致密的石灰岩；3. 含有卵石沉积的硅质胶结的卵石；4. 白云岩；5. 坚固的石灰岩	8.5～18.5	用爆破方法开挖	8.01～12.0
特坚石	1. 粗花岗岩；2. 非常坚硬的白云岩；3. 具有风化痕迹的安山岩和玄武岩；4. 中粒花岗岩；5. 坚固的石英岩；6. 拉长玄武岩和橄榄玄武岩	18.5以上	用爆破方法开挖	12.0～25.0

（3）挖土深度一律以设计室外标高为起点，如实际自然地面标高与设计地面标高不同时，其工程量在竣工结算时调整。

（4）干土与湿土的划分，应以地质勘察资料为准；如无资料时以地下常水位为准，常水位以上为干土，常水位以下为湿土。采用人工降低地下水位时，干、湿土的划分仍以常水位为准。

（5）运余松土或挖堆积期在一年以内的堆积土，除按运土方定额执行外，另增加挖一类土的定额项目（工程量按实方计算，若为虚方按工程量计算规则的折算方法折算成实方）。取自然土回填时，按土壤类别执行挖土定额。

（6）支挡土板不分密撑、疏撑均按定额执行，实际施工中材料不同均不调整。

（7）大开挖的桩间挖土按打桩后坑内挖土相应定额执行。

4.3.1.2 机械土、石方

（1）机械土方定额是按三类土计算的；如实际土壤类别不同时，子目中机械台班量乘以表4-9规定的系数。

机械土方类别调整系数表   表4-9

项　　目	一、二类土	三类土	四类土
推土机推土方	0.84	1.00	1.18
铲运机铲运土方	0.84	1.00	1.26
自行式铲运机铲运土方	0.86	1.00	1.09
挖掘机挖土方	0.84	1.00	1.14

（2）土、石方体积除另有规定者外，均按天然实体积（自然方）计算；推土机、铲运机推、铲未经压实的堆积土时，按三类土定额项目乘以系数0.73。

（3）推土机推土、推石，铲运机运土重车上坡时，如坡度大于5％时，其运距按坡度区段斜长乘表4-10规定的系数。

土坡坡度调整系数表   表4-10

坡度（％）	10以内	15以内	20以内	25以内
系　　数	1.75	2.00	2.25	2.50

（4）机械挖土方工程量，按机械实际完成工程量计算。机械确实挖不到的地方，用人工修边坡、整平的土方工程量套用人工挖土方（最多不得超过挖方量的10％）相应定额项目人工乘以系数2。机械挖土、石方单位工程量小于2000m³或在桩间挖土、石方，按相应定额乘1.10系数。

（5）机械挖土均以天然湿度土为准，含水率达到或超过25％时，定额人工、机械乘以系数1.15；含水率超过40％时，另行计算。

（6）自卸汽车运土子目中，对道路的类别及自卸汽车吨位已分别进行综合计算，但未考虑自卸汽车运输中，对道路路面清扫的因素。在施工中，应根据实际情况适当增加清扫路面人工。

（7）自卸汽车运土，按正铲挖掘机挖土考虑，如系反铲挖掘机装车，则自卸汽车运土台班量乘系数1.10；拉铲挖掘机装车，自卸汽车运土台班量乘系数1.20。

（8）挖掘机在垫板上作业时，其人工、机械乘系数1.25，垫板铺设所需的人工、材料、机械消耗，另行计算。

（9）推土机推土或铲运机铲土，推土区土层平均厚度小于300mm时，其推土机台班乘系数1.25，铲运机台班乘系数1.17。

（10）装载机装原状土，需由推土机破土时，另增加推土机推土项目。

（11）强夯法加固地基是在天然地基土上或在填土地基上进行作业的，如在某一遍夯能夯击后，设计要求需要用外来土（石）填坑时，其土（石）回填工作，另行计算。子目单价不包括强夯前的试夯工作和费用，如设计要求试夯，可按设计要求另行按实计算。

（12）定额中未包括地下水位以下的施工排水费用，如发生，依据施工组织设计规定，排水人工、机械费用应另行计算。

（13）爆破石方定额是按炮眼法松动爆破编制的，不分明炮或闷炮，如实际采用闷炮法爆破的，其覆盖保护材料另行计算。

（14）爆破石方定额是按电雷管导电起爆编制的，如采用火雷管起爆时，雷管数量不变，单价换算，胶质导线扣除，但导火索应另外增加（导火索长度按每个雷管 2.12m 计算）。

（15）石方爆破中已综合了不同开挖深度、坡面开挖、放炮找平因素，如设计规定爆破有粒径要求时，需增加的人工、材料、机械应由甲、乙双方协商处理。

4.3.2　组价举例

【例 4-5】　对例 4-3 编制的清单组价，列出综合单价分析表

【解】　（1）根据清单包含工作内容和项目特征，列出定额子目 1～24 和 1-92＋95；

（2）对各个子目组价，汇总子目合价，计算出清单合价；

（3）清单合价除以清单工程量，计算出清单单价。

组价过程见表 4-11

例 4-5 综合单价分析表 表 4-11

项目编码		项目名称	计量单位	工程数量	综合单价	合价
010101003001		挖沟槽土方	m³	99.07	32.78	3247.99
清单综合单价组成	定额号	子目名称	单位	数量	单价	合价
	1～24	人工挖三类干土深度 3m 内	m³	187.73	16.77	3148.23
	1-92＋95	人力车运土运距 100m	m³	13.426	7.43	99.76

换算说明：运距 100m，1－92＋95：6.25＋1.18＝7.43 元/m³。

【例 4-6】　对例 4-4 编制的清单组价，列出综合单价分析表。

【解】　根据清单包含工作内容和项目特征，清单项"挖基坑土方"工作内容应包括机械挖土、人工修边坡、自卸汽车运土（运出）；清单项"回填土"工作内容应包括挖土、运土（运回）、回填。综合单价分析见表 4-12。

例 4-6 综合单价分析表 表 4-12

项目编码		项目名称	计量单位	工程数量	综合单价	合价
010101004001		挖基坑土方	m³	185.76	12.17	2260.70
清单综合单价组成	定额号	子目名称	单位	数量	单价	合价
	1-202 换	反铲挖掘机（1m³ 以内）挖土装车	1000m³	0.21174	2922.93	618.90
	1-3 换	人工挖三类干土 深<1.5m	m³	8.275	20.38	168.73
	1-9 换	人工挖土深>1.5m 增加费，深<2m	m³	8.275	2.64	21.76
	1-239 换	自卸汽车运土运距<1km	1000m³	0.18576	7811.30	1451.03

项目编码	项目名称	计量单位	工程数量	综合单价	合价
010103001001	土（石）方回填	m³	21.83	88.35	1928.68

清单综合单价组成	定额号	子目名称	单位	数量	单价	合价
	1-3	人工挖三类干土 深<1.5m	m³	71.062	10.19	724.12
	1-92	单（双）轮车运土运距<50m	m³	71.062	6.25	444.14
	1-104	基（槽）坑夯填回填土	m³	71.062	10.70	760.36

（1）组价说明：

1）挖出土全部用自卸汽车运走。

2）回填时人工挖三类土回填，人力车运回，运距 50m。

（2）换算说明：

1）单位工程量小于 2000m³ 或在桩间挖土、石方，按定额乘系数 1.10。

1－202 换：2657.21×1.1＝2922.93 元/1000m³

2）机械确实挖不到的地方，用人工修边坡、整平的土方工程量套用人工挖土方（最多不得超过挖方量的 10%）相应定额项目人工乘以系数 2。

1-3 换：10.19＋7.44×1×1.37＝20.38 元/m³

1-9 换：1.32＋0.96×1×1.37＝2.64 元/m³

3）自卸汽车运土，如反铲挖掘机装车，则自卸汽车运土台班系数乘 1.10。

1-239 换：7121.18＋8.127×0.1×619.83×1.37＝7811.30 元/1000m³

思 考 题

1. 计算人工土、石方工程量前应确定哪些资料？

2. 简述平整场地工程量计算规则，清单计价规范和计价表中关于平整场地的计算规定有何异同？

3. 沟槽、基坑、挖基础土方是如何划分的？

4. 试叙述土方工程的工程量清单项目设置、项目特征描述的内容。

5. 人工土、石方中土壤及岩石如何划分？

习 题

1. 某工程基础平面图、剖面图如图 4-7 所示，自然地坪平均标高为设计室外地坪标高。已知室外设计地坪以下各个项目的工程量为：垫层体积 4.12m³，砖基础体积 24.62m³；地圈梁（底标高为设计室外地坪标高）体积 2.55m³。试按计价表的规定求建筑物平整场地、挖土方、基础回填土、室内回填土、余（取）土运输工程量（不考虑挖填土方运输）。图示尺寸单位为毫米，按三类土计算。

2. 挖方形地坑如图 4-8 所示，工作面宽度 150，放坡系数 1∶0.25，四类土。按计价表规定求挖基坑工程量。

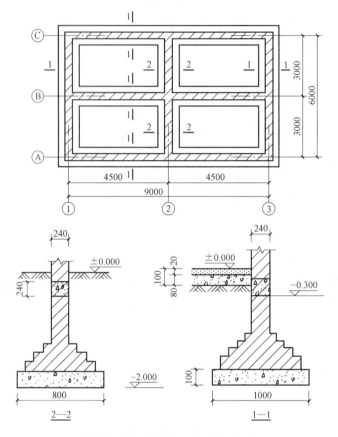

图 4-7　习题 1 基础平面与剖面图

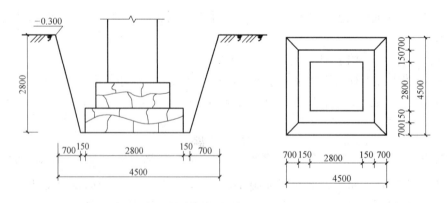

图 4-8　习题 2 基坑示意图

3. 某构筑物基坑如图 4-9 所示，基础垫层为无筋混凝土，长宽方向的外边线尺寸为 8.04m 和 5.64m，垫层厚 20cm，垫层顶面标高为 -4.55m，室外地面标高为 -0.65m，地下常水位标高为 -3.50m，该处土壤类别为三类土，人工挖土，试计算挖土方工程量。

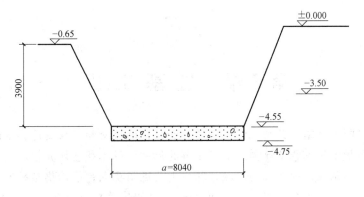

图 4-9　习题 3 基坑示意图

第 5 章 桩基工程

教学目的和要求：掌握预制桩沉桩、送桩和接桩的概念和工程量计算方法，掌握人工挖孔桩、桩芯和护壁的工程量计算方法，了解其他灌注桩工程量计算方法。

教学内容：预制桩、灌注桩的定额计算规则及运用要点；基础垫层的定义及其计算规则；送桩、接桩的注意事项；预制桩、灌注桩工程量清单项目设置、项目特征描述的内容，计量单位及工程量计算规则；预制桩、灌注桩清单组价注意事项。

5.1 桩基础工程计量

5.1.1 计算规则及运用要点

5.1.1.1 打桩

（1）预制钢筋混凝土桩的体积，按设计桩长（包括桩尖，不扣除桩尖虚体积）乘以桩截面面积，以立方米计算见图 5-1。管桩的空心体积应扣除，管桩的空心部分设计要求灌注混凝土或其他填充材料时，应另行计算。

（2）接桩：按每个接头计算。

（3）送桩（见图 5-2）：以送桩长度（自桩顶面至自然地坪另加 500mm）乘桩截面面积，以立方米计算。

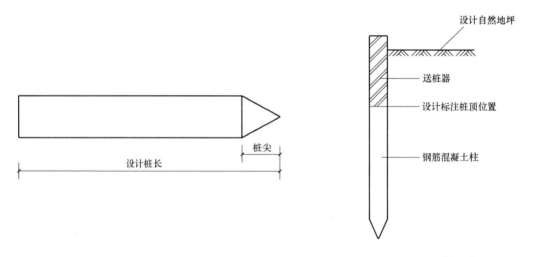

图 5-1 预制桩示意图　　　　　　图 5-2 送桩示意图

（4）打孔沉管、夯扩灌注桩（见图 5-3）。

① 灌注混凝土、砂、碎石桩使用活瓣桩尖（见图 5-4）时，单打、复打桩体积均按设

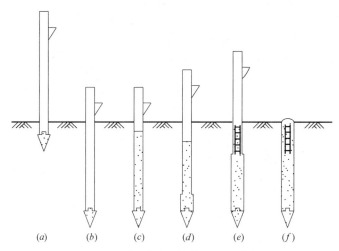

图 5-3　沉管灌注桩施工工程序示意

(a) 打桩机就位；(b) 沉管；(c) 浇筑混凝土；(d) 振动拔管；(e) 安放钢筋笼，浇筑混凝土；(f) 成型

计桩长（包括桩尖）另加 250mm（设计有规定，按设计要求）乘以标准管外径，以立方米计算。使用预制钢筋混凝土桩尖时，单打、复打桩体积均按设计桩长（不包括预制桩尖）另加 250mm 乘以标准管外径，以立方米计算。

② 打孔、沉管灌注桩空沉管部分，按空沉管的实体积计算。

③ 夯扩桩体积分别按每次设计夯扩前投料长度（不包括预制桩尖）乘以标准管内径体积计算，最后管内灌注混凝土按设计桩长另加 250mm 乘以标准管外径体积计算。

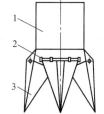

图 5-4　活瓣桩尖示意图
1—桩管；2—锁轴；3—活瓣

④ 打孔灌注桩、夯扩桩使用预制钢筋混凝土桩尖的，桩尖个数另列项目计算，单打、复打的桩尖按单打、复打次数之和计算（每只桩尖 30 元）。

（5）泥浆护壁钻孔灌注桩。

① 钻土孔与钻岩石孔工程量应分别计算。土与岩石地层分类详见表 5-1。钻土孔从自然地面至岩石表面的深度乘设计桩截面积，以立方米计算，钻岩石孔以入岩深度乘桩截面面积，以立方米计算。

② 混凝土灌入量以设计桩长（含桩尖长）另加一个直径长度（设计有规定的，按设计要求）乘桩截面面积，以立方米计算；地下室基础超灌高度按现场具体情况另行计算。

③ 泥浆外运的体积等于钻孔的体积，以立方米计算。

（6）凿灌注混凝土桩头按立方米计算，凿、截断预制方（管）桩均以根计算。

（7）深层搅拌桩、粉喷桩加固地基，按设计桩长另加 500mm（设计有规定，按设计要求）乘以设计截面积，以立方米计算（双轴的工程量不得重复计算），群桩间的搭接不扣除。

（8）人工挖孔灌注混凝土桩中挖井坑土、挖井坑岩石、砖砌井壁、混凝土井壁、井壁内灌注混凝土均按图示尺寸，以立方米计算。

（9）长螺旋或旋挖法钻孔灌注桩的单桩体积，按设计桩长（含桩尖）另加 500mm

（设计有规定，按设计要求）再乘以螺旋外径或设计截面积，以立方米计算。

（10）基坑锚喷护壁成孔及孔内注浆按设计图纸以延长米计算，两者工程量应相等。护壁喷射混凝土按设计图纸以平方米计算。

（11）土钉支护钉土锚杆按设计图纸以延长米计算，挂钢筋网按设计图纸以平方米计算。

地层分类表　　　　　　　　　　　　　　　　　　表 5-1

层级别		代表性地层
土孔	Ⅰ	泥炭、植物层、耕植土、粉砂层、细砂层
	Ⅱ	黄土层、泥质砂层、火成岩风化层
	Ⅲ	泥灰层、硬黏土、白垩软层、砾石层
岩石孔	Ⅳ	页层、致密泥灰层、泥质砂岩、岩盐、石膏
	Ⅴ	泥质页岩、石灰岩、硬煤层、卵石层
	Ⅵ	长石砂岩、石英、石灰质砂岩、泥质及砂质片岩
	Ⅶ	云母片岩、石英砂岩、硅化石灰岩
	Ⅷ	片麻岩、轻风化的火成岩、玄武岩
	Ⅸ	硅化页岩及砂岩、粗粒花岗岩、花岗片麻岩
	Ⅹ	细粒花岗岩、花岗片麻岩、石英脉
	Ⅺ	刚玉岩、石英岩、含赤铁矿及磁铁矿的碧玉石
	Ⅻ	没有风化均质的石英岩、辉石及遂石碧玉

注：钻入岩石以Ⅳ类为准，如钻入岩石Ⅴ类时，人工、机械乘 1.15 系数，如钻入岩石Ⅴ类以上时，应另行调整人工、机械用量。

5.1.1.2　基础垫层

（1）基础垫层是指砖、石、混凝土、钢筋混凝土等基础下的垫层，按图示尺寸以立方米计算。

（2）外墙基础垫层长度按外墙中心线长度计算，内墙基础垫层长度按内墙基础垫层净长计算。

5.1.2　计算举例

【例 5-1】　某打桩工程，设计桩型为 T-PHC-AB700-650（110）-13、13a，管桩数量 250 根，断面及示意如图 5-5 所示，桩外径 700mm，壁厚 110mm，自然地面标高 −0.3m，桩顶标高 −3.6m，螺栓加焊接接桩，管桩接桩接点周边设计用钢板（π 取值 3.14；按计价表规则计算送桩工程量时，需扣除管桩空心体积；填表时成品桩、桩尖单独列项；小数点后保留两位小数）。试计算与打桩相关的工程量。

【解】　（1）压桩，打预制钢筋混凝土桩的体积，按设计桩长（包括桩尖，不扣除桩尖虚体积）乘以桩截面面积，以立方米计算，管桩的空心体积应扣除：

$$3.14 \times (0.35^2 - 0.24^2) \times 26.35 \times$$
$$250 = 1342.44 m^3$$

（2）接桩，按每个接头计算：250 个。

（3）送桩，以送桩长度（自桩顶面至自然地坪另加 500mm）乘桩截面面积，以立方米计算：$3.14 \times (0.35^2 - 0.24^2) \times (3.6 - 0.3 + 0.5) \times 250 = 193.60 m^3$

（4）成品桩制作，按设计桩长乘以桩截面面积，以立方米计算：

$$3.14 \times (0.35^2 - 0.24^2) \times 26 \times 250 = 1324.61 m^3$$

（5）a 型桩尖，每根桩一个：250 个。

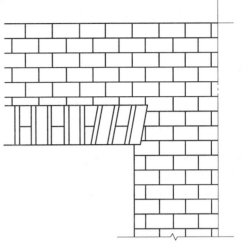

图 5-5 例 5-1 图

【例 5-2】 某工程桩基础是钻孔灌注混凝土桩，C25 混凝土现场搅拌，土孔中充盈系数为 1.25，自然地面标高 -0.45m，桩顶标高 -3.00m，设计桩长 12.00m，桩进入岩层 1m，桩直径 600mm，计 100 根，泥浆外运 5km。试计算与桩相关的工程量。

【解】 （1）钻土孔。钻土孔从自然地面至岩石表面的深度乘设计桩截面积，以立方米计算：

$$[(3 - 0.45) + 11] \times \pi \times 0.3^2 \times 100 = 383.12 m^3$$

（2）钻岩孔。钻岩石孔以入岩深度乘桩截面面积，以立方米计算：

$$1 \times \pi \times 0.3^2 \times 100 = 28.27 m^3$$

（3）土孔中灌混凝土。混凝土灌入量以设计桩长另加一个直径长度乘桩截面积，以立方米计算：

$$(11 + 0.6) \times \pi \times 0.3^2 \times 100 = 328 m^3$$

（4）岩石孔灌混凝土：

$$1 \times \pi \times 0.3^2 \times 100 = 28.27 m^3$$

（5）泥浆外运，泥浆外运的体积等于钻孔的体积：

$$383.12 + 28.27 = 411.39 m^3$$

5.2 桩基工程清单编制

《房屋建筑与装饰工程计量规范》GB 500854—2013 中，桩基工程分部共计 2 节，包括 11 个项目。第一节打桩包括预制钢筋混凝土方桩、预制钢筋混凝土管桩、钢管桩、截（凿）桩头 4 个项目；第二节灌注桩包括泥浆护壁成孔灌注桩、沉管灌注桩、干作业成孔灌注桩、挖孔桩土（石）方、人工挖孔灌注桩、钻孔压浆桩、桩底注浆 7 个项目。

本章的分部分项工程综合度很高，以泥浆护壁成孔灌注桩为例，其包含的工作内容包括：护筒埋设，成孔、固壁，混凝土制作、运输、灌注、养护，土方、废泥浆外运，打桩场地硬化及泥浆池、泥浆沟等内容。

本章工程量计算规则与基础定额差别也比较大，以预制桩为例，以"m"和"根"为计量单位，即工程量分别按桩长（含桩尖）和根数计算。而基础定额大多按体积计算。

5.2.1 打桩

工程量清单项目设置、项目特征描述的内容、计量单位及工程量计算规则，应按表5-2的规定执行。

打桩清单项目表 表 5-2

项目编码	项目名称	项目特征	计量单位	工程量计算规则	工作内容
010301001	预制钢筋混凝土方桩	1. 地层情况 2. 送桩深度、桩长 3. 桩截面 4. 桩倾斜度 5. 混凝土强度等级	1. m 2. 根	1. 以米计量，按设计图示尺寸以桩长（包括桩尖）计算 2. 以根计量，按设计图示数量计算	1. 工作平台搭拆 2. 桩机竖拆、移位 3. 沉桩 4. 接桩 5. 送桩
010301002	预制钢筋混凝土管桩	1. 地层情况 2. 送桩深度、桩长 3. 桩外径、壁厚 4. 桩倾斜度 5. 混凝土强度等级 6. 填充材料种类 7. 防护材料种类			1. 工作平台搭拆 2. 桩机竖拆、移位 3. 沉桩 4. 接桩 5. 送桩 6. 填充材料、刷防护材料
010301003	钢管桩	1. 地层情况 2. 送桩深度、桩长 3. 材质 4. 管径、壁厚 5. 桩倾斜度 6. 填充材料种类 7. 防护材料种类	1. t 2. 根	1. 以吨计量，按设计图示尺寸以质量计算 2. 以根计量，按设计图示数量计算	1. 工作平台搭拆 2. 桩机竖拆、移位 3. 沉桩 4. 接桩 5. 送桩 6. 切割钢管、精割盖帽 7. 管内取土 8. 填充材料、刷防护材料
010301004	截（凿）桩头	1. 桩头截面、高度 2. 混凝土强度等级 3. 有无钢筋	1. m³ 2. 根	1. 以立方米计量，按设计桩截面乘以桩头长度以体积计算。 2. 以根计量，按设计图示数量计算	1. 截桩头 2. 凿平 3. 废料外运

注：①地层情况按表5-1的规定，并根据岩土工程勘察报告按单位工程各地层所占比例（包括范围值）进行描述。对无法准确描述的地层情况，可注明由投标人根据岩土工程勘察报告自行决定报价。

②项目特征中的桩截面、混凝土强度等级、桩类型等可直接用标准图代号或设计桩型进行描述。

③打桩项目包括成品桩购置费，如果用现场预制桩，应包括现场预制的所有费用。

④打试验桩和打斜桩应按相应项目编码单独列项，并应在项目特征中注明试验桩或斜桩（斜率）。

⑤桩基础的承载力检测、桩身完整性检测等费用按国家相关取费标准单独计算，不在本清单项目中。

5.2.2 灌注桩

工程量清单项目设置、项目特征描述的内容、计量单位及工程量计算规则，应按表 5-3 的规定执行。

灌注桩清单项目表   表 5-3

项目编码	项目名称	项目特征	计量单位	工程量计算规则	工作内容
010302001	泥浆护壁成孔灌注桩	1. 地层情况 2. 空桩长度、桩长 3. 桩径 4. 成孔方法 5. 护筒类型、长度 6. 混凝土类别、强度等级	1. m 2. m³ 3. 根	1. 以米计量，按设计图示尺寸以桩长（包括桩尖）计算 2. 以立方米计量，按不同截面在桩上范围内体积计算 3. 以根计量，按设计图示数量计算	1. 护筒埋设 2. 成孔、固壁 3. 混凝土制作、运输、灌注、养护 4. 土方、废泥浆外运 5. 打桩场地硬化及泥浆池、泥浆沟
010302002	沉管灌注桩	1. 地层情况 2. 空桩长度、桩长 3. 复打长度 4. 桩径 5. 沉管方法 6. 桩尖类型 7. 混凝土类别、强度等级			1. 打（沉）拔钢管 2. 桩尖制作、安装 3. 混凝土制作、运输、灌注、养护
010302003	干作业成孔灌注桩	1. 地层情况 2. 空桩长度、桩长 3. 桩径 4. 扩孔直径、高度 5. 成孔方法 6. 混凝土类别、强度等级			1. 成孔、扩孔 2. 混凝土制作、运输、灌注、振捣、养护
010302004	挖孔桩土（石）方	1. 土（石）类别 2. 挖孔深度 3. 弃土（石）运距	m³	按设计图示尺寸截面积乘以挖孔深度以立方米计算	1. 排地表水 2. 挖土、凿石 3. 基底钎探 4. 运输
010302005	人工挖孔灌注桩	1. 桩芯长度 2. 桩芯直径、扩底直径、扩底高度 3. 护壁厚度、高度 4. 护壁混凝土类别、强度等级 5. 桩芯混凝土类别、强度等级	1. m³ 2. 根	1. 以立方米计量，按桩芯混凝土体积计算 2. 以根计量，按设计图示数量计算	1. 护壁制作 2. 混凝土制作、运输、灌注、振捣、养护
010302006	钻孔压浆桩	1. 地层情况 2. 空钻长度、桩长 3. 钻孔直径 4. 水泥强度等级	1. m 2. 根	1. 以米计量，按设计图示尺寸以桩长计算 2. 以根计量，按设计图示数量计算	钻孔、下注浆管、投放骨料、浆液制作、运输、压浆

项目编码	项目名称	项目特征	计量单位	工程量计算规则	工作内容
010302007	桩底注浆	1. 注浆导管材料、规格 2. 注浆导管长度 3. 单孔注浆量 4. 水泥强度等级	孔	按设计图示以注浆孔数计算	1. 注浆导管制作、安装 2. 浆液制作、运输、压浆

注：① 地层情况按表 5-1 的规定，并根据岩土工程勘察报告按单位工程各地层所占比例（包括范围值）进行描述。对无法准确描述的地层情况，可注明由投标人根据岩土工程勘察报告自行决定报价。

② 项目特征中的桩长应包括桩尖，空桩长度＝孔深－桩长，孔深为自然地面至设计桩底的深度。

③ 项目特征中的桩截面（桩径）、混凝土强度等级、桩类型等可直接用标准图代号或设计桩型进行描述。

④ 泥浆护壁成孔灌注桩是指在泥浆护壁条件下成孔，采用水下灌注混凝土的桩。其成孔方法包括冲击钻成孔、冲抓锥成孔、回旋钻成孔、潜水钻成孔、泥浆护壁的旋挖成孔等。

⑤ 沉管灌注桩的沉管方法包括锤击沉管法、振动沉管法、振动冲击沉管法、内夯沉管法等。

⑥ 干作业成孔灌注桩是指不用泥浆护壁和套管护壁的情况下，用钻机成孔后，下钢筋笼，灌注混凝土的桩，适用于地下水位以上的土层使用。其成孔方法包括螺旋钻成孔、螺旋钻成孔扩底、干作业的旋挖成孔等。

⑦ 桩基础的承载力检测、桩身完整性检测等费用按国家相关取费标准单独计算，不在本清单项目中。

⑧ 混凝土灌注桩的钢筋笼制作、安装，按混凝土与钢筋混凝土分部中相关项目编码列项。

【例 5-3】 按照《13 规范》计算例 5-1 中桩基础清单工程量。

【解】 预制桩工程量以米计量时，按设计图示尺寸以桩长（包括桩尖）计算。

清单工程量：

$$(26+0.35)\times250=6587.5m$$

【例 5-4】 按照《13 规范》计算例 5-2 中灌注桩清单工程量。

【解】 灌注桩工程量以米计量时，按设计图示尺寸以桩长（包括桩尖）计算。

清单工程量：

$$12\times100=1200m$$

5.3 桩基工程清单组价

5.3.1 打桩

（1）江苏省建筑与装饰工程计价表所列定额适用于一般工业与民用建筑工程的桩基础，不适用于水工建筑、公路、桥梁工程，也不适用于支架上、室内打桩。打试桩可按相应定额项目的人工、机械乘系数 2，试桩期间的停置台班结算时应按实调整。

（2）打桩子目中打桩机的类别、规格执行中不换算。打桩机及为打桩机配套的施工机械的进（退）场费和组装、拆卸费用，另按实际进场机械的类别、规格计算。

（3）预制钢筋混凝土桩的制作费，另行计算。打（压）桩定额项目中预制钢筋混凝土方桩损耗取定 C35 钢筋混凝土单价，设计要求的混凝土强度等级与定额取定不同时，不作调整。打桩如设计有接桩，另按接桩定额执行，管桩、静力压桩的接桩另按有关规定计算。

（4）江苏省建筑与装饰工程计价表确定打桩工程价格时，土壤级别已综合考虑，执行中不换算。子目中的桩长度是指包括桩尖及接桩后的总长度。

（5）电焊接桩钢材用量，设计与定额不同时，按设计用量乘系数1.05调整，人工、材料、机械消耗量不变。

（6）每个单位工程的打（灌注）桩工程量小于表5-4规定数量时，其人工、机械（包括送桩）按相应定额项目乘系数1.25。

小型桩基础工程量表 表5-4

项　　目	工 程 量	项　　目	工 程 量
预制钢筋混凝土方桩	150m³	打孔灌注砂桩、碎石桩、砂石桩	100m³
预制钢筋混凝土离心管桩	50m³	钻孔灌注混凝土桩	60m³
打孔灌注混凝土桩	60m³		

（7）打桩以打直桩为准，如打斜桩，斜度在1：6以内者，按相应定额项目人工、机械乘系数1.25，如斜度大于1：6者，按相应定额项目人工、机械乘系数1.43。

（8）地面打桩坡度以小于15°为准，大于15°打桩按相应定额项目人工、机械乘系数1.15。如在基坑内（基坑深度大于1.15m）打桩或在地坪上打坑槽内（坑槽深度大于1.0m）桩时，按相应定额项目人工、机械乘系数1.11。

（9）各种灌注桩中的材料用量预算暂按表5-5内的充盈系数和操作损耗计算，结算时充盈系数按打桩记录灌入量进行调整，操作损耗不变。

灌注桩充盈系数和操作损耗表 表5-5

项目名称	充盈系数	操作损耗率(%)
打孔沉管灌注混凝土桩	1.20	1.50
打孔沉管灌注砂(碎石)桩	1.20	2.00
打孔沉管灌注砂石桩	1.20	2.00
钻孔灌注混凝土桩(土孔)	1.20	1.50
钻孔灌注混凝土桩(岩石孔)	1.10	1.50
打孔沉管夯扩灌注混凝土桩	1.15	2.00

各种灌注桩中设计钢筋笼时，按钢筋笼定额执行。

设计混凝土强度等级或砂、石级配与定额取定不同，应按设计要求调整材料，其他不变。

（10）钻孔灌注混凝土桩的钻孔深度是按50m内综合编制的，超过50m桩，钻孔人工、机械乘系数1.10。人工挖孔灌注混凝土桩的挖孔深度是按15m内综合编制的，超过15m的桩，挖孔人工、机械乘系数1.20。

（11）打桩（包括方桩、管桩）已包括300m内的场内运输，实际超过300m时，应另行计算构件运输费用，并扣除定额内的场内运输费。

（12）本定额不包括打桩、送桩后场地隆起土的清除及填桩孔的处理（包括填的材料），现场实际发生时，应另行计算。

（13）凿出后的桩端部钢筋与底板或承台钢筋焊接应另行计算。

（14）坑内钢筋混凝土支撑须截断按截断桩定额执行。

（15）打孔沉管灌注桩分单打、复打，第一次按单打桩定额执行，在单打的基础上再次打，按复打桩定额执行。打孔夯扩灌注桩一次夯扩执行一次夯扩定额，再次夯扩时，应执行二次夯扩定额，最后在管内灌注混凝土到设计高度按一次夯扩定额执行。使用预制钢筋混凝土桩尖时，钢筋混凝土桩尖另加，定额中活瓣桩尖摊销费应扣除。

（16）因设计修改在桩间补打桩时，补打桩按相应打桩定额项目人工、机械乘系数 1.15。

5.3.2 基础垫层

（1）整板基础下垫层采用压路机碾压时，人工乘系数 0.9，垫层材料乘以系数 1.15，增加光轮压路机（8t）0.022 台班，同时扣除定额中的电动打夯机台班（已有压路机的项目除外）。

（2）混凝土垫层厚度以 15cm 内为准，厚度在 15cm 以上的应按混凝土基础相应项目执行。

【例 5-5】 已知例 5-1 中管桩成品价为 1800 元/m³，a 型空心桩尖市场价 180 元/个。采用静力压桩施工方法，管桩场内运输按 250m 考虑。请按计价表的规定计算该桩基础综合单价。

【解】 预制桩报价应包含制作、运输、沉桩、接桩、送桩等工作内容，综合单价分析见表 5-6。

例 5-5 管桩综合单价分析表　　　　　　　表 5-6

项目编码		项目名称	计量单位	工程数量	综合单价（元）	合价（元）
010301002001		预制钢筋混凝土管桩	m	6587.5	441.27	2906897.87
清单综合单价组成	2-22 换	压桩	m³	1342.44	295.91	397241.42
	2-27 换	接桩	个	250	54.32	13580.00
	2-24	送桩	m³	193.60	344.93	66778.45
		桩尖	个	250	180	45000.00
		成品桩	m³	1324.61	1800	2384298.0

组价说明：打预制管桩包括压桩、接桩、送桩工序。250m 的场内运输已包含在定额中。

换算说明：2-22. 定额中包含成品管桩的损耗量，成品桩的价格有变化，需换算。

2-27. 注 2，静力压桩 12m 以上的接桩其人工已包括在相应的打桩项目中，但接桩的材料费及电焊机应计取。

40.53＋11.79×1.17＝54.32 元

【例 5-6】 试确定例 5-2 中桩基础综合单价（暂不考虑泥浆池费用）。

【解】 灌注桩报价应包含钻孔、浇混凝土、泥浆外运、泥浆池制作等工作内容，综合单价分析见表 5-7。

例 5-6 灌注桩综合单价分析表　　　　　　　　　　　　表 5-7

项目编码		项目名称	计量单位	工程数量	综合单价（元）	合价（元）
010302001001		钻孔灌注桩	m	1200	190.89	229068.49
清单综合单价组成	2-29	钻土孔	m³	383.12	177.38	67957.83 元
	2-32	钻岩孔	m³	28.27	749.58	21190.63
	2-35换	土孔灌混凝土	m³	328	307.28	100787.84
	2-36换	岩石孔灌混凝土	m³	28.27	272.07	7691.42
	2-37	泥浆外运	m³	411.39	76.45	31450.77

组价说明：成孔灌注桩工作内容包括：（1）成孔、固壁；（2）混凝土制作、运输、灌注、养护；（3）土方、废泥浆外运。

换算说明：2-35 充盈系数和混凝土强度换算 $305.26-266.21+1.25 \times 1.015 \times 211.42 = 307.28$

　　　　　2-36 换混凝土强度 $280.05-244.13+1.117 \times 211.42 = 271.07$

　　　　　2-37 泥浆外运　　　76.45 元/m³

思　考　题

1. 打预制钢筋混凝土桩的体积如何计算？
2. 打孔沉管、夯扩灌注桩如何计算工程量？
3. 试叙述打桩的工程量清单项目设置、项目特征描述的内容、计量单位。
4. 试叙述灌注桩的工程量清单项目设置、项目特征描述的内容、计量单位。

习　　题

1. 某工程用打桩机，打如图 5-6 所示钢筋混凝土预制方桩，共 50 根，求其清单工程量。

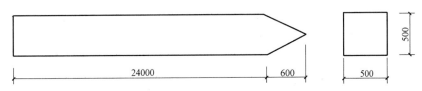

图 5-6　习题 1 预制桩示意图

2. 某钻孔灌注桩，共 50 根，桩径 700mm，设计桩长 26m，其中入岩 2m，自然地面标高－0.45m，桩顶标高－2.2m。计算该项目清单工程量与计价表工程量。

第6章　砌　筑　工　程

教学目的和要求：掌握基础和墙身的区分标准、基础大放脚体积的计算方法。掌握墙身高度的取法，墙体工程量计算中应扣和不扣的规定，同时了解零星砌筑工程项目工程量的计算方法。

教学内容：砌筑工程量的一般规则；墙体厚度的计算；基础与墙身的划分；砖石基础长度的确定；墙身长度、高度的确定；框架间砌体的计算；其他构件的计算；清单编制；清单组价。

6.1　砌筑工程工程计量

6.1.1　砌筑工程量一般规则

（1）计算墙体工程量时，应扣除门窗洞口、过人洞、空圈、嵌入墙身的钢筋混凝土柱、梁、过梁（图6-1）、圈梁、挑梁、混凝土墙基防潮层和散热器、壁龛的体积，不扣除梁头、梁垫、外墙预制板头、檩条头、垫木、木楞头、沿椽木、木砖、门窗走头、砖砌体内的加固钢筋、木筋、铁件、钢管及每个面积在0.3m² 以下的孔洞等所占的体积。突出墙面的窗台虎头砖（图6-2）、压顶线、山墙泛水、烟囱根、门窗套及三皮砖以内的挑檐（图6-3）、腰线（图6-4）等体积亦不增加。

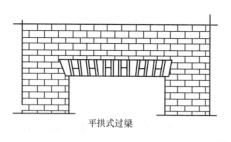

平拱式过梁　　　　　　　　　　弧拱式过梁

图6-1　过梁

（2）附墙砖垛、三皮砖以上的腰线、挑檐等体积，并入墙身体积内计算。砖挑檐的形式如图6-5所示。

（3）附墙烟囱、通风道、垃圾道按其外形体积并入所依附的墙体积内合并计算，不扣除每个横截面在0.1m² 以内的孔洞体积。

（4）弧形墙按其弧形墙中心线部分的体积计算。

6.1.2　墙体厚度计算规定

标准砖计算厚度按表6-1计算。

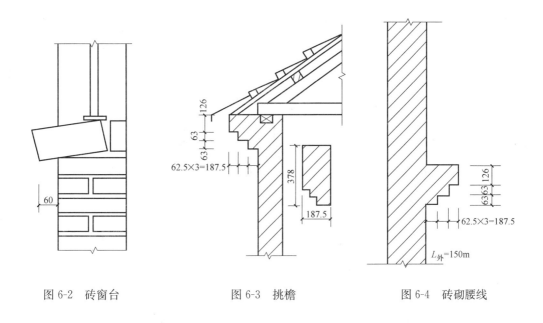

图 6-2　砖窗台　　　　　　图 6-3　挑檐　　　　　　图 6-4　砖砌腰线

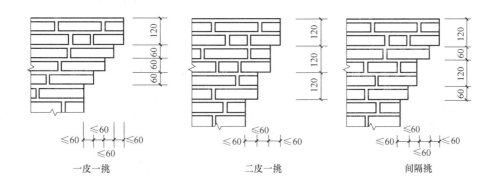

一皮一挑　　　　　　　　二皮一挑　　　　　　　　间隔挑

图 6-5　砖挑檐的形式

标准砖计算厚度　　　　　　　　　　　　　　　表 6-1

墙计算厚度(mm)	1/4	1/2	3/4	1	3/2	2
标准砖	53	115	178	240	365	490

6.1.3　基础与墙身的划分

6.1.3.1　砖墙

（1）基础与墙身使用同一种材料时，以设计室内地坪（有地下室者以地下室设计室内地坪）为界，以下为基础，以上为墙身，如图 6-6 所示。

（2）基础、墙身使用不同材料时，位于设计室内地坪±300mm 以内，以不同材料为分界线，超过±300mm，以设计室内地坪分界，如图 6-7 所示。

97

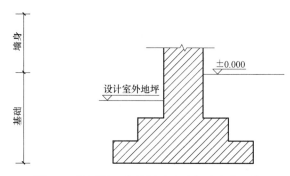

图 6-6　使用同一种材料时基础与墙身分界线

6.1.3.2　石墙

外墙以设计室外地坪，内墙以设计室内地坪为界，以下为基础，以上为墙身。

6.1.4　砖石围墙

砖石围墙以设计室外地坪为分界线，以下为基础，以上为墙身。

6.1.5　砖石基础长度的确定

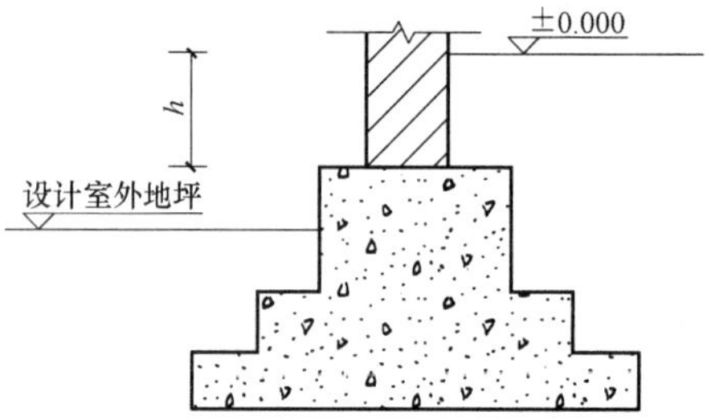

图 6-7　使用不同材料时基础与墙身分界线

（1）外墙墙基按外墙中心线长度计算。

（2）内墙墙基按内墙基最上一步净长度计算。基础大放脚 T 形接头（见图 6-8）处重叠部分以及嵌入基础的钢筋、铁件、管道、基础防水砂浆防潮层、通过基础单个面积在 0.3m² 以内孔洞所占的体积不扣除，但靠墙暖气沟的挑檐亦不增加。附墙垛基础宽出部分体积，并入所依附的基础工程量内。

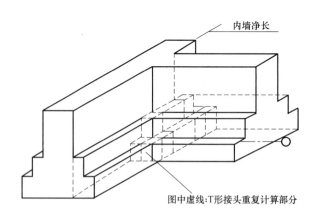

图 6-8　砖基础 T 形接头示意图

标准砖基础大放脚（见图 6-9）折加高度和增加断面面积见表 6-2。

6.1.6　墙身长度的确定

外墙按外墙中心线，内墙按内墙净长线计算。

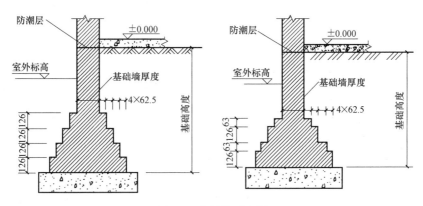

图 6-9　大放脚示意图

标准砖基础大放脚折加高度和增加断面面积　　　　表 6-2

放脚层数	折加高度(m)								增加断面面积(m²)	
	基础墙厚砖数量									
	1/2 砖		1 砖		3/2 砖		2 砖			
	等高	不等高	等高	不等高	等高	不等高	等高	不等高	等高	不等高
1	0.137	0.137	0.066	0.066	0.043	0.043	0.032	0.032	0.01575	0.01575
2	0.411	0.342	0.197	0.164	0.129	0.108	0.096	0.080	0.04725	0.03938
3			0.394	0.328	0.259	0.216	0.193	0.161	0.0945	0.07875
4			0.656	0.525	0.432	0.345	0.321	0.253	0.1575	0.1260
5			0.984	0.788	0.647	0.518	0.482	0.380	0.3263	0.1890
6			1.378	1.083	0.906	0.712	0.672	0.530	0.3308	0.2599
7			1.838	1.444	1.208	0.949	0.900	0.707	0.4410	0.3465
8			2.363	1.838	1.553	1.208	1.157	0.900	0.5670	0.4411
9			2.953	2.297	1.942	1.510	1.447	1.125	0.7088	0.5513
10			3.610	2.789	2.372	1.834	1.768	1.366	0.8663	0.6694

6.1.7　墙身高度的确定

设计有明确高度时以设计高度计算，未明确时按下列规定计算：

（1）外墙

坡（斜）屋面无檐口顶棚者（见图 6-10），算至墙中心线屋面板底，无屋面板，算至椽子顶面；有屋架且室内外均有顶棚者（见图 6-11），算至屋架下弦底面另加 200mm，无顶棚，算至屋架下弦另加 300mm；有现浇钢筋混凝土平板楼层者（见图 6-12），应算至平板底面；有女儿墙应自外墙梁（板）顶面至图示女儿墙顶面，有混凝土压顶者，算至压顶底面，分别以不同厚度按外墙定额执行。

（2）内墙

内墙位于屋架下（见图 6-13），其高度算至屋架底，无屋架，算至顶棚底另加 120mm；有钢筋混凝土楼隔层者，算至钢筋混凝土板底；有框架梁时，算至梁底面；同一墙上板厚不同时，按平均高度计算。

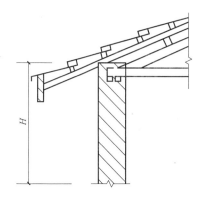

图 6-10　坡（斜）屋面无檐口顶棚
外墙计算高度

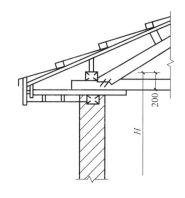

图 6-11　有屋架且室内外均有顶棚
外墙计算高度

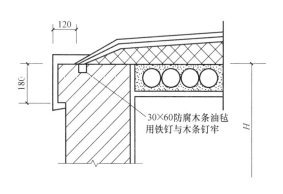

图 6-12　平屋面外墙高度计算

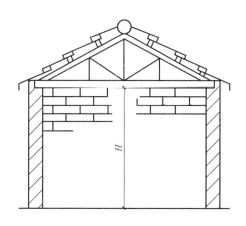

图 6-13　屋架下弦内墙高度计算

6.1.8　框架间砌体

分别按内、外墙不同砂浆强度以框架间净面积乘墙厚计算，套相应定额。框架外表面镶包砖部分也并入墙身工程量内一并计算。

6.1.9　空斗墙、空花墙、围墙的计算

（1）空花墙按空花部分的外形体积以立方米计算，空花墙外有实砌墙，其实砌部分应以立方米另列项目计算。

（2）空斗墙按外形尺寸以立方米计算（计算规则同实心墙）。

（3）围墙：砖砌围墙按设计图示尺寸以立方米计算，其围墙附垛及砖压顶应并入墙身工程量内；砖围墙上有混凝土花格、混凝土压顶时，混凝土花格及压顶应按混凝土计算，其围墙高度算至混凝土压顶下表面。

6.1.10　多孔砖、空心砖墙

按图示墙厚以立方米计算，不扣除砖孔空心部分体积。

6.1.11 填充墙

按外形体积以立方米计算，其实砌部分及填充料已包括在定额内，不另计算。

砖柱基、柱身不分断面均以设计体积计算，柱身、柱基工程量合并套"砖柱"定额。柱基与柱身砌体品种不同时，应分开计算并分别套用相应定额。

6.1.12 砖砌地下室墙身及基础

按设计图示以立方米计算，内、外墙身工程量合并计算按相应内墙定额执行。墙身外侧面砌贴砖按设计厚度以立方米计算。

6.1.13 加气混凝土、硅酸盐砌块、小型空心砌块墙

按图示尺寸以立方米计算，砌块本身空心体积不予扣除。砌体中设计钢筋砖过梁时，应另行计算，套"小型砌体"定额。

6.1.14 毛石墙、方整石墙

按图示尺寸以立方米计算。方整石墙单面出垛并入墙身工程量内，双面出墙垛按柱计算。标准砖镶砌门、窗口立边、窗台虎头砖、钢筋砖过梁等按实砌砖体积另列项目计算，套"小型砌体"定额。

6.1.15 墙基防潮层

按墙基顶面水平宽度乘以长度以平方米计算，有附垛时将附垛面积并入墙基内。

6.1.16 其他

（1）砖砌台阶按水平投影面积以平方米计算。

（2）毛石、方整石台阶均以图示尺寸按立方米计算，毛石台阶按毛石基础定额执行。

（3）墙面、柱、底座、台阶的剁斧以设计展开面积计算；窗台、腰线以 10 延长米计算。

（4）砖砌地沟沟底与沟壁工程量合并以立方米计算。

（5）毛石砌体打荒、錾凿、剁斧按砌体裸露外表面积计算（錾凿包括打荒，剁斧包括打荒、錾凿，打荒、錾凿、剁斧不能同时列入）。

6.1.17 烟囱

（1）砖烟囱基础
砖烟囱基础与砖筒身的划分以基础大放脚的扩大顶面为界，以上为筒身，以下为基础。

（2）烟囱筒身
① 烟囱筒身不分方形、圆形均按立方米计算，应扣除孔洞及钢筋混凝土过梁、圈梁所占体积。筒身体积应以筒壁平均中心线长度乘厚度。圆筒壁周长不同时，可按下式分段计算：

$$V = H \times C \times \pi \times D$$

式中 V——筒身体积；

        H——每段筒身垂直高度；

        C——每段筒壁砖厚度；

        D——每段筒壁中心线的平均直径。

② 砖烟囱筒身原浆勾缝和烟囱帽抹灰，已包括在定额内，不另计算。如设计加浆勾缝者，可按装饰工程中勾缝项目计算，原浆勾缝的工、料不予扣除。

③ 砖烟囱的钢筋混凝土圈梁和过梁，按实体积计算，套用混凝土分部相应项目执行。

④ 烟囱的钢筋混凝土集灰斗（包括分隔墙、水平隔墙、柱、梁等）应另行计算。

⑤ 砖烟囱、烟道及砖内衬，设计采用加工楔形砖时，其加工楔形砖的数量应按施工组织设计数量，另列项目按楔形砖加工相应定额计算。

⑥ 砖烟囱砌体内采用钢筋加固者，应根据设计重量按钢筋分部中"砌体、板缝内加固钢筋"定额计算。

（3）烟囱内衬

① 按不同种类烟囱内衬，以实体积计算，并扣除各种孔洞所占的体积。

② 填料按烟囱筒身与内衬之间的体积计算，扣除各种孔洞所占的休积，但不扣除连接横砖（防沉带）的体积。填料所需的人工已包括在砌内衬定额内。

③ 为了内衬的稳定及防止隔热材料下沉，内衬伸入筒身的连接横砖，已包括在内衬定额内，不另计算。

④ 为防止酸性凝液渗入内衬与混凝土筒身间，而在内衬上抹水泥排水坡的，其工料已包括在定额内，不另计算。

（4）烟道砌砖

① 烟道与炉体的划分，以第一道闸门为准。在第一道闸门之前的砌体应列入炉体工程量内。

② 烟道中的钢筋混凝土构件，应按钢筋混凝土分部相应定额计算。

6.1.18 水塔

（1）基础

各种基础均以实体积计算（包括基础底板和筒座），筒座以上为塔身，以下为基础。

（2）筒身

① 砖砌塔身不分厚度、直径均以实体积计算，并扣除门窗洞口和钢筋混凝土构件所占体积。砖胎板工、料已包括在定额内，不另计算。

② 砖砌筒身设置的钢筋混凝土圈梁以实体积计算，按混凝土分部相应项目执行。

（3）水槽内、外壁

① 与塔顶、槽底（或斜壁）相联系的圈梁之间的直壁为水槽内、外壁；设保温水槽的外保护壁为外壁；直接承受水侧压力的水槽壁为内壁。非保温水箱的水槽壁按内壁计算。

② 水槽内、外壁以实体积计算。

（4）倒锥壳水塔

基础按相应水塔基础的规定计算。

【例 6-1】 某单位传达室基础平面图和剖面图见例 4-1。已知防潮层标高−0.06m，防潮层做法为 C20 抗渗混凝土 P10 以内，防潮层以下用 M7.5 水泥砂浆砌标准砖基础，防潮层以上为多孔砖墙身，C20 钢筋混凝土条形基础，混凝土构造柱截面尺寸为 240mm×240mm，从钢筋混凝土条形基础中伸出。试计算砖基础定额工程量。

【解】 砖基础长，外墙墙基按外墙中心线长度计算，内墙墙基按内墙基最上一步净长度计算：

$$(12.00+8.00)×2+7.76+5.76=53.52m$$

体积：$53.52×0.24×(1.58+0.525)=53.52×0.24×2.105=27.038m^3$

扣构造柱：$0.24×0.24×1.58×14=1.274m^3$

扣马牙槎：$0.24×0.03×1.58×(10×2+4×3)=0.364m^3$

砖基础体积：$27.038—1.274—0.364=25.40m^3$

【例 6-2】 某二层砖混结构宿舍楼，基础及墙身均为标准砖砌筑，首层平面图如图 6-14。已知内外墙均为 M7.5 混合砂浆砌 240mm 厚，二层平面图除 M1 的位置为 C1 外，其他均与首层平面图相同。层高均为 3.00m，室外地坪为−0.45m，室内地坪标高为±0.0000，构造柱、圈梁、过梁、楼板均为现浇 C20 钢筋混凝土，圈梁 240mm×300mm，过梁（M2、M3 上）240mm×120mm，楼板和屋面板厚度为 100mm，门窗洞尺寸及及门窗材料见表 6-3。计算：首层外墙、内墙的工程量。

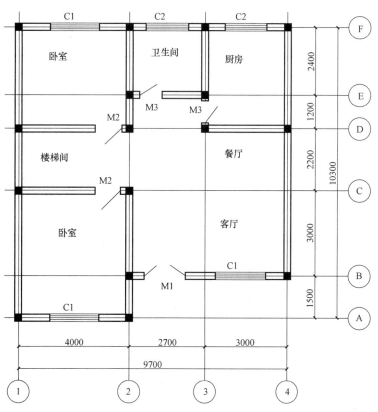

图 6-14 例 6-2 平面图

门窗代号	尺　寸	备　注
C1	1800×1800	窗台高 900
C2	1500×1500	窗台高 1200
M1	1200×2700	
M2	900×2100	
M3	800×2100	

【解】　M7.5 混合砂浆 1 砖外墙体积：

扣外墙上圈梁：0.24×(0.3-0.1)×[(9.7+10.3)×2-{GZ 宽}0.24×11-{M1过梁}1.7-{C1过梁}2.3×3-{C2过梁}2.0×2]=1.188m³

扣外墙上过梁：0.24×(0.3-0.1)×[{C1过梁}2.3×3+{C2过梁}2.0×2+{M1过梁}1.7]=0.605m³

扣外墙上构造柱：(0.24×0.24+0.24×0.03×2)×(3.0-0.1)×11=2.297m³

扣外墙门窗洞口：{C1}1.8×1.8×3+{C2}1.5×1.5×2+{M1}1.2×2.7=17.46m²

外墙体积：0.24×[(9.7+10.3)×2-17.46]×(3.0-0.1)-{外墙 QL}1.188-{外墙 GL}0.605-{外墙 GZ}2.297=11.598m³

M7.5 混合砂浆 1 砖内墙体积：

扣内墙上圈梁：0.24×(0.3-0.1)×[(4.0-0.24)×2+(2.7-0.24)+(3.0-0.24)+(3.6-0.24×2)×2+(3.0-0.24)]=1.044m³

扣内墙上过梁：0.24×0.12×[{M2过梁}1.4×2+{M3过梁}1.3×2]=0.156m³

扣内墙上构造柱：[{L 形}(0.24×0.24+0.24×0.03×2)×3+{T 形}+{外墙深入马牙槎}0.03×6]×(3.0-0.1)=1.608m³

扣内墙门窗洞口：{M2}0.9×2.1×2+{M3}0.8×2.1×2=7.14m²

内墙体积：0.24×[(3.76×2+2.46+2.76×2+3.12×2)×(3.0-0.1)-7.14]-{内墙 QL}1.044-{内墙 GL}0.156-{内墙 GZ}1.608=10.609m³

6.2　砌筑工程清单编制

砌筑分部中，《房屋建筑与装饰工程计量规范》（GB 500854—2013）规定的工作内容、工程量计算规则与计价表的规定基本一致，清单工程量计算方法可以参照 6.1 节。

(1)“砖基础”项目适用于各种类型砖基础，在工程清单特征中应描述砖品种、规格、强度等级、基础类型、基础深度、砂浆强度等级；在工程量清单计价时要把“砖基础”工程发生的砂浆制作运输、砌砖基础、防潮层、材料运输等施工项目计算在“砖基础”项目报价中。

(2)“实心砖墙”、“空心砖墙、砌块墙”项目适用于实心砖、空心砖、砌块砌筑的各种墙（外墙、内墙、直墙、弧墙以及不同厚度、不同砂浆砌筑的墙），在工程清单特征中应描述砖品种、规格、强度等级、墙体类型、墙体厚度、墙体高度、砂浆强度等级、配合比；在编制清单时，用第五级项目编码将不同的墙体分别列项；在工程量清单计价时要把

"实心砖墙"或"空心砖墙、砌块墙"工程发生的砂浆制作运输、砌砖、材料运输等施工项目计算在"实心砖墙"或"空心砖墙、砌块墙"项目报价内。

（3）"检查井"、"砖水池、化粪池"在工程量清单中以"座"计算，在工程清单特征中应描述井（池）截面、垫层材料种类、厚度、底板厚度、勾缝要求、混凝土强度等级、砂浆强度等级、配合比、防潮层材料种类；在工程量清单计价时要把"检查井"、"砖水池、化粪池"工程发生的土方挖运、砂浆制作运输、铺设垫层、底板混凝土制作运输浇筑、砌砖、勾缝、抹灰、回填土等施工项目计算在"检查井"、"砖水池、化粪池"项目报价内。钢筋在混凝土及钢筋混凝土项目中报价，如井（池）施工需脚手架、模板，则在措施项目中报价。

6.3 砌筑工程清单组价

6.3.1 砌砖、砌块墙

（1）标准砖墙不分清、混水墙及艺术形式复杂程度。砖、砖过梁、砖圈梁、腰线、砖垛、砖挑沿、附墙烟囱等因素已综合在定额内，不得另立项目计算。阳台砖隔断按相应内墙定额执行。

（2）标准砖砌体如使用配砖，不作调整。

（3）空斗墙中门窗立边、门窗过梁、窗台、墙角、檩条下、楼板下、踢脚线部分和屋檐处的实砌砖已包括在定额内，不得另立项目计算。空斗墙中遇有实砌钢筋砖圈梁及单面附垛时，应另列项目按小型砌体定额执行。

（4）砌块墙、多孔砖墙中，窗台虎头砖、腰线、门窗洞边接槎用标准砖已包括在定额内。

（5）各种砖砌体的砖、砌块是按表 6-4 所列规格编制的，规格不同时，可以换算。

砌块规格表（mm）　　　　　　　　　　　　　　表 6-4

砖　名　称	长×宽×高
普通黏土(标准)砖	240×115×53
KP1 黏土多孔砖	240×115×90
黏土多孔砖	240×240×115　　240×115×115
KM1 黏土空心砖	190×190×90
黏土三孔砖	190×190×90
黏土六孔砖	190×190×140
黏土九孔砖	190×190×190
页岩模数多孔砖	240×190×90　　240×140×90 240×90×90　　190×120×90
硅酸盐空心砌块(双孔)	390×190×190
硅酸盐空心砌块(单孔)	190×190×190
硅酸盐空心砌块(单孔)	190×190×90

砖　名　称	长×宽×高
硅酸盐砌块	880×430×240　　580×430×240(长×高×厚) 430×430×240　　280×430×240
加气混凝土块	600×240×150

（6）除标准砖墙外，其他品种砖弧形墙其弧形部分每立方米砌体按相应项目人工增加15％，砖5％，其他不变。

（7）砌砖、块定额中已包括了门、窗框与砌体的原浆勾缝在内，砌筑砂浆强度等级按设计规定应分别套用。

（8）砖砌体内的钢筋加固及转角、内外墙的搭接钢筋以"吨"计算，按"砌体、板缝内加固钢筋"定额执行。

（9）砖砌挡土墙以顶面宽度按相应墙厚内墙定额执行，顶面宽度超过1砖按砖基础定额执行。

（10）小型砌体系指砖砌门蹲、房上烟囱、地垄墙、水槽、水池脚、垃圾箱、台阶面上矮墙、花台、煤箱、垃圾箱、容积在3m³内的水池、大小便槽（包括踏步）、阳台栏板等砌体。

（11）砖砌围墙如设计为空斗墙、砌块墙时，应按相应项目执行，其基础与墙身除定额注明外应分别套用定额。

6.3.2　砌石

（1）定额分为毛石、方整石砌体两种。毛石系指无规则的乱毛石，方整石系指已加工好有面、有线的商品方整石（方整石砌体不得再套打荒、錾凿、剁斧项目）。

（2）毛石、方整石零星砌体按窗台下墙相应定额执行，人工乘系数1.10。毛石地沟、水池按窗台下石墙定额执行。毛石、方整石围墙按相应墙定额执行。砌筑圆弧形基础、墙（含砖、石混合砌体），人工按相应项目乘系数1.10，其他不变。

6.3.3　构筑物

砖烟囱毛石砌体基础按水塔的相应项目执行。

【例6-3】　试确定例6-1中砖基础综合单价。

【解】　综合单价分析见表6-5。

例6-3 砖基础综合单价分析表　　　　表6-5

项目编码		项目名称	计量单位	工程数量	综合单价 （元）	合价 （元）
010401001001		砖基础	m³	25.40	186.21	4729.73
清单综合单组成	定额号	子目名称	单位	数量	单价	合价
	3-1换	M7.5水泥砂浆砖基础	m³	25.40	186.21	4729.73

换算说明：定额砂浆为M5，换为M7.5时，为：185.8－29.71＋30.12＝186.21m³。

思 考 题

1. 砖基础与砖墙的划分界限是什么？
2. 简述大放脚砖基础断面积的计算方法。
3. 简述清单计价规范中墙高确定方法。
4. 砖砌台阶、散水工程量怎样计算？

习 题

1. 某单位传达室基础平面图及基础详图如图 6-15 所示，室内地坪±0.0000，防潮层 −0.06m，防潮层以下用 M10 水泥砂浆砌标准砖基础，防潮层以上为多孔砖墙身。计算砖基础工程量。

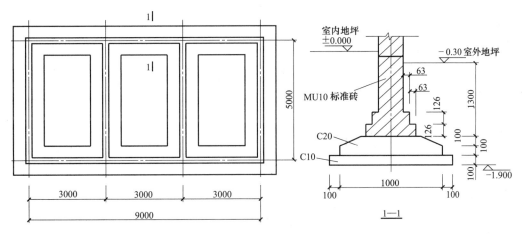

图 6-15 砖基础示意图

2. 某单位传达室平面图、剖面图、墙身大样图见图 6-16，构造柱 240mm×240mm，

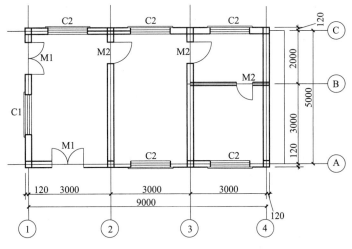

图 6-16 习题 2 墙体施工图

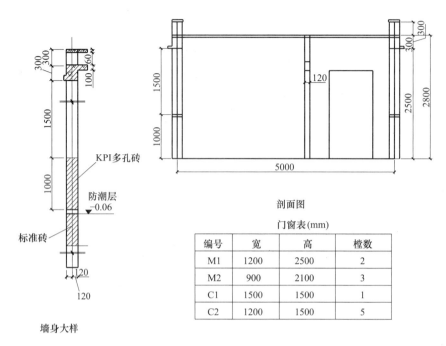

剖面图

门窗表(mm)

编号	宽	高	樘数
M1	1200	2500	2
M2	900	2100	3
C1	1500	1500	1
C2	1200	1500	5

墙身大样

图 6-16　习题 2 墙体施工图（续）

有马牙槎与墙嵌接，圈梁 240mm×300mm，屋面板厚 100mm，门窗上口无圈梁处设置过梁厚 120mm，过梁长度为洞口尺寸两边各加 250mm，窗台板厚 60mm，长度为窗洞口尺寸两边各加 60mm，窗两侧有 60mm 宽砖砌窗套，砌体材料为 KPl 多孔砖，女儿墙为标准砖，计算墙体工程量。

第7章　钢筋混凝土工程清单计价

教学目的和要求： 理解钢筋下料长度的计算公式，掌握钢筋保护层厚度取法、弯钩增加长度、弯起钢筋弯曲部分的增加长度、钢筋量度差、钢筋的锚固和搭接长度的计算。掌握箍筋下料长度的简化计算公式，掌握构造柱钢筋、圈梁钢筋、砌体钢筋加固工程量的计算。掌握基础工程量计算方法，掌握梁长和柱高的取法。区分有梁板、无梁板和平板，掌握其工程量计算方法；掌握整体楼梯、阳台、雨篷、台阶工程量计算方法，掌握预制混凝土构件制作、运输、安装、灌缝工程量计算方法。

教学内容： 钢筋工程计量、混凝土工程计量、钢筋混凝土工程清单编制与组价。

7.1　钢筋工程计量

7.1.1　计算规则及运用要点

编制预算时，钢筋工程量可暂按构件体积（或水平投影面积、外围面积、延长米）×钢筋含量计算。结算时按设计要求，无设计按下列规则计算。

7.1.1.1　一般规则

（1）钢筋工程应区别现浇构件、现场预制构件、加工厂预制构件、预应力构件、点焊网片等以及不同规格分别按设计展开长度（展开长度、保护层、搭接长度应符合规范规定）乘理论重量以吨计算。

（2）计算钢筋工程量时，搭接长度按规范规定计算。当梁、板（包括整板基础）Φ8以上的通长筋未设计搭接位置时，预算书暂按 8m 一个双面电焊接头考虑，结算时应接钢筋实际定尺长度调整搭接个数，搭接方式按已审定的施工组织设计确定。

（3）先张法预应力构件中的预应力和非预应力钢筋工程量应合并按设计长度计算，按预应力钢筋定额（梁、大型屋面板、F 板执行 Φ5 外的定额，其余均执行 Φ5 内定额）执行。后张法预应力钢筋与非预应力钢筋分别计算，预应力钢筋按设计图规定的预应力钢筋预留孔道长度，区别不同锚具类型分别按下列规定计算：

① 低合金钢筋两端采用螺杆锚具时，预应力钢筋按预留孔道长度减 350mm，螺杆另行计算。

② 低合金钢筋一端采用墩头插片，另一端螺杆锚具时，预应力钢筋长度按预留孔道长度计算。

③ 低合金钢筋一端采用墩头插片，另一端采用帮条锚具时，预应力钢筋增加 150mm，两端均用帮条锚具时，预应力钢筋共增加 300mm 计算。

④ 低合金钢筋采用后张混凝土自锚时，预应力钢筋长度增加 350mm 计算。

（4）电渣压力焊、锥螺纹、套管挤压等接头以"个"计算。预算书中，底板、梁暂按

8m 长一个接头的 50% 计算；柱按自然层每根钢筋 1 个接头计算。结算时应按钢筋实际接头个数计算。

（5）桩顶部破碎混凝土后主筋与底板钢筋焊接分别分为灌注桩、方桩（离心管桩按方桩）以桩的根数计算。每根桩端焊接钢筋根数不调整。

（6）在加工厂制作的铁件（包括半成品铁件）、已弯曲成型钢筋的场外运输按吨计算。各种砌体内的钢筋加固分绑扎、不绑扎按吨计算。

（7）混凝土柱中埋设的钢柱，其制作、安装应按相应的钢结构制作、安装定额执行。

（8）基础中钢支架、预埋铁件的计算：

① 基础中，多层钢筋的型钢支架、垫铁、撑筋、马凳等按已审定的施工组织设计合并用量计算，执行金属结构的钢托架制、安定额执行（并扣除定额中的油漆材料费 51.49元）。现浇楼板中设置的撑筋按已审定的施工组织设计用量与现浇构件钢筋用量合并计算。

② 预埋铁件、螺栓按设计图纸以吨计算，执行铁件制安定额。

③ 预制柱上钢牛腿按铁件以吨计算。

7.1.1.2　钢筋直（弯）、弯钩、圆柱、柱螺旋箍筋及其他长度的计算

（1）梁、板为简支，钢筋为 HRB335、HRB400 级时，可按下列规定计算：

① 直钢筋净长 $=L-2c$。

② 弯起钢筋净长 $=L-2c+2\times0.414H'$。

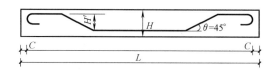

当 θ 为 30℃时，公式内 $0.414H'$ 改为 $0.268H'$

当 θ 为 60℃时，公式内 $0.414H'$ 改为 $0.577H'$

③ 弯起钢筋两端带直钩净长 $=L-2c+2H''+2\times0.414H'$

当 θ 为 30℃时，公式内 $0.414H'$ 改为 $0.268H'$

当 θ 为 60℃时，公式内 $0.414H'$ 改为 $0.577H'$

④ 末端需作 90℃、135℃弯折时，其弯起部分长度按设计尺寸计算。

①、②、③当采用 HPB300 级钢时，除按上述计算长度外，在钢筋末端应设弯钩，每只弯钩增加 $6.25d$。

（2）箍筋末端应作 135℃ 弯钩，弯钩平直部分的长度 e，一般不应小于箍筋直径的 5 倍；对有抗震要求的结构不应小于箍筋直径的 10 倍。

当平直部分为 $5d$ 时，箍筋长度 $L=(a-2c)\times2+(b-2c)\times2+14d$；

当平直部分为 $10d$ 时，箍筋长度 $L=(a-2c)\times2+(b-2c)\times2+24d$。

（3）弯起钢筋终弯点外应留有锚固长度，在受拉区不应小于 $20d$；在受压区不应小于 $10d$。弯起钢筋斜长按表 7-1 计算。

弯起钢筋斜长系数表　　　　　　　　　　　　　　　　表 7-1

弯起角度	$\theta=30℃$	$\theta=45℃$	$\theta=60℃$
斜过长度 s	$2h_0$	$1.414h_0$	$1.155h_0$
底边长度 l	$1.732h_0$	h_0	$0.577h_0$
斜长比底长增加	$0.268h_0$	$0.414h_0$	$0.577h_0$

（4）箍筋、板筋排列根数 =（$L-100$mm）÷设计间距 +1，但在加密区的根数按设计另增。

式中　L——柱、梁、板净长。柱梁净长计算方法同混凝土，其中柱不扣板厚。板净长指主（次）梁与主（次）梁之间的净长。计算中有小数时，向上舍入（如：4.1 取 5）。

（5）圆桩、柱螺旋箍筋长度计算：

$$L=\sqrt{[(D-2C)\pi]^2+h^2}\times n$$

式中　D——圆桩、柱直径；

　　　C——主筋保护层厚度；

　　　h——箍筋间距；

　　　n——箍筋道数，$n=$ 柱、桩中箍筋配置长度 ÷h+1。

7.1.2　计算举例

【例 7-1】　在某钢筋混凝土结构中，现在取一跨钢筋混凝土梁 L-1，其配筋均按 HPB300 级钢筋考虑，如图 7-1 所示。试计算该梁钢筋的长度。

【解】　梁两端的保护层厚度取 10mm，上下保护层厚度取 25mm。

（1）①号钢筋为 2Φ18，长度为：

　　　　直钢筋长度 = 构件长 − 保护层厚度 + 末端弯钩增加长度

　　　　　　　　　= $6000-10\times2+(6.25\times18)\times2=6205$mm

（2）②号钢筋为 2Φ10，长度为：

　　　　直钢筋长度 = 构件长 − 保护层厚度 + 末端弯钩增加长度

　　　　　　　　　= $6000-10\times2+(6.25\times10)\times2=6105$mm

（3）③号钢筋为 1Φ18，长度为：

　　　　端部平直段长 = $400-10=390$mm

　　　　斜段长 = $(450-25\times2)\div\sin45°=564$mm

　　　　中间直段长 = $6000-10\times2-390\times2-400\times2=4400$mm

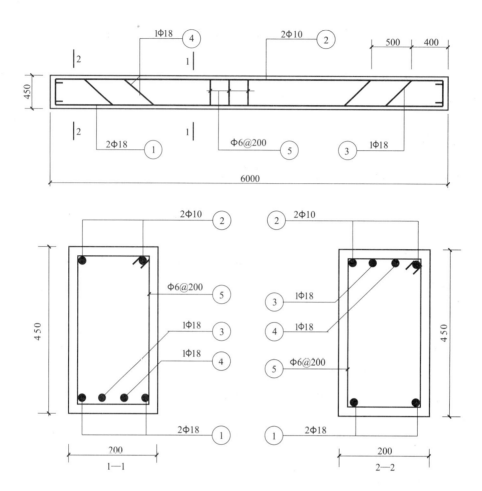

图 7-1　例 7-1 梁配筋图

$$钢筋长度＝外包尺寸＋端部弯钩$$
$$＝[2×(390+564)+4400]+(6.25×18)×2$$
$$＝(1908+4400)+225=6533mm$$

（4）④号钢筋为1Φ18，长度为：

$$端部平直段长＝(400+500)－10=890mm$$
$$斜段长＝(450-25×2)÷\sin45°=564mm$$
$$中间直段长＝6000-10×2-890×2-400×2=3400mm$$
$$钢筋长度＝外包尺寸＋端部弯钩$$
$$＝[2×(890+564)+3400]+(6.25×18)×2$$
$$＝6308+225=6533mm$$

（5）⑤号钢筋为Φ6，下料长度为：

$$宽度外包尺寸＝200-2×25=150mm$$
$$长度外包尺寸＝450-2×25=400mm$$
$$箍筋长度＝2×(150+400)+14×6=1100+84=1184mm$$
$$箍筋数量＝(6000-10×2)÷200+1≈31个$$

【例 7-2】 某三类工程项目，现浇框架结构层高为 4.20m，混凝土强度等级为 C30，混凝土结构设计抗震等级为四级。请根据图 7-2，按计价表的规定，计算该层框架梁 KL1①～⑦号钢筋的用量（除箍筋为 HPB300 级钢筋，其余均为 HRB335 级螺纹钢筋，且为满足最小设计用量。伸入柱内锚固钢筋弯起部分按 15d，主筋混凝土保护层厚度为 25mm）。

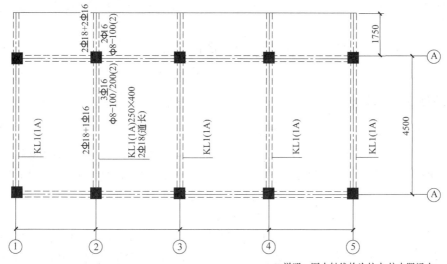

说明：图中轴线均为柱中，柱中即梁中。

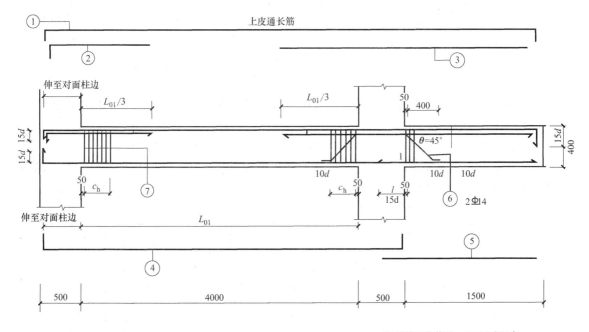

框架梁 KL1(1A) 正投影配筋   注：箍筋加密范围 $c_h = 1.5h$，h 为梁高。

图 7-2 例 7-2 梁配筋图

【解】 ①号钢筋长度：$6.5 - 0.025 \times 2 + 15 \times 0.018 \times 2 = 6.990\text{m}$

②号钢筋长度：$4.0/3 + 0.5 - 0.025 + 15 \times 0.016 = 2.048\text{m}$

③号钢筋长度：$4.0/3 + 0.5 + 1.5 - 0.025 = 3.308\text{m}$

④号钢筋长度：$5.0-0.025\times2+15\times0.016\times2=5.43m$

⑤号钢筋长度：$1.5-0.025+15\times0.016=1.715m$

⑥号钢筋长度：$0.5+0.05\times2+(0.4-0.025\times2)\times1.414\times2+10\times0.014\times2=1.870m$

⑦号钢筋长度：$(0.4-0.025\times2)\times2+(0.25-0.025\times2)\times2+24\times0.008=1.324m$

7.2 混凝土工程量计量

7.2.1 计算规则及运用要点

7.2.1.1 现浇混凝土工程量，按以下规定计算：

(1) 混凝土工程量除另有规定外，均按图示尺寸实体积以立方米计算。不扣除构件内钢筋、支架、螺栓孔、螺栓、预埋铁件及墙、板中 $0.3m^2$ 内的孔洞所占体积。留洞所增加工、料不再另增费用。

(2) 基础

① 有梁带形混凝土基础（图 7-3），其梁高与梁宽之比在 4∶1 以内的，按有梁式带形基础计算（带形基础梁高是指梁底部到上部的高度）。超过 4∶1 时，其基础底按无梁式带形基础计算，上部按墙计算。

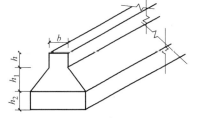

图 7-3 带形基础图

② 满堂（板式）基础有梁式（包括反梁）、无梁式应分别计算，仅带有边肋者，按无梁式满堂基础套用子目（图 7-5）。

③ 设备基础除块体以外，其他类型设备基础分别按基础、梁、柱、板、墙等有关规定计算，套相应的项目。

④ 独立柱基、桩承台：按图示尺寸实体积以立方米算至基础扩大项面。

⑤ 杯形基础套用独立柱基项目。杯口外壁高度大于杯口外长边的杯形基础，套"高颈杯形基础"项目（图 7-4）。

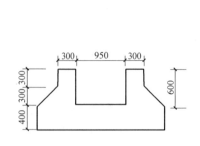

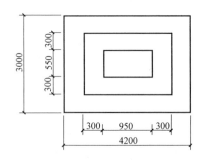

图 7-4 杯形基础

(3) 柱：按图示断面尺寸乘柱高以立方米计算。如图 7-6 所示，柱高按下列规定确定；

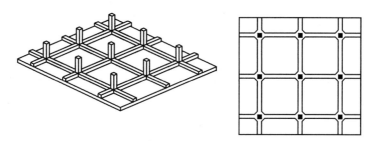

图 7-5　满堂基础

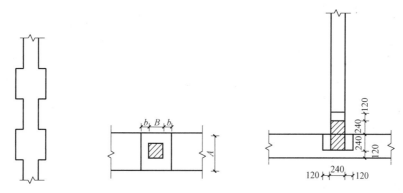

图 7-6　构造柱示意图

① 有梁板的柱高自柱基上表面（或楼板上表面）算至楼板下表面处（如一根柱的部分断面与板相交，柱高应算至板顶面，但与板重叠部分应扣除）。

② 无梁板的柱高，自柱基上表面（或楼板上表面）至柱帽下表面的高度计算。

③ 有预制板的框架柱柱高自柱基上表面至柱顶高度计算。

④ 构造柱按全高计算，应扣除与现浇板、梁相交部分的体积，与砖墙嵌接部分的体积并入柱身体积内计算。

⑤ 依附柱上的牛腿，并入相应柱身体积内计算。

（4）梁：按图示断面尺寸乘梁长以立方米计算，梁长按下列规定确定：

① 梁与柱连接时，梁长算至柱侧面。

② 主梁与次梁连接时，次梁长算至主梁侧面。伸入砖墙内的梁头、梁垫体积并入梁体积内计算。

③ 圈梁、过梁应分别计算，过梁长度按图示尺寸，图纸无明确表示时，按门窗洞口外围宽另加 500mm 计算。平板与砖墙上混凝土圈梁相交时，圈梁高应算至板底面。

④ 依附于梁（包括阳台梁、圈过梁）上的混凝土线条（包括弧形线条）按延长米另行计算（梁宽算至线条内侧）。

⑤ 现浇挑梁按挑梁计算，其压入墙身部分按圈梁计算；挑梁与单、框架梁连接时，其挑梁应并入相应梁内计算。

（5）板：按图示面积乘板厚以立方米计算（梁板交接处不得重复计算）。如图 7-7 所示，其中：

① 有梁板按梁（包括主、次梁）、板体积之和计算，有后烧板带时，后浇板带（包括主、交次梁）应扣除。

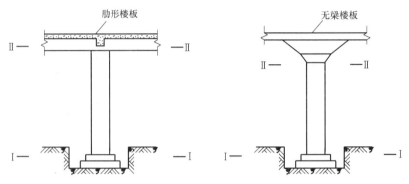

图 7-7 楼板示意图

② 无梁板按板和柱帽之和计算。

③ 平板按实体积计算。

④ 现浇挑檐、天沟与板（包括屋面板、楼板）连接时，以外墙面为分界线，与圈梁（包括其他梁）连接时，以梁外边线为分界线。外墙边线以外或梁外边线以外为挑檐、天沟。

⑤ 各类板伸入墙内的板头并入板体积内计算。

⑥ 预制板缝宽度在 100mm 以上的现浇板缝按平板计算。

⑦ 后浇墙、板带（包括主、次梁）按设计图纸以立方米计算。

（6）墙：外墙按图示中心线（内墙按净长）乘墙高、墙厚以立方米计算，应扣除门、窗洞口及 0.3m² 以上的孔洞体积。单面墙垛其突出部分并入墙体体积内计算，双面墙垛（包括墙）按柱计算。弧形墙按弧线长度乘墙高、墙厚计算，地下室墙有后浇墙带时，后浇墙带应扣除。梯形断面墙按上口与下口的平均宽度计算。墙高的确定：

① 墙与梁平行重叠，墙高算至梁顶面；当设计梁宽超过墙宽时，梁、墙分别按相应项目计算。

② 墙与板相交，墙高算至板底面。

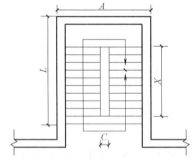

图 7-8 现浇整体楼梯平面图

（7）整体楼梯包括休息平台、平台梁、斜梁及楼梯梁，按水平投影面积计算（见图 7-8），不扣除宽度小于 200mm 的楼梯井，伸入墙内部分不另增加，楼梯与楼板连接时，楼梯算至楼梯梁外侧面。圆弧形楼梯包括圆弧形梯段、圆弧形边梁及与楼板连接的平台，按楼梯的水平投影面积计算。

（8）阳台、雨篷，按伸出墙外的板底水平投影面积计算，伸出墙外的牛腿不另计算。水平、竖向悬挑板按立方米计算。

（9）阳台、沿廊栏杆的轴线柱、下嵌、扶手以扶手的长度按延长米计算。混凝土栏板、竖向挑板以立方米计算。栏板的斜长如图纸无规定时，按水平长度乘系数 1.18 计算。地沟底、壁应分别计算，沟底按基础垫层子目执行。

（10）预制钢筋混凝土框架的梁、柱现浇接头，按设计断面以立方米计算，套用"柱接柱接头"子目。

（11）台阶按水平投影面积以平方米计算，平台与台阶的分界线以最上层台阶的外口减 300mm 宽度为准，台阶宽以外部分并入地面工程量计算。

7.2.1.2 现场、加工厂预制混凝土工程量，按以下规定计算：

（1）混凝土工程量均按图示尺寸实体积以立方米计算，扣除圆孔板内圆孔体积，不扣除构件内钢筋、铁件、后张法预应力钢筋灌浆孔及板内小于 $0.3m^2$ 孔洞面积所占的体积。

（2）预制桩按桩全长（包括桩尖）乘设计桩断面积（不扣除桩尖虚体积）以立方米计算。

（3）混凝土与钢杆件组合的构件，混凝土按构件实体积以立方米计算，钢拉杆按钢结构分部相应子目执行。

（4）漏空混凝土花格窗、花格芯按外形面积以平方米计算。

（5）天窗架、端壁、桁条、支撑、楼梯、板类及厚度在 50mm 以内的薄型构件按设计图纸加规定的场外运输、安装损耗以立方米计算。

7.2.2 计算举例

【例 7-3】 某加油库如图 7-9 所示，三类工程，全现浇框架结构，柱、梁、板混凝土均为非泵送现场搅拌，C25 混凝土。（柱：500mm×500mm，L1 梁：300mm×550mm，L2 梁：300mm×500mm；现浇板厚：100mm。轴线尺寸为柱和梁中心线尺寸。）要求：按计价表规定计算柱、梁、板的混凝土工程量。

【解】 计算计价表工程量

矩形柱：$0.5×0.5×(9.90+1.30)×15$（柱高度算至板底）$=42.00m^3$

矩形梁：标高6.00处：$0.3×0.55×(5.0-0.5$扣柱尺寸$)×16$根$=11.88m^3$

有梁板：标高10.00处：L2梁：$0.3×(0.5-0.1$板厚$)×(5.0-0.5$扣柱尺寸$)×22$根$+$板$(20+1.0×2)×(10+1.0×2)×0.1=38.28m^3$

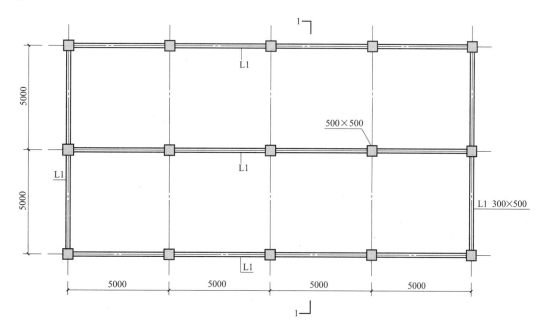

图 7-9 例 7-3 施工图

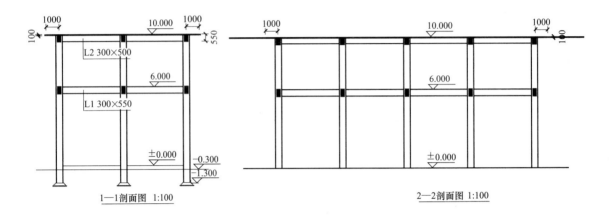

1—1剖面图 1:100   2—2剖面图 1:100

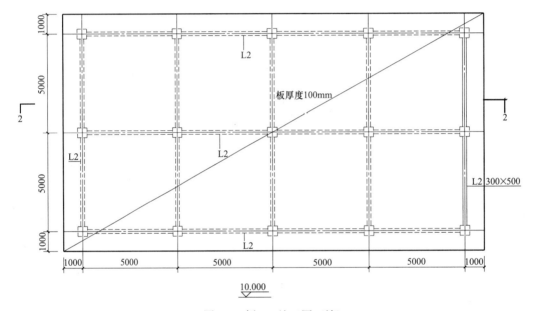

图 7-9 例 7-3 施工图（续）

7.3 钢筋混凝土工程量清单编制

7.3.1 计算规则及运用要点

钢筋混凝土分部中，《房屋建筑与装饰工程计量规范》GB 500854—2013 规定的工作内容、工程量计算规则与计价表的规定基本一致，清单工程量计算方法可以参照 7.1、7.2 节，规则不同之处见表 7-2。

7.3.2 计算举例

【例 7-4】 按《建设工程工程量清单计价规范》编制例 7-3 柱、梁、板的混凝土分部分项工程量清单。

【解】 计算分部分项清单工程量。

	清单规则	计价表规则
柱	按设计图示尺寸以体积计算。不扣除构件内钢筋、预埋铁件所占体积。型钢混凝土柱扣除构件内型钢所占体积 柱高： 1. 有梁板的柱高，应自柱基上表面（或楼板上表面）至上一层楼板上表面之间的高度计算 2. 框架柱的柱高，应自柱基上表面至柱顶高度计算 3. 构造柱按全高计算，嵌接墙体部分（马牙槎）并入柱身体积	按图示断面尺寸乘柱高以立方米计算。柱高按下列规定确定： 1. 有梁板的柱高自柱基上表面（或楼板上表面）算至楼板下表面处（如一根柱的部分断面与板相交，柱高应算至板顶面，但与板重叠部分应扣除）。 2. 有预制板的框架柱柱高自柱基上表面至柱顶高度计算 3. 构造柱按全高计算，应扣除与现浇板、梁相交部分的体积，与砖墙嵌接部分的政体积并入柱身体积内计算
楼梯	以平方米计量，按设计图示尺寸以水平投影面积计算。不扣除宽度≤500 mm 的楼梯井，伸入墙内部分不计算	整体楼梯包括休息平台、平台梁、斜梁及楼梯梁，按水平投影面积计算，不扣除宽度小于200mm的楼梯井，伸入墙内部分不另增加

矩形柱：$0.5 \times 0.5 \times (10.00 + 1.30) \times 15$（柱高度算至板顶）$= 42.375\text{m}^3$

矩形梁：标高6.00处：$0.3 \times 0.55 \times (5.0 - 0.5\text{扣柱尺寸}) \times 16$根$= 11.88\text{m}^3$

有梁板：标高10.00处：L2梁：$0.3 \times (0.5-0.1\text{板厚}) \times (5.0-0.5\text{扣柱尺寸}) \times 22$根$+$板$(20+1.0\times2) \times (10+1.0\times2) \times 0.1 -$扣除柱体积$0.5 \times 0.5 \times 0.1 \times 15 = 37.905\text{m}^3$

例 7-4 分部分项工程量清单   表 7-3

序号	项目编码	项目名称	项目特征描述	计量单位	工程量
1	010502001001	矩形柱	1. 柱高 11.30m 2. 柱截面 500mm×500mm 3. C25 混凝土现浇	m³	42.375
2	010503002001	矩形梁	1. 梁底标高 5.45m 2. 梁截面 300mm×550mm 3. C25 混凝土现浇	m³	16.335
3	010505001001	有梁板	1. 板底标高 9.90m 2. 板厚度 100mm 3. C25 混凝土现浇	m³	37.905

7.4 钢筋混凝土工程分部分项清单组价

7.4.1 计价表应用要点

7.4.1.1 钢筋工程

（1）钢筋工程以钢筋的不同规格、不分品种按现浇构件钢筋、现场预制构件钢筋、加工厂预制构件钢筋、预应力构件钢筋、点焊网片分别编制定额项目。

（2）钢筋工程内容包括：除锈、平直、制作、绑扎（点焊）、安装以及浇灌混凝土时维护钢筋用工。

（3）钢筋搭接所耗用的电焊条、电焊机、铅丝和钢筋余头损耗已包括在定额内，设计图纸注明的钢筋接头长度以及未注明的钢筋接头按规范的搭接长度应计入设计钢筋用量中。

（4）先张法预应力构件中的预应力、非预应力钢筋工程量应合并计算，按预应力钢筋相应项目执行；后张法预应力构件中的预应力钢筋、非预应力钢筋应分别套用定额。

（5）预制构件点焊钢筋网片已综合考虑了不同直径点焊在一起的因素，如点焊钢筋直径粗细比在两倍以上时，其定额工日按该构件中主筋的相应子目乘系数 1.25，其他不变（主筋是指网片中最粗的钢筋）。

（6）粗钢筋接头采用电渣压力焊、套管接头、锥螺纹等接头者，应分别执行钢筋接头定额。计算了钢筋接头不能再计算钢筋搭接长度。

（7）非预应力钢筋不包括冷加工，设计要求冷加工时，应另行处理。预应力钢筋设计要求人工时效处理时，应另行计算。

（8）后张法钢筋的锚固是按钢筋帮条焊 V 形垫块编制的，如采用其他方法锚固时，应另行计算。

（9）基坑护壁孔内安放钢筋按现场预制构件钢筋相应项目执行；基坑护壁壁上钢筋网片按点焊钢筋网片相应项目执行。

（10）钢筋制作、绑扎需拆分者，制作按 45％、绑扎按 55％ 折算。

（11）钢筋、铁件在加工厂制作时，由加工厂至现场的运输费应另列项目计算。在现场制作的不计算此项费用。

（12）后张法预应力钢丝束、钢绞线束不分单跨、多跨以及单向双向布筋，当构件长在 60m 以内时，均按定额执行。定额中预应力筋按直径 5mm 的碳素钢丝或直径 15～15.24mm 的钢绞线编制的，采用其他规格时另行调整。定额按一端张拉考虑，当两端张拉时，有粘结锚具基价乘以系数 1.14，无粘结锚具乘系数 1.07。当钢绞线束用于地面预制构件时，应扣除定额中张拉平台摊销费。单位工程后张法预应力钢丝束、钢绞线束设计用量在 3t 以内时，定额人工及机械台班有粘结张拉乘系数 1.63；无粘结张拉乘系数 1.80。

（13）无粘结钢绞线束以净重计量，若以毛重（含封油包塑的重量）计量时，按净重与毛重之比 1：1.08 进行换算。

7.4.1.2 混凝土工程

（1）混凝土构件分为自拌混凝土构件、商品混凝土泵送构件、商品混凝土非泵送构件三部分，各部分又包括了现浇构件、现场预制构件、加工厂预制构件、构筑物等。

（2）混凝土石子粒径取定：设计有规定的按设计规定，无设计规定按表 7-4 规定计算。

石子粒径取定表　　　　　　　　　　　　　　　　　　　　表 7-4

石 子 粒 径	构 件 名 称
5～16mm	预制板类构件、预制小型构件
5～31.5mm	现浇构件：矩形柱（构造柱除外）、圆柱、多边形柱（L、T、十字形柱除外）、框架梁、单梁、连续梁、地下室防水混凝土墙。预制构件：柱、梁、桩
5～20mm	除以上构件外均用此粒径
5～40mm	基础垫层、各种基础、道路、挡土墙、地下室墙、大体积混凝土

注：本规定也适用于其他分部。

120

（3）毛石混凝土中的毛石掺量是按 15% 计算的，如设计要求不同时，可按比例换算毛石、混凝土数量，其余不变。

（4）现浇柱、墙子目中，均已按规范规定综合考虑了底部铺垫 1:2 水泥砂浆的用量。

（5）室内净高超过 8m 的现浇柱、梁、墙、板（各种板）的人工工日分别乘以下系数：净高在 12m 以内 1.18；净高在 18m 以内 1.25。

（6）现场预制构件，如在加工厂制作，混凝土配合比按加工厂配合比计算；加工厂构件及商品混凝土改在现场制作，混凝土配合比按现场配合比计算；其工料、机械台班不调整。

（7）加工厂预制构件其他材料费中已综合考虑了掺入早强剂的费用，现浇构件和现场预制构件未考虑使用早强剂费用，设计需使用或建设单位认可时，其费用可按每立方米混凝土增加 4.00 元计算。

（8）加工厂预制构件采用蒸汽养护时，立窑、养护池养护每立方米构件增加 64 元。

（9）小型混凝土构件，系指单体体积在 0.05m³ 以内的未列出子目的构件。

（10）混凝土养护中的草袋子改用塑料薄膜。

（11）构筑物中混凝土、抗渗混凝土已按常用的强度等级列入基价，设计与子目取定不符综合单价调整。

（12）构筑物中毛石混凝土的毛石掺量是按 20% 计算的，如设计要求不同时，可按比例换算毛石、混凝土数量，其余不变。

（13）泵送混凝土子目中已综合考虑了输送泵车台班，布拆管及清洗人工、泵管摊销费、冲洗费。当输送高度超过 30m 时，输送泵车台班乘以 1.10，输送高度超过 50m 时，输送泵车台班乘以 1.25。

7.4.2 计算举例

【例 7-5】 计算例 7-3 中柱、梁、板的混凝土的清单综合单价。

【解】 钢筋混凝土分部中，《房屋建筑与装饰工程计量规范》GB 500854—2013 规定的工作内容、工程量计算规则与计价表的规定基本一致，其综合单价分析见表 7-5～表7-7。

例 7-5 柱综合单价分析表   表 7-5

项目编码		项目名称	计量单位	工程数量	综合单价	合价
010502001001		矩形柱	m³	42.735	280.80	11899.02
清单综合单价组成	定额号	子目名称	单位	数量	单价	合价
	5-13 换	矩形柱	m³	42.00	283.31	11899.02

换算说明：5-13，室内净高超过 8m 的现浇柱的人工工日分别乘以下系数：净高在 12m 以内 1.18，定额混凝土 C30 换 C25。

$$277.28 + 49.92 \times 0.18 \times (1 + 0.12 + 0.25) - 256.47 + 250.19 = 283.31$$

综合单价计算：

$$42 \times 283.31 / 42.735 = 280.80 \text{ 元/m}^3$$

例 7-5 梁综合单价分析表 | 表 7-6

项目编码		项目名称	计量单位	工程数量	综合单价	合价
01050302001		矩形梁	m³	11.88	252.92	3004.09
清单综合单价组成	定额号	子目名称	单位	数量	单价	合价
	5-18 换	矩形梁	m³	11.88	252.92	3004.09

例 7-5 有梁板综合单价分析表 | 表 7-7

项目编码		项目名称	计量单位	工程数量	综合单价	合价
010505001003		有梁板	m³	37.905	263.62	9992.61
清单综合单价组成	定额号	子目名称	单位	数量	单价	合价
	5-32 换	有梁板	m³	38.28	261.04	9992.61

5-18 换算说明：定额混凝土 C30 换 C25。259.38－243.65＋237.19＝252.92 元/m³

5-32 换算说明：室内净高超过 8m 的现浇板的人工工日分别乘以下系数：净高在 12m 以内 1.18。定额混凝土 C30 换 C25。260.62＋0.18×29.12×(1＋0.12＋0.25)－202.09＋195.33＝261.04 元/m³。

综合单价计算：38.28×261.04/37.905＝263.62 元/m³。

思 考 题

1. 哪些钢筋属于措施钢筋？措施钢筋是否计入钢筋工程量？
2. 钢筋接头有哪几种方式，应如何计算工程量？
3. 柱高和梁长各怎么计算？
4. 现浇混凝土后浇带的工程量怎样计算？执行什么项目编码？

习 题

1. 计算图 7-10 所示现浇单跨矩形梁（共 10 根）的钢筋清单工程量，并编列项目清单。该梁钢筋为现浇混凝土结构钢筋，按钢种划分为两个项目列项。设计图中未明确的：保护层厚度 25mm 计算，钢筋定尺长度大于 8m，按 $35d$ 计算搭接长度，箍筋及弯起筋按梁断面尺寸计算；锚固长度按图示尺寸计算。

2. 计算图 7-11 所示梁的钢筋量，计算条件见表 7-8 和表 7-9，钢筋单根长度值按实际计算值取定，总长值保留两位小数，总重量值保留三位小数。箍筋长度按中心线算。

计算参数表 | 表 7-8

混凝土强度等级	梁保护层厚度	柱保护层厚度	L_{ae}	连接方式	边节点
C30	25	30	$34d$	对焊	采用"梁包柱"

直径	6	8	10	16	20	22	25
单根钢筋理论重量（kg/m）	0.222	0.395	0.617	1.578	2.47	2.98	3.85

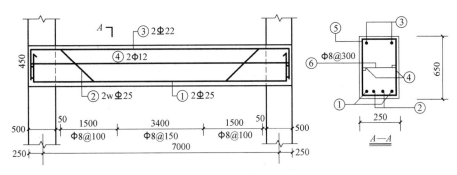

图 7-10 梁配筋图（混凝土强度 C25）

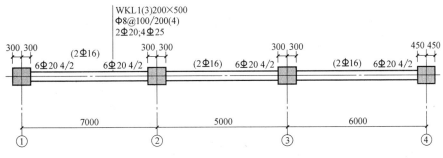

图 7-11 WKL 配筋图

3. 如图 7-12 所示为某一层三类建筑楼层结构图，设计室外地面到板底高度为 4.2m，轴线为梁（墙）中，混凝土为 C25，板厚 100mm，钢筋和粉刷不考虑。计算现浇混凝土有梁板、圈梁的混凝土工程量。

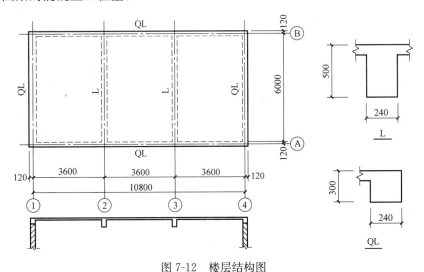

图 7-12 楼层结构图

第8章 金属结构工程

教学目的和要求：熟练掌握各种规格型钢的计算，并使用预算手册查找型钢的理论重量，了解清单与定额计算范围以及要求与组价过程中需要进行换算的范围。

教学内容：金属结构的工程量计算规则、金属结构的清单编制要求。

8.1 金属结构工程计量

8.1.1 计算规则及应用要点

（1）金属结构制作按图示钢材尺寸以吨计算，不扣除孔眼、切肢、切角、切边的重量，电焊条重量已包括在定额内，不另计算。在计算不规则或多边形钢板重量时均以矩形面积计算。

（2）实腹柱、钢梁、吊车梁、H 形钢、T 形钢构件按图示尺寸计算，其中钢梁、吊车梁腹板及翼板宽度按图示尺寸每边增加 8mm 计算。

（3）钢柱制作工程量包括依附于柱上的牛腿及悬臂梁重量；制动梁的制作工程量包括制动梁、制动桁架、制动板重量；墙架的制作工程量包括墙架柱、墙架梁及连接柱杆重量。

（4）天窗挡风架、柱侧挡风板、挡雨板支架制作工程量均按挡风架定额执行。

（5）栏杆是指平台、阳台、走廊和楼梯的单独栏杆。

（6）钢平台、走道应包括楼梯、平台、栏杆合并计算，钢梯子应包括踏步、栏杆合并计算。

（7）钢漏斗制作工程量，矩形按图示分片，圆形按图示展开尺寸，并依钢板宽度分段计算，每段均以其上口长度（圆形以分段展开上口长度）与钢板宽度，按矩形计算，依附漏斗的型钢并入漏斗重量内计算。

（8）晒衣架和钢盖板项目中已包括安装费在内，但未包括场外运输。

（9）钢屋架单榀重量在 0.5t 以下者，按轻型屋架定额计算。

（10）轻钢檩条、拉杆以设计型号、规格按吨计算（重量＝设计长度×理论重量）。

（11）预埋铁件按设计的形体面积、长度乘理论重量计算。

8.1.2 计算举例

【例 8-1】 求 10 块多边形连接钢板的重量，最大的对角线长 640mm，最大的宽度 420mm，板厚 4mm，如图 8-1 所示。

【解】 在计算不规则或多边形钢板重量时均以矩形面积计算。

钢板面积：$0.64 \times 0.42 = 0.2688 \text{m}^2$

查预算手册钢板每平方理论重量：31.4kg/m^2

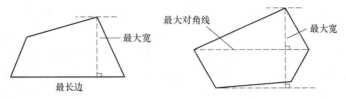

图 8-1　例 8-1 钢板示意图

图示重量：$0.2688 \times 31.4 = 8.44$kg

工程量：$8.44 \times 10 = 84.4$kg $= 0.084$t

【例 8-2】　某工程钢屋架如图 8-2 所示，计算钢屋架工程量。

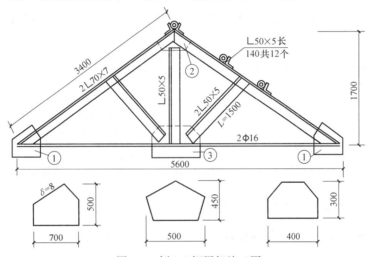

图 8-2　例 8-2 钢屋架施工图

【解】　金属结构制作按图示钢材尺寸以吨计算。

上弦重量：$3.40 \times 2 \times 2 \times 7.398 = 100.61$kg

下弦重量：$5.60 \times 2 \times 1.58 = 17.70$kg

立杆重量：$1.70 \times 3.77 = 6.41$kg

斜撑重量：$1.50 \times 2 \times 2 \times 3.77 = 22.62$kg

1 号连接板重量：$0.7 \times 0.5 \times 2 \times 62.80 = 43.96$kg

2 号连接板重量：$0.5 \times 0.45 \times 62.80 = 14.13$kg

3 号连接板重量：$0.4 \times 0.3 \times 62.80 = 7.54$kg

檩托重量：$0.14 \times 12 \times 3.77 = 6.33$kg

屋架工程量：$100.61 + 17.70 + 6.41 + 22.62 + 43.96 + 14.13 + 7.54 + 6.33 = 219.30$kg $= 0.219$t

8.2　金属结构清单编制

《房屋建筑与装饰工程计量规范》GB 500854—2013 中，金属结构工程分部共计 7 节，包括 31 个项目。第一节包括钢网架 1 个项目，第二节包括钢屋架、钢托架、钢桁架、钢桥架 4 个项目，第三节钢柱包括实腹钢柱、空腹钢柱、钢管柱 3 个项目，第四节包括钢梁、钢吊车梁 2 个项目，第五节包括钢板楼板、钢板墙板 2 个项目，第六节钢构件包括钢支撑钢拉条、钢檩条、钢天窗架、钢挡风架、钢墙架、钢平台、钢走道、钢梯、钢护栏、钢漏斗、钢板天沟、钢支架、零星钢构件 13 个项目，第七节金属制品包括成品空调金属百页护栏、成品栅栏、成品雨、金属网栏、砌块墙钢丝网加固、后浇带金属网 6 个项目。

本章的分部分项工程工作内容主要综合了拼装、安装、探伤、补刷油漆等内容。

本章工程量计算规则与基础定额比较接近，除另有规定者外，大部分分项均按设计图示尺寸以质量计算。

8.2.1 钢网架

工程量清单项目设置、项目特征描述、计量单位及工程量计算规则应按表 8-1 的规定执行。

钢网架清单项目表　　　　　　　　　　　表 8-1

项目编码	项目名称	项 目 特 征	计量单位	工程量计算规则	工作内容
010601001	钢网架	1. 钢材品种、规格 2. 网架节点形式、连接方式 3. 网架跨度、安装高度 4. 探伤要求 5. 防火要求	t	按设计图示尺寸以质量计算。不扣除孔眼的质量，焊条、铆钉、螺栓等不另增加质量	1. 拼装 2. 安装 3. 探伤 4. 补刷油漆

8.2.2 钢屋架、钢托架、钢桁架、钢桥架

工程量清单项目设置、项目特征描述、计量单位及工程量计算规则应按表 8-2 的规定执行。

钢屋架、钢托架、钢桁架、钢桥架清单项目表　　　　表 8-2

项目编码	项目名称	项 目 特 征	计量单位	工程量计算规则	工作内容
010602001	钢屋架	1. 钢材品种、规格 2. 单榀质量 3. 屋架跨度、安装高度 4. 螺栓种类 5. 探伤要求 6. 防火要求	1. 榀 2. t	1. 以榀计量，按设计图示数量计算 2. 以吨计量，按设计图示尺寸以质量计算。不扣除孔眼的质量，焊条、铆钉、螺栓等不另增加质量	
010602002	钢托架	1. 钢材品种、规格 2. 单榀质量 3. 安装高度 4. 螺栓种类 5. 探伤要求 6. 防火要求	t	按设计图示尺寸以质量计算。不扣除孔眼的质量，焊条、铆钉、螺栓等不另增加质量	1. 拼装 2. 安装 3. 探伤 4. 补刷油漆
010602003	钢桁架				
010602004	钢桥架	1. 桥架类型 2. 钢材品种、规格 3. 单榀质量 4. 安装高度 5. 螺栓种类 6. 探伤要求			

注：1. 螺栓种类指普通或高强；
　　2. 以榀计量，按标准图设计的应注明标准图代号，按非标准图设计的项目特征必须描述单榀屋架的质量。

8.2.3 钢柱

工程量清单项目设置、项目特征描述、计量单位及工程量计算规则应按表 8-3 的规定执行。

钢柱清单项目表 表 8-3

项目编码	项目名称	项目特征	计量单位	工程量计算规则	工作内容
010603001	实腹钢柱	1. 柱类型 2. 钢材品种、规格 3. 单根柱质量 4. 螺栓种类 5. 探伤要求 6. 防火要求	t	按设计图示尺寸以质量计算。不扣除孔眼的质量,焊条、铆钉、螺栓等不另增加质量,依附在钢柱上的牛腿及悬臂梁等并入钢柱工程量内	1. 拼装 2. 安装 3. 探伤 4. 补刷油漆
010603002	空腹钢柱				
010603003	钢管柱	1. 钢材品种、规格 2. 单根柱质量 3. 螺栓种类 4. 探伤要求 5. 防火要求		按设计图示尺寸以质量计算。不扣除孔眼的质量,焊条、铆钉、螺栓等不另增加质量,钢管柱上的节点板、加强环、内衬管、牛腿等并入钢管柱工程量内	

注:1. 螺栓种类指普通或高强;
  2. 实腹钢柱类型指十字、T、L、H 形等;
  3. 空腹钢柱类型指箱形、格构等。

8.2.4 钢梁

工程量清单项目设置、项目特征描述、计量单位及工程量计算规则应按表 8-4 的规定执行。

钢梁清单项目表 表 8-4

项目编码	项目名称	项目特征	计量单位	工程量计算规则	工作内容
010604001	钢梁	1. 梁类型 2. 钢材品种、规格 3. 单根质量 4. 螺栓种类 5. 安装高度 6. 探伤要求 7. 防火要求	t	按设计图示尺寸以质量计算。不扣除孔眼的质量,焊条、铆钉、螺栓等不另增加质量,制动梁、制动板、制动桁架、车挡并入钢吊车梁工程量内	1. 拼装 2. 安装 3. 探伤 4. 补刷油漆
010604002	钢吊车梁	1. 钢材品种、规格 2. 单根质量 3. 螺栓种类 4. 安装高度 5. 探伤要求 6. 防火要求		按设计图示尺寸以质量计算。不扣除孔眼的质量,焊条、铆钉、螺栓等不另增加质量,制动梁、制动板、制动桁架、车挡并入钢吊车梁工程量内	

注:1. 螺栓种类指普通或高强;
  2. 梁类型指 H、L、T 形、箱形、格构式等。

127

8.2.5 钢板楼板、墙板

工程量清单项目设置、项目特征描述、计量单位及工程量计算规则应按表 8-5 的规定执行。

钢板楼板、墙板清单项目表 表 8-5

项目编码	项目名称	项目特征	计量单位	工程量计算规则	工作内容
010605001	钢板楼板	1. 钢材品种、规格 2. 钢板厚度 3. 螺栓种类 4. 防火要求	m²	按设计图示尺寸以铺设水平投影面积计算。不扣除单个面积≤0.3m² 柱、垛及孔洞所占面积	1. 拼装 2. 安装 3. 探伤 4. 补刷油漆
010605002	钢板墙板	1. 钢材品种、规格 2. 钢板厚度、复合板厚度 3. 螺栓种类 4. 复合板夹芯材料种类、层数、型号、规格 5. 防火要求		按设计图示尺寸以铺挂展开面积计算。不扣除单个面积≤0.3m² 的梁、孔洞所占面积,包角、包边、窗台泛水等不另加面积	

注:1. 螺栓种类指普通或高强;
　　2. 压型钢楼板按钢楼板项目编码列项。

8.2.6 钢构件

工程量清单项目设置、项目特征描述、计量单位及工程量计算规则应按表 8-6 的规定执行。

钢构件清单项目表 表 8-6

项目编码	项目名称	项目特征	计量单位	工程量计算规则	工作内容
010606001	钢支撑、钢拉条	1. 钢材品种、规格 2. 构件类型 3. 安装高度 4. 螺栓种类 5. 探伤要求 6. 防火要求	t	按设计图示尺寸以质量计算。不扣除孔眼的质量,焊条、铆钉、螺栓等不另增加质量	1. 拼装 2. 安装 3. 探伤 4. 补刷油漆
010606002	钢檩条	1. 钢材品种、规格 2. 构件类型 3. 单根质量 4. 安装高度 5. 螺栓种类 6. 探伤要求 7. 防火要求			
010606003	钢天窗架	1. 钢材品种、规格 2. 单榀质量 3. 安装高度 4. 螺栓种类 5. 探伤要求 6. 防火要求			

128

项目编码	项目名称	项目特征	计量单位	工程量计算规则	工作内容
010606004	钢挡风架	1. 钢材品种、规格 2. 单榀质量 3. 螺栓种类 4. 探伤要求 5. 防火要求	t	按设计图示尺寸以质量计算。不扣除孔眼的质量,焊条、铆钉、螺栓等不另增加质量	1. 拼装 2. 安装 3. 探伤 4. 补刷油漆
010606005	钢墙架				
010606006	钢平台	1. 钢材品种、规格 2. 螺栓种类 3. 防火要求			
010606007	钢走道				
010606008	钢梯	1. 钢材品种、规格 2. 钢梯形式 3. 螺栓种类 4. 防火要求			
010606009	钢护栏	1. 钢材品种、规格 2. 防火要求			
010606010	钢漏斗	1. 钢材品种、规格 2. 漏斗、天沟形式 3. 安装高度 4. 探伤要求	t	按设计图示尺寸以质量计算,不扣除孔眼的质量,焊条、铆钉、螺栓等不另增加质量,依附漏斗或天沟的型钢并入漏斗或天沟工程量内	1. 拼装 2. 安装 3. 探伤 4. 补刷油漆
010606011	钢板天沟				
010606012	钢支架	1. 钢材品种、规格 2. 单付重量 3. 防火要求		按设计图示尺寸以质量计算,不扣除孔眼的质量,焊条、铆钉、螺栓等不另增加质量	
010606013	零星钢构件	1. 构件名称 2. 钢材品种、规格			

注:1. 螺栓种类指普通或高强;
   2. 钢墙架项目包括墙架柱、墙架梁和连接杆件;
   3. 钢支撑、钢拉条类型指单式、复式;钢檩条类型指型钢式、格构式;钢漏斗形式指方形、圆形;天沟形式指矩形沟或半圆形沟;
   4. 加工铁件等小型构件,应按零星钢构件项目编码列项。

8.2.7 金属制品

工程量清单项目设置、项目特征描述、计量单位及工程量计算规则应按表 8-7 的规定执行。

金属制品清单项目表 表 8-7

项目编码	项目名称	项目特征	计量单位	工程量计算规则	工作内容
010607001	成品空调金属百页护栏	1. 材料品种、规格 2. 边框材质	m²	按设计图示尺寸以框外围展开面积计算	1. 安装 2. 校正 3. 预埋铁件及安螺栓
010607002	成品栅栏	1. 材料品种、规格 2. 边框及立柱型钢品种、规格			1. 安装 2. 校正 3. 预埋铁件 4. 安螺栓及金属立柱

项目编码	项目名称	项目特征	计量单位	工程量计算规则	工作内容
010607003	成品雨篷	1. 材料品种、规格 2. 雨篷宽度 3. 晾衣杆品种、规格	1. m 2. m²	1. 以米计量，按设计图示接触边以米计算 2. 以平方米计量，按设计图示尺寸以展开面积计算	1. 安装 2. 校正 3. 预埋铁件及安螺栓
010607004	金属网栏	1. 材料品种、规格 2. 边框及立柱型钢品种、规格	m²	按设计图示尺寸以框外围展开面积计算	1. 安装 2. 校正 3. 安螺栓及金属立柱
010607005	砌块墙钢丝网加固	1. 材料品种、规格 2. 加固方式		按设计图示尺寸以面积计算	1. 铺贴 2. 铆固
010607006	后浇带金属网				

8.3　金属结构清单组价

金属结构工程的分部分项工程工作内容主要综合了拼装、安装、探伤、补刷油漆等内容。《房屋建筑与装饰工程计量规范》GB 500854—2013 中，部分钢构件项目是按工厂成品化生产考虑，组价时将购置成品价格或现场制作费用计入综合单价中。基础定额中关于制作和安装的规定如下。

8.3.1　金属结构制作计价表应用要点

（1）现场制作需搭设操作平台，其平台摊销费应单独计算。

（2）在本定额中各种钢材数量均以型钢表示。实际不论使用何种型材，估价表中的钢材总数量及其他工料均不变。

（3）江苏省建筑与装饰工程计价表中金属结构制作均按焊接编制的，定额中的螺栓是在焊接之前临时加固螺栓，局部制作用螺栓连接，也不调整。

（4）除注明者外，所有子目均包括现场内（工厂内）的材料运输、下料、加工、组装及成品堆放等全部工序。加工点至安装点的构件运输，应另按构件运输定额相应项目计算。

（5）构件制作项目中，均已包括刷一遍防锈漆工料。

（6）金属结构制作定额中的钢材品种系按普通钢材为准，如用锰钢等低合金钢者，其制作人工乘系数 1.10。

（7）混凝土劲性柱内，用钢板、型钢焊接而成的 H、T 形钢柱，按 H、T 形钢构件制作定额执行，安装按构件运输及安装工程分部相应钢柱项目执行。

（8）各子目均未包括焊缝无损探伤（如：X 光透视、超声波探伤、磁粉探伤、着色探伤等），亦未包括探伤固定支架制作和被检工件的退磁。

（9）后张法预应力混凝土构件端头螺杆、轻钢檩条拉杆按端头螺杆螺帽定额执行；木屋架、钢筋混凝土组合屋架拉杆按钢拉杆定额执行。

（10）铁件是指埋入在混凝土内的预埋铁件。

8.3.2 运输和安装计价表应用要点

8.3.2.1 构件运输

（1）江苏省建筑与装饰工程计价表包括混凝土构件、金属构件及门窗运输，运输距离应由构件堆放地（或构件加工厂）至施工现场的实际距离确定。

（2）构件运输类别划分详见表 8-8。

金属构件运输类别划分表　　　　　　　　　　　　　　　　表 8-8

类　别	项　目
Ⅰ类	钢柱、钢梁、屋架、托架梁、防风桁架
Ⅱ类	吊车梁、制动梁、型(轻)钢檩条、钢拉杆、钢栏杆、盖板、垃圾出灰门、篦子、爬梯、平台、扶梯、烟囱紧固箍
Ⅲ类	墙架、挡风架、天窗架、组合檩条、钢支撑、上下挡、轻型屋架、滚动支架、悬挂支架、管道支架、零星金属构件

（3）江苏省建筑与装饰工程计价表综合考虑了城镇、现场运输道路等级、上下坡等各种因素，不得因道路条件不同而调整定额。

（4）构件运输过程中，如遇道路、桥梁限载而发生的加固、拓宽和公安交通管理部门的保安护送以及沿途发生的过路、过桥等费用，应另行处理。

8.3.2.2 构件安装

（1）构件安装场内运输按下列规定执行：

① 现场预制构件已包括了机械回转半径 15m 以内的翻身就位。如受现场条件限制，混凝土构件不能就位预制，运距在 150m 以内，每立方米构件另加场内运输 23.26 元。

② 加工厂预制构件安装，定额中已考虑运距在 500m 以内的场内运输。

③ 金属构件安装未包括场内运输费。如发生，单件在 0.5t 以内、运距在 150m 以内的，每吨构件另加场内运输费 10.97 元；单件在 0.5t 以上的金属构件按定额的相应项目执行。

④ 场内运距如超过以上规定时，应扣去上列费用，另按 1km 以内的构件运输定额执行。

（2）塔式起重机台班均已包括在垂直运输机械费定额中。

（3）安装定额均不包括为安装工作需要所搭设的脚手架，若发生应单独计算。

（4）构件安装是按履带式起重机、塔式起重机编制的，如施工组织设计需使用轮胎式起重机或汽车式起重机，经建设单位认可后，可按履带式起重机相应项目套用，其中人工、吊装机械乘系数 1.18；轮胎式起重机或汽车起重机的起重吨位，按履带式起重机相近的起重吨位套用，台班单价换算。

（5）金属构件中轻钢檩条拉杆的安装是按螺栓考虑，其余构件拼装或安装均按电焊考虑，设计用连接螺栓，其连接螺栓按设计用量另行计算（人工不再增加），电焊条、电焊机应相应扣除。

（6）单层厂房屋盖系统构件如必须在跨外安装时，按相应构件安装定额中的人工、吊装机械台班乘系数 1.18。用塔吊安装时，不乘此系数。

（7）履带式起重机安装点高度以 20m 内为准，超过 20m 在 30m 内，人工、吊装机械台班（子目中履带式起重机小于 25t 者应调整到 25t）乘系数 1.20；超过 30m 在 40m 内，人工、吊装机械台班（子目中履带式起重机小于 50t 者应调整到 50t）乘 1.40 系数；超过 40m，按实际情况另行处理。

（8）钢柱安装在混凝土柱上（或混凝土柱内），其人工、吊装机械乘系数 1.43。混凝土柱安装后，如有钢牛腿或悬臂梁与其焊接时，悬臂梁执行钢墙架安装定额，钢牛腿执行铁件制作定额。

（9）钢屋架单榀重量在 0.5t 以下者，按轻钢屋架子目执行。

（10）构件安装项目中所列垫铁，是为了校正构件偏差用的，凡设计图纸中的连接铁件、拉板等不属于垫铁范围的，应按金属结构工程相应子目执行。

（11）钢屋架、天窗架拼装是指在构件厂制作、在现场拼装的构件，在现场不发生拼装或现场制作的钢屋架、钢天窗架不得套用江苏省建筑装饰工程计价表。

（12）小型构件安装包括：沟盖板、通气道、垃圾道、楼梯踏步板、隔断板以及单体体积小于 0.1m³ 的构件安装。

思 考 题

1. 简述轻钢屋架概念。
2. 不规则或多边形钢板如何计算？清单计价规范与计价表的规则有何异同？

习 题

某围墙需施工一钢栏杆如图 8-3 所示，采用现场制作安装，试计算有关栏杆的工程量。

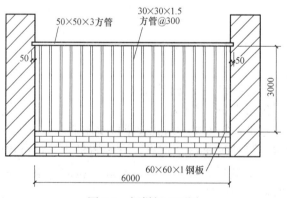

图 8-3　钢栏杆立面图

第9章　木结构工程

教学目的和要求：掌握木门窗、屋架工程工程量、屋面木基层的计算方法。理解檩木、封檐板、搏风板的概念。

教学内容：木门窗、屋架工程工程量、屋面木基层定额工程量的计算规则及其运用要点；木屋架，木构件，屋面木基层的工程量清单项目设置、项目特征描述、计量单位及工程量计算规则。

9.1　木结构工程计量

9.1.1　门制作、安装工程量按门洞口面积计算。无框厂库房大门、特种门按设计门扇外围面积计算。

9.1.2　木屋架的制作安装工程量，按以下规定计算：

（1）木屋架不论圆、方木，其制作安装均按设计断面以立方米计算，分别套相应子目，其后配长度及配制损耗已包括在子目内不另外计算（游沿木、风撑、剪刀撑、水平撑、夹板、垫木等木料并入相应屋架体积内）。

（2）圆木屋架刨光时，圆木按直径增加 5mm 计算，附属于屋架的夹板、垫木等已并入相应的屋架制作项目中，不另计算；与屋架连接的挑檐木、支撑等工程量并入屋架体积内计算。

（3）圆木屋架连接的挑檐木、支撑等为方木时，方木部分按矩形檩木计算。

（4）气楼屋架、马尾折角和正交部分的半屋架应并入相连接的正榀屋架体积内计算。

9.1.3　檩木按立方米计算，简支檩木长度按设计图示中距增加 200mm 计算，如两端出山，檩条长度算至搏风板。连续檩条的长度按设计长度计算，接头长度按全部连续檩木的总体积的 5% 计算。檩条托木已包括在子目内，不另计算。

9.1.4　屋面木基层，按屋面斜面积计算，不扣除附墙烟囱、风道、风帽底座和屋顶小气窗所占面积，小气窗出檐与木基层重叠部分亦不增加，气楼屋面的屋檐突出部分的面积并入计算。

9.1.5　封檐板按图示檐口外围长度计算，搏风板按水平投影长度乘屋面坡度系数 C 后，单坡加 300mm，双坡加 500mm 计算。

9.1.6　木楼梯（包括休息平台和靠墙踢脚板）按水平投影面积计算。不扣除宽度小于 300mm 的楼梯井，伸入墙内部分的面积亦不另计算。

9.1.7　木柱、木梁制作安装均按设计断面竣工木料以立方米计算，其后备长度及配置损耗已包括在子目内。

9.2 木结构清单编制

《房屋建筑与装饰工程计量规范》GB 500854—2013 中，木结构工程分部共计 3 节，包括 8 个项目。第一节木屋架包括木屋架和钢木屋架 2 个项目，第二节木构件包括木柱、木梁、木檩、木楼梯、其他木构件 5 个项目，第三节包括屋面木基层 1 个项目。

本章的分部分项工程工作内容主要综合了制作、运输、安装、刷防护材料等内容。

本章工程量计算规则与基础定额比较接近，除另有规定者外，大部分分项均按设计图示尺寸以体积计算。

9.2.1 木屋架

工程量清单项目设置、项目特征描述、计量单位及工程量计算规则应按表 9-1 的规定执行。

木屋架清单项目表 表 9-1

项目编码	项目名称	项目特征	计量单位	工程量计算规则	工作内容
010701001	木屋架	1. 跨度 2. 材料品种、规格 3. 刨光要求 4. 拉杆及夹板种类 5. 防护材料种类	1. 榀 2. m³	1. 以榀计量，按设计图示数量计算 2. 以立方米计量，按设计图示的规格尺寸以体积计算	1. 制作 2. 运输
010701002	钢木屋架	1. 跨度 2. 木材品种、规格 3. 刨光要求 4. 钢材品种、规格 5. 防护材料种类	榀	以榀计量，按设计图示数量计算	3. 安装 4. 刷防护材料

注：1. 屋架的跨度应以上、下弦中心线两交点之间的距离计算；
　　2. 带气楼的屋架和马尾、折角以及正交部分的半屋架，按相关屋架项目编码列项；
　　3. 以榀计量，按标准图设计，项目特征必须标注标准图代号。

9.2.2 木构件

工程量清单项目设置、项目特征描述、计量单位及工程量计算规则应按表 9-2 的规定执行。

木构件清单项目表 表 9-2

项目编码	项目名称	项目特征	计量单位	工程量计算规则	工作内容
010702001	木柱	1. 构件规格尺寸 2. 木材种类 3. 刨光要求 4. 防护材料种类	m³	按设计图示尺寸以体积计算	1. 制作 2. 运输 3. 安装 4. 刷防护材料
010702002	木梁		m³	按设计图示尺寸以体积计算	
010702003	木檩		1. m³ 2. m	1. 以立方米计量，按设计图示尺寸以体积计算 2. 以米计量，按设计图示尺寸以长度计算	

项目编码	项目名称	项目特征	计量单位	工程量计算规则	工作内容
010702004	木楼梯	1. 楼梯形式 2. 木材种类 3. 刨光要求 4. 防护材料种类	m²	按设计图示尺寸以水平投影面积计算。不扣除宽度≤300mm 的楼梯井，伸入墙内部分不计算	1. 制作 2. 运输 3. 安装 4. 刷防护材料
010702005	其他木构件	1. 构件名称 2. 构件规格尺寸 3. 木材种类 4. 刨光要求 5. 防护材料种类	1. m³ 2. m	1. 以立方米计量，按设计图示尺寸以体积计算 2. 以米计量，按设计图示尺寸以长度计算	

注：1. 木楼梯的栏杆（栏板）、扶手，应按装饰工程中的相关项目编码列项；

　　2. 以米计量，项目特征必须描述构件规格尺寸。

9.2.3 屋面木基层

工程量清单项目设置、项目特征描述、计量单位及工程量计算规则应按表 9-3 的规定执行。

屋面木基层清单项目表　　　　　　　　　　　　　　　　表 9-3

项目编码	项目名称	项目特征	计量单位	工程量计算规则	工作内容
010703001	屋面木基层	1. 椽子断面尺寸及椽距 2. 望板材料种类、厚度 3. 防护材料种类	m²	按设计图示尺寸以斜面积计算。不扣除房上烟囱、风帽底座、风道、小气窗、斜沟等所占面积。小气窗的出檐部分不增加面积。	1. 椽子制作、安装 2. 望板制作、安装 3. 顺水条和挂瓦条制作、安装 4. 刷防护材料

9.3 木结构清单组价

木结构工程的分部分项工程工作内容主要综合了制作、运输、安装、刷防护材料等内容。《房屋建筑与装饰工程计量规范》GB 500854—2013 中，木结构工程取消了刷油漆的工作内容，实际工程刷油漆时，在装饰工程单独进行油漆报价，基础定额中关于木结构制作、运输和安装的规定如下：

9.3.1 木结构制作计价表应用要点

（1）本章中均以一、二类木种为准，如采用三、四类木种，木门制作人工和机械费乘系数 1.3，木门安装人工乘系数 1.15，其他项目人工和机械费乘系数 1.35。

（2）基础定额是按已成型的两个切断面规格料编制的，两个切断面以前的锯缝损耗按总说明规定应另外计算。

（3）本章中注明的木材断面或厚度均以毛料为准，如设计图纸注明的断面或厚度为净料时，应增加断面刨光损耗：一面刨光加 3mm，两面刨光加 5mm，圆木按直径增加 5mm。

（4）本章中的木材是以自然干燥条件下的木材编制的，需要烘干时，其烘干费用及损耗由各市确定。

（5）厂库房大门的钢骨架制作已包括在子目中，其上、下轨及滑轮等应按五金铁件表相应项目执行。

（6）厂库房大门、钢木大门及其他特种门的五金铁件表按标准图用量列出，仅作备料参考。

9.3.2 运输和安装计价表应用要点

同 8.3.2 钢结构运输和安装。

思 考 题

1. 设计图注明的断面或者厚度为净料时，断面刨光损耗如何计取？
2. 无框厂房大门、特种门工程量如何计取？

习　　题

需要加工 86 樘门框，按图 9-1 所示尺寸计算其工程量。

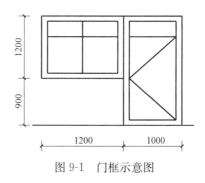

图 9-1　门框示意图

第 10 章　屋面及防水工程

教学目的和要求：了解屋面工程的内容，卷材的粘贴方法。掌握屋面坡度系数的概念与屋面排水工程工程量的计算方法。理解屋面防水工程工程量的计算方法，掌握屋面保温层体积的计算方法与屋面架空隔热层面积的计算方法。

教学内容：屋面及防水工程量的计算；屋面排水工程量的计算；其他相关构件的计算；清单编制；清单组价。

10.1　屋面及防水工程计量

10.1.1　计算要点

（1）瓦屋面按图示尺寸的水平投影面积乘以屋面坡度延长系数 C（见表 10-1）以平方米计算（瓦出线已包括在内），不扣除房上烟囱、风帽底座、风道、屋面小气窗、斜沟等所占面积，屋面小气窗的出檐部分也不增加。

（2）瓦屋面的屋脊、蝴蝶瓦的檐口花边、滴水应另列项目按延长米计算，四坡屋面斜脊长度按图 10-1 中的"A"乘以隅延长系数 D（见表 10-1）以延长米计算，山墙泛水长度 $=A \times C$，瓦穿铁丝、钉铁钉、水泥砂浆粉挂瓦条按每 $10m^2$ 斜面积计算。

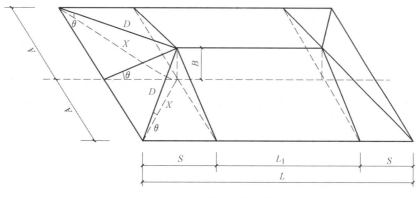

图 10-1　四坡屋面示意图

图 10-1 中，两坡排水屋面面积为屋面水平投影面积乘以延尺系数 C；四坡排水屋面斜脊长度 $=AD$(当 $S=A$ 时)；沿山墙泛水长度 $=AC$。

（3）彩钢夹芯板、彩钢复合板屋面按实铺面积以平方米计算，支架、槽铝、角铝等均包含在定额内。

（4）彩板屋脊、天沟、泛水、包角、山头按设计长度以延长米计算，堵头已包含在定额内。

坡度 $B(A=1)$	坡度 $B/2A$	坡度角度(θ)	延尺系数 $C(A=1)$	隔延尺系数 $D(A=1)$
1		45°	1.4142	1.7321
0.75	1/2	36°52′	1.2500	1.6008
0.7		35°	1.2207	1.5779
0.666		33°40′	1.2015	1.5620
0.65		33°01′	1.1926	1.5564
0.6	1/3	30°58′	1.1662	1.5362
0.577		30°	1.1547	1.5270
0.55		28°49′	1.1413	1.5170
0.5	1/4	26°34′	1.1180	1.5000
0.45		24°14′	1.0966	1.4839
0.4		21°48′	1.0770	1.4697
0.35	1/5	19°17′	1.0594	1.4569
0.3		16°42′	1.0440	1.4457
0.25		14°02′	1.0308	1.4362
0.2		11°19′	1.0198	1.4283
0.15	1/10	8°32′	1.0112	1.4221
0.125		7°8′	1.0078	1.4191
0.100	1/20	5°42′	1.0050	1.4177
0.083		4°45′	1.0035	1.4166
0.066	1/30	3°49′	1.0022	1.4157

（5）卷材屋面工程量按以下规定计算：

①卷材屋面按图示尺寸的水平投影面积乘以规定的坡度系数以平方米计算，但不扣除房上烟囱，风帽底座、风道所占面积。女儿墙（见图 10-2）、伸缩缝、天窗（见图 10-3）等处的弯起高度按图示尺寸计算并入屋面工程量内；如图纸无规定时，伸缩缝、女儿墙的弯起高度按 250mm 计算，天窗弯起高度按 500mm 计算并入屋面工程量内；檐沟、天沟按展开面积并入屋面工程量内。

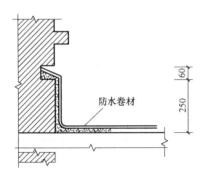

图 10-2　屋面女儿墙防水卷材弯起示意图

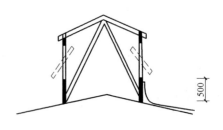

图 10-3　卷材屋面天窗弯起部分示意图

②油毡屋面均不包括附加层在内，附加层按设计尺寸和层数另行计算；其他卷材屋面已包括附加层在内，不另行计算；收头、接缝材料已列入定额内。

（6）刚性屋面、涂膜屋面工程量计算同卷材屋面。

（7）平、立面防水工程量按以下规定计算：

①涂刷油类防水按设计涂刷面积计算。

②防水砂浆防水按设计抹灰面积计算，扣除凸出地面的构筑物、设备基础及室内铁道所占的面积。不扣除附墙垛、柱、间壁墙、附墙烟囱及 $0.3m^2$ 以内孔洞所占面积。

③粘贴卷材、布类

a. 平面：建筑物地面、地下室防水层按主墙（承重墙）间净面积以平方米计算，扣除凸出地面的构筑物、柱、设备基础等所占面积，不扣除附墙垛、间壁墙、附墙烟囱及 $0.3m^2$ 以内孔洞所占面积。与墙间连接处高度在 500mm 以内者，按展开面积计算并入平面工程量内，超过 500mm 时，按立面防水层计算。

b. 立面：墙身防水层按图示尺寸扣除立面孔洞所占面积（$0.3m^2$ 以内孔洞不扣）以平方米计算。

c. 构筑物防水层按实铺面积计算，不扣除 $0.3m^2$ 以内孔洞面积。

（8）伸缩缝、盖缝、止水带按延长米计算，外墙伸缩缝在墙内、外双面填缝者，工程量应按双面计算。

（9）屋面排水工程量按以下规定计算：

①铁皮排水项目：水落管按檐口滴水处算至设计室外地坪的高度以延长米计算，檐口处伸长部分（即马腿弯伸长）、勒脚和泄水口的弯起均不增加，但水落管遇到外墙腰线（需弯起的）按每条腰线增加长度 25cm 计算。檐沟、天沟均以图示延长米计算。白铁斜沟、泛水长度可按水平长度乘以延长系数或隔延长系数计算。水斗以个计算。

②玻璃钢、PVC、铸铁水落管、檐沟均按图示尺寸以延长米计算。水斗、女儿墙弯头、铸铁落水口（带罩）均按只计算。

③阳台 PVC 管通水落管按只计算。每只阳台出水口至水落管中心线斜长按 1m 计（内含两只 135° 弯头，1 只异径三通）。

10.1.2 计算举例

【例 10-1】 某工程平屋面及檐沟做法如图 10-4 所示，试计算屋面相关的工程量。

【解】 （1）现浇混凝土板上 20mm 厚 1:3 水泥砂浆找平层（因屋面面积较大，需做分格缝），根据计算规则，按水平投影面积乘以坡度系数计算，这里坡度系数很小，可忽略不计，工程量为：

$$S=(9.60+0.24)\times(5.40+0.24)-0.70\times0.70=55.01m^2$$

（2）SBS 卷材防水层。根据计算规则，按水平投影面积乘以坡度系数计算，弯起部分另加，檐沟按展开面积并入屋面工程量中。

屋面：同 20mm 厚 1:3 水泥砂浆找平层 55.01m²

检修孔弯起：$0.70\times4\times0.20=0.56m^2$

檐沟：$(9.84+5.64)\times2\times0.1+[(9.84+0.54)+(5.64+0.54)]\times2\times0.54+$

$[(9.84+1.08)+(5.64+1.08)]\times2\times(0.3+0.06)=33.68m^2$

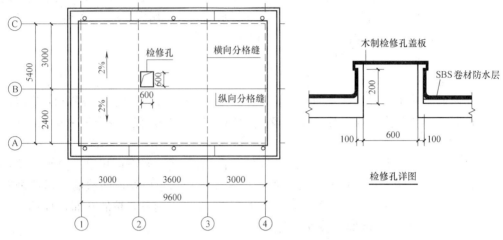

图 10-4 例 10-1 屋面施工图

总计：89.25m²

（3）30mm 厚聚苯乙烯泡沫保温板。

根据计算规则，按实铺面积乘以净厚度以立方米计算。

$$V=[(9.60+0.24)\times(5.40+0.24)-0.70\times0.70]\times0.03=1.650m^3$$

（4）聚苯乙烯塑料保温板上砂浆找平层工程量：

$S=55.01m^2$（同找平层工程量）

（5）计算细石混凝土屋面工程量：

$S=55.01m^2$（同找平层工程量）

（6）檐沟内侧面及上底面防水砂浆工程量，厚度为 20mm，无分格缝。同檐沟卷材：

$$S=33.68$$

（7）计算檐沟细石找坡工程量，平均厚 25mm。

$$S=[(9.84+0.54)+(5.64+0.54)]\times2\times0.54=17.88m^2$$

（8）计算屋面排水落水管工程量。根据计算规则，落水管从檐口滴水处算至设计室处地面高度，按延长米计算（本例中室内外高差按 0.3m 考虑）。

$$L=(11.80+0.1+0.3)\times6=73.20m$$

【例 10-2】 某工程坡屋面如图 10-5 所示，试计算坡屋面中的相关工程量。

【解】 （1）15mm 厚 1:2 防水砂浆找平层。根据计算规则，按水平投影面积乘以坡度系数计算，这里坡度延长系数为 1.118。

$$S=(10.80+0.40\times2)\times(6.00+0.40\times2)\times1.118=88.19m^2$$

（2）1:2 水泥砂浆粉挂瓦条。根据计算规则，按斜面积计算。

$$S=(10.80+0.40\times2)\times(6.00+0.40\times2)\times1.118=88.19m^2$$

（3）计算瓦屋面工程量。根据计算规则，按图示尺寸以水平投影面积乘以坡度系数计算。

$$S=(10.80+0.40\times2)\times(6.00+0.40\times2)\times1.118=88.19m^2$$

（4）计算脊瓦工程量。根据计算规则，按延长米计算，如为斜脊，则按斜长计算，本

140

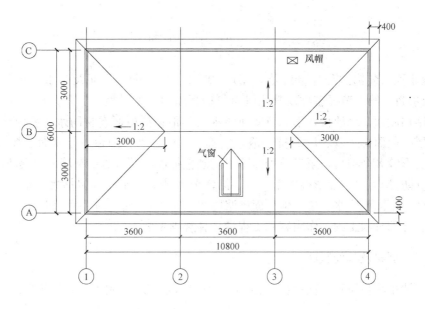

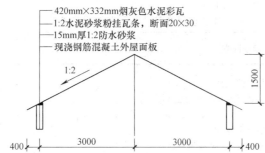

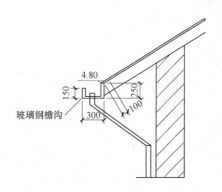

图 10-5 例 10-2 坡屋面施工图

例中隅延长系数为 1.500。

正脊：$10.80-3.00\times2=4.80\text{m}$

斜脊：$(3.00+0.40)\times1.500\times4=20.40\text{m}$

总长：$L=4.80+20.40=25.20\text{m}$

（5）计算玻璃钢檐沟工程量。按图示尺寸以延长米计算。

$$L=(10.80+0.40\times2)\times2+(6.00+0.40\times2)\times2=36.80\text{m}$$

10.2 清 单 编 制

《房屋建筑与装饰工程计量规范》GB 500854—2013 中，屋面及防水分部共计 4 节，包括 21 个项目。第一节瓦型材及其他屋面包括瓦屋面、型材屋面、阳光板屋面、玻璃钢屋面、膜结构屋面 5 个项目，第二节屋面防水及其他包括屋面卷材防水、屋面涂膜防水、屋面刚性层、屋面排水管、屋面排（透）气管、屋面（廊、阳台）吐水管、屋面天沟檐沟、屋面变形缝 8 个项目，第三节墙面防水防潮包括墙面卷材防水、墙面涂膜防水、墙面砂浆防水（防潮）、墙面变形缝 4 个项目，第四节楼地面防水防潮包括楼（地）面卷材防水、楼（地）面涂膜防水、楼（地）面砂浆防水（防潮）、楼（地）面变形缝 4 个项目。

本章各分部分项工程工作内容和工程量计算规则见表 10-2～表 10-5。

10.2.1 瓦、型材及其他屋面

工程量清单项目设置、项目特征描述、计量单位及工程量计算规则应按表 10-2 的规定执行。

瓦、型材及其他屋面清单项目表　　　　　　　　　　　　表 10-2

项目编码	项目名称	项 目 特 征	计量单位	工程量计算规则	工作内容
010901001	瓦屋面	1. 瓦品种、规格 2. 粘结层砂浆的配合比		按设计图示尺寸以斜面积计算。 不扣除房上烟囱、风帽底座、风道、小气窗、斜沟等所占面积。小气窗的出檐部分不增加面积	1. 砂浆制作、运输、摊铺、养护 2. 安瓦、作瓦脊
010901002	型材屋面	1. 型材品种、规格 2. 金属檩条材料品种、规格 3. 接缝、嵌缝材料种类			1. 檩条制作、运输、安装 2. 屋面型材安装 3. 接缝、嵌缝
010901003	阳光板屋面	1. 阳光板品种、规格 2. 骨架材料品种、规格 3. 接缝、嵌缝材料种类 4. 油漆品种、刷漆遍数	m²	按设计图示尺寸以斜面积计算。 不扣除屋面面积≤0.3m² 孔洞所占面积。	1. 骨架制作、运输、安装、刷防护材料、油漆 2. 阳光板安装 3. 接缝、嵌缝
010901004	玻璃钢屋面	1. 玻璃钢品种、规格 2. 骨架材料品种、规格 3. 玻璃钢固定方式 4. 接缝、嵌缝材料种类 5. 油漆品种、刷漆遍数			1. 骨架制作、运输、安装、刷防护材料、油漆 2. 玻璃钢制作、安装 3. 接缝、嵌缝
010901005	膜结构屋面	1. 膜布品种、规格 2. 支柱（网架）钢材品种、规格 3. 钢丝绳品种、规格 4. 锚固基座做法 5. 油漆品种、刷漆遍数		按设计图示尺寸以需要覆盖的水平投影面积计算	1. 膜布热压胶接 2. 支柱（网架）制作、安装 3. 膜布安装 4. 穿钢丝绳、锚头锚固 5. 锚固基座挖土、回填 6. 刷防护材料，油漆

注：1. 瓦屋面，若是在木基层上铺瓦，项目特征不必描述粘结层砂浆的配合比，瓦屋面铺防水层，按 10.2.2 屋面防水及其他中相关项目编码列项；

2. 型材屋面、阳光板屋面、玻璃钢屋面的柱、梁、屋架，按金属结构工程、木结构工程中相关项目编码列项。

10.2.2 屋面防水及其他

工程量清单项目设置、项目特征描述、计量单位及工程量计算规则应按表10-3的规定执行。

屋面防水及其他清单项目表   表 10-3

项目编码	项目名称	项目特征	计量单位	工程量计算规则	工作内容
010902001	屋面卷材防水	1. 卷材品种、规格、厚度 2. 防水层数 3. 防水层做法	m²	按设计图示尺寸以面积计算。 1. 斜屋顶(不包括平屋顶找坡)按斜面积计算,平屋顶按水平投影面积计算 2. 不扣除房上烟囱、风帽底座、风道、屋面小气窗和斜沟所占面积 3. 屋面的女儿墙、伸缩缝和天窗等处的弯起部分,并入屋面工程量内	1. 基层处理 2. 刷底油 3. 铺油毡卷材、接缝
010902002	屋面涂膜防水	1. 防水膜品种 2. 涂膜厚度、遍数 3. 增强材料种类			1. 基层处理 2. 刷基层处理剂 3. 铺布、喷涂防水层
010902003	屋面刚性层	1. 刚性层厚度 2. 混凝土强度等级 3. 嵌缝材料种类 4. 钢筋规格、型号		按设计图示尺寸以面积计算。不扣除房上烟囱、风帽底座、风道等所占面积	1. 基层处理 2. 混凝土制作、运输、铺筑、养护 3. 钢筋制安
010902004	屋面排水管	1. 排水管品种、规格 2. 雨水斗、山墙出水口品种、规格 3. 接缝、嵌缝材料种类 4. 油漆品种、刷漆遍数	m	按设计图示尺寸以长度计算。如设计未标注尺寸,以檐口至设计室外散水上表面垂直距离计算	1. 排水管及配件安装、固定 2. 雨水斗、山墙出水口、雨水篦子安装 3. 接缝、嵌缝 4. 刷漆
010902005	屋面排(透)气管	1. 排(透)气管品种、规格 2. 接缝、嵌缝材料种类 3. 油漆品种、刷漆遍数		按设计图示尺寸以长度计算	1. 排(透)气管及配件安装、固定 2. 铁件制作、安装 3. 接缝、嵌缝 4. 刷漆
010902006	屋面(廊、阳台)吐水管	1. 吐水管品种、规格 2. 接缝、嵌缝材料种类 3. 吐水管长度 4. 油漆品种、刷漆遍数	根(个)	按设计图示数量计算	1. 吐水管及配件安装、固定 2. 接缝、嵌缝 3. 刷漆
010902007	屋面天沟、檐沟	1. 材料品种、规格 2. 接缝、嵌缝材料种类	m²	按设计图示尺寸以展开面积计算	1. 天沟材料铺设 2. 天沟配件安装 3. 接缝、嵌缝 4. 刷防护材料
010902008	屋面变形缝	1. 嵌缝材料种类 2. 止水带材料种类 3. 盖缝材料 4. 防护材料种类	m	按设计图示尺寸以长度计算	1. 清缝 2. 填塞防水材料 3. 止水带安装 4. 盖缝制作、安装 5. 刷防护材料

注：1. 屋面刚性层防水,按屋面卷材防水、屋面涂膜防水项目编码列项;屋面刚性层无钢筋,其钢筋项目特征不必描述;
　　2. 屋面找平层按地面装饰工程"平面砂浆找平层"项目编码列项;
　　3. 屋面防水搭接及附加层用量不另行计算,在综合单价中考虑。

10.2.3 墙面防水、防潮

工程量清单项目设置、项目特征描述、计量单位及工程量计算规则应按表 10-4 的规定执行。

墙面防水、防潮清单项目表 表 10-4

项目编码	项目名称	项目特征	计量单位	工程量计算规则	工作内容
010903001	墙面卷材防水	1. 卷材品种、规格、厚度 2. 防水层数 3. 防水层做法	m²	按设计图示尺寸以面积计算	1. 基层处理 2. 刷胶粘剂 3. 铺防水卷材 4. 接缝、嵌缝
010903002	墙面涂膜防水	1. 防水膜品种 2. 涂膜厚度、遍数 3. 增强材料种类			1. 基层处理 2. 刷基层处理剂 3. 铺布、喷涂防水层
010903003	墙面砂浆防水（防潮）	1. 防水层做法 2. 砂浆厚度、配合比 3. 钢丝网规格			1. 基层处理 2. 挂钢丝网片 3. 设置分格缝 4. 砂浆制作、运输、摊铺、养护
010903004	墙面变形缝	1. 嵌缝材料种类 2. 止水带材料种类 3. 盖缝材料 4. 防护材料种类	m	按设计图示尺寸以长度计算	1. 清缝 2. 填塞防水材料 3. 止水带安装 4. 盖缝制作、安装 5. 刷防护材料

注：1. 墙面防水搭接及附加层用量不另行计算，在综合单价中考虑；
　　2. 墙面变形缝，若做双面，工程量乘系数 2；
　　3. 墙面找平层按本墙、柱面装饰与隔断工程"立面砂浆找平层"项目编码列项。

10.2.4 楼（地）面防水、防潮

工程量清单项目设置、项目特征描述、计量单位及工程量计算规则应按表 10-5 的规定执行。

楼（地）面防水、防潮清单项目表 表 10-5

项目编码	项目名称	项目特征	计量单位	工程量计算规则	工作内容
010904001	楼（地）面卷材防水	1. 卷材品种、规格、厚度 2. 防水层数 3. 防水层做法	m²	按设计图示尺寸以面积计算。 　1. 楼（地）面防水：按主墙间净空面积计算，扣除凸出地面的构筑物、设备基础等所占面积，不扣除间壁墙及单个面积≤0.3m² 柱、垛、烟囱和孔洞所占面积 　2. 楼（地）面防水反边高度≤300mm 算作地面防水，反边高度＞300mm 算作墙面防水	1. 基层处理 2. 刷胶粘剂 3. 铺防水卷材 4. 接缝、嵌缝
010904002	楼（地）面涂膜防水	1. 防水膜品种 2. 涂膜厚度、遍数 3. 增强材料种类			1. 基层处理 2. 刷基层处理剂 3. 铺布、喷涂防水层
010904003	楼（地）面砂浆防水（防潮）	1. 防水层做法 2. 砂浆厚度、配合比			1. 基层处理 2. 砂浆制作、运输、摊铺、养护

项目编码	项目名称	项目 特 征	计量单位	工程量计算规则	工作内容
010904004	楼(地)面变形缝	1. 嵌缝材料种类 2. 止水带材料种类 3. 盖缝材料 4. 防护材料种类	m	按设计图示尺寸以长度计算。	1. 清缝 2. 填塞防水材料 3. 止水带安装 4. 盖缝制作、安装 5. 刷防护材料

注：1. 楼(地)面防水找平层按楼地面装饰工程"平面砂浆找平层"项目编码列项；

2. 楼(地)面防水搭接及附加层用量不另行计算，在综合单价中考虑。

10.3 清 单 组 价

屋面及防水工程的分部分项工程工作内容与基础定额工作内容基本相同。基础定额中屋面及防水工程基础定额应用要点如下：

10.3.1 屋面防水组成部分。屋面防水分为瓦、卷材、刚性、涂膜四部分。

（1）瓦材规格与定额不同时，瓦的数量可以换算，其他不变。换算公式：

$$\frac{10\text{m}^2}{\text{瓦有效长度}\times\text{有效宽度}}\times1.025(\text{操作损耗})$$

（2）油毡卷材屋面包括刷冷底子油一遍，但不包括天沟、泛水、屋脊、檐口等处的附加层在内，其附加层应另行计算。其他卷材屋面均包括附加层。

（3）本章以石油沥青、石油沥青玛琋脂为准，设计使用煤沥青、煤沥青玛琋脂，按实调整。

（4）冷胶"二布三涂"项目，其"三涂"是指涂膜构成的防水层数，并非指涂刷遍数，每一涂层的厚度必须符合规范（每一涂层刷二至三遍）要求。

（5）高聚物、高分子防水卷材粘贴，实际使用的胶粘剂与本定额不同，单价可以换算，其他不变。

10.3.2 平、立面及其他防水组成。平、立面及其他防水是指楼地面及墙面的防水，分为涂刷、砂浆、粘贴卷材三部分，既适用于建筑物（包括地下室）又适用于构筑物。

各种卷材的防水层均已包括刷冷底子油一遍和平、立面交界处的附加层工料在内。

10.3.3 在粘结层上单撒绿豆砂者（定额中已包括绿豆砂的项目除外），每 10m² 铺洒面积增加 0.066 工日。绿豆砂 0.078t，合计 6.62 元。

10.3.4 伸缩缝项目中，除已注明规格可调整外，其余项目均不调整。

10.3.5 玻璃棉、矿棉包装材料和人工均已包括在定额内。

10.3.6 凡保温、隔热工程用于地面时，增加电动夯实机 0.04 台班/m³。

思 考 题

1. 屋面防水有哪些种类？

2. 什么是膜结构屋面，其工程量怎样计算？

3. 屋面排水管的工程如何计算？

4. 屋面卷材防水的工作内容包括哪些？

5. 屋面刚性防水的工作内容包括哪些？

习　题

1. 某四坡屋面如图 10-6 所示，设计屋面坡度为 0.5（即 $\theta = 26°34'$，坡度比例为 1/4）。应用屋面坡度系数计算以下数值：（1）屋面斜面积；（2）四坡屋面斜脊长度；（3）全部屋脊长度；（4）两坡沿山墙泛水长度。

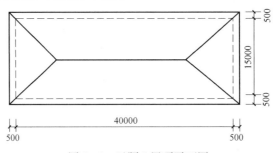

图 10-6　习题 1 屋顶平面图

2. 计算图 10-7 所示平屋面卷材工程量。

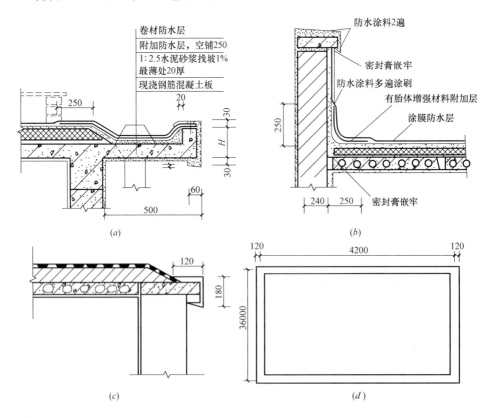

图 10-7　习题 2 屋顶平面图

（a）有挑檐无女儿墙；（b）无挑檐有女儿墙；（c）无挑檐无女儿墙；（d）平面图

第 11 章 措施项目与其他项目计价

教学目的和要求：了解脚手架的种类，掌握综合脚手架的概念和单层建筑物超高的概念。

理解脚手架超高的含义，了解外脚手架、里脚手架、满堂脚手架工程量的计算和架子封席、架子斜道的概念。熟悉模板和支撑的种类，理解接触面积的概念，理解模板工程量计算中构件的定义，了解其他项目计价方法。

教学内容：超高施工的计算规则及运用要点；脚手架的计算规则及运用要点；模板工程的计算规则及运用要点；施工排水、降水、深基坑支护的计算规则及运用要点；超高施工、脚手架、模板工程及施工排水、降水、深基坑支护计价表应用要点。

措施项目是为完成工程项目施工，发生于该工程施工前和施工过程中技术、生活、安全等方面的非工程实体项目。其他项目是指除分部分项工程项目、措施项目外，因招标人的要求而发生的与拟建工程有关的费用项目，主要包括暂列金额、暂估价、计日工和总承包服务费。

进行措施项目计价时，应注意它们的工程内容及其与分部分项工程量清单计价的不同之处。措施费计算分为两种形式：一种是以工程量乘以综合单价计算，其计算方法和分部分项工程费用计算基本相同，另一种是以费率计算，即以分部分项工程费用作为基数乘以相应费率。

11.1 超高施工增加

11.1.1 计算规则及运用要点

（1）建筑物超高费以超过 20m 部分的建筑面积计算。

（2）单独装饰工程超高部分人工降效以超过 20m 部分的人工费分段计算。

11.1.2 计价表应用要点

1. 建筑物超高增加费

（1）建筑物设计室外地面至檐口的高度（不包括女儿墙、屋顶水箱、突出屋面的电梯间、楼梯间等的高度）超过 20m 时，应计算超高费。

（2）超高费内容包括：人工降效、高压水泵摊销、临时垃圾管道等所需费用。超高费包干使用，不论实际发生多少，均按本定额执行，不调整。

（3）超高费按下列规定计算：

① 檐高超过 20m 部分的建筑物应按其超过部分的建筑面积计算。

② 层高超过 3.6m 时，以每增高 1m（不足 0.1m 按 0.1m 计算）按相应子目的 20% 计算，并随高度变化按比例递增。

③ 建筑物檐高高度超过 20m，但其最高一层或其中一层楼面未超过 20m 时，则该楼层在 20m 以上部分仅能计算每增高 1m 的层高超高费。

④ 同一建筑物中有 2 个或 2 个以上的不同檐口高度时，应分别按不同高度竖向切面的建筑面积套用定额。

⑤ 单层建筑物（无楼隔层者）高度超过 20m，其超过部分除计算构件安装费用外，另再按本章相应项目计算每增高 1m 的层高超高费。

2. 单独装饰工程超高人工降效

① "高度" 和 "层高"，只要其中一个指标达到规定，即可套用该项目。

② 当同一个楼层中的楼面和天棚不在同一计算段内，按顶棚面标高段为准计算。

11.1.3 计算举例

【例 11-1】 如图 11-1 所示某框架结构工程，一类工程，主楼为 19 层，每层建筑面积为 1200m²；附楼为 6 层，每层建筑面积 1600m²。主、附楼底层层高为 5.0m，19 层层高为 4.0m；其余各层层高均为 3.0m。计算该土建工程的超高费用。

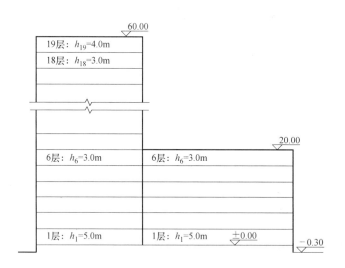

图 11-1　例 11-1 建筑剖面示意图

【解】　1. 工程量计算

（1）主楼 7～18 层：$1200.0 \times 12 = 14400.00 \text{m}^2$

（2）主楼 19 层：1200.00m^2

（3）主楼 6 层：1200.00m^2

（4）附楼 6 层：1600.00m^2

2. 套价

本工程超高费计算见表 11-1。

定额号	子目名称	单位	数量	单价	合价
18-5(换)	建筑物高度 20～70m	m²	14400.00	36.03	518832.00
18-5(换)	建筑物高度 20～70m,层高 4.0m	m²	1200.00	38.91	62256.00
18-5(换)	建筑物高度 20～70m,部分楼层	m²	1200.00	2.16	2592.00
18-1(换)	建筑物高度 20～30m,部分楼层	m²	1600.00	0.84	1344.00
合价					585024.00

3. 换算说明

(1) 主楼 7～18 层：按 2009 年费用定额，管理费费率调为 31%：

$$(16.38+7.74)\times(1+31\%+12\%)+0.54=36.03元/m^2$$

(2) 主楼 19 层：按 2009 年费用定额，管理费费率调为 31%：层高 4m，计算层高增加费。

$$36.03\times(1+0.4\times20\%)=38.91元/m^2$$

(3) 主楼 6 层：按 2009 年费用定额，管理费费率调为 31%：楼面未超过 20m，计算层高增加费。

$$36.03\times0.3\times20\%=2.16元/m^2$$

(4) 附楼 6 层：按 2009 年费用定额，管理费费率调为 31%：楼面未超过 20m，计算层高增加费。

$$[(5.46+3.93)\times(1+31\%+12\%)+0.54]\times0.3\times20\%=2.16元/m^2$$

11.2 脚 手 架

11.2.1 计算规则及运用要点

11.2.1.1 脚手架工程

(1) 脚手架工程量计算一般规则

① 凡砌筑高度超过 1.5m 的砌体均需计算脚手架。

② 砌墙脚手架均按墙面（单面）垂直投影面积以平方米计算。

③ 计算脚手架时，不扣除门、窗洞口、空圈、车辆通道、变形缝等所占面积。

④ 同一建筑物高度不同时，按建筑物的竖向不同高度分别计算。

(2) 砌筑脚手架工程量计算规则

① 外墙脚手架按外墙外边线长度（如外墙有挑阳台，则每只阳台计算一个侧面宽度，计入外墙面长度内，二户阳台连在一起的也只算一个侧面）乘以外墙高度以平方米计算。外墙高度指室外设计地坪至檐口（或女儿墙上表面）高度，坡屋面至屋面板下（或椽子顶面）墙中心高度。

② 内墙脚手架以内墙净长乘以内墙净高计算。有山尖者算至山尖 1/2 处的高度；有地下室时，自地下室室内地坪至墙顶面高度。

③ 砌体高度在 3.60m 以内者，套用里脚手架；高度超过 3.60m 者，套用外脚手架。

④ 山墙自设计室外地坪至山尖 1/2 处高度超过 3.60m 时，该整个外山墙按相应外脚手架计算，内山墙按单排外架子计算。

⑤ 独立砖（石）柱高度在 3.60m 以内者，脚手架以柱的结构外围周长乘以柱高计算，执行砌墙脚手架里架子；柱高超过 3.60m 者，以柱的结构外围周长加 3.60m 乘以柱高计算，执行砌墙脚手架外架子（单排）。

⑥ 砌石墙到顶的脚手架，工程量按砌墙相应脚手架乘系数 1.50。

⑦ 外墙脚手架包括一面抹灰脚手架在内，另一面墙可计算抹灰脚手架。

⑧ 砖基础自设计室外地坪至垫层（或混凝土基础）上表面的深度超过 1.50m 时，按相应砌墙脚手架执行。

⑨ 突出屋面部分的烟囱，高度超过 1.50m 时，其脚手架按外围周长加 3.60m 乘以实砌高度按 12m 内单排外脚手架计算。

（3）现浇钢筋混凝土脚手架工程量计算规则

① 钢筋混凝土基础自设计室外地坪至垫层上表面的深度超过 1.50m，同时带形基础底宽超过 3.0m、独立基础或满堂基础及大型设备基础的底面积超过 16m² 的混凝土浇捣脚手架应按槽、坑土方规定放工作面后的底面积计算，按满堂脚手架相应定额乘以 0.3 系数计算脚手架费用。

② 现浇钢筋混凝土独立柱、单梁、墙高度超过 3.60m 应计算浇捣脚手架。柱的浇捣脚手架以柱的结构周长加 3.60m 乘以柱高计算；梁的浇捣脚手架按梁的净长乘以地面（或楼面）至梁顶面的高度计算；墙的浇捣脚手架以墙的净长乘以墙高计算。套柱、梁、墙混凝土浇捣脚手架。

③ 层高超过 3.60m 的钢筋混凝土框架柱、墙（楼板、屋面板为现浇板）所增加的混凝土浇捣脚手架费用，以每 10m² 框架轴线水平投影面积，按满堂脚手架相应子目乘以 0.3 系数执行；层高超过 3.60m 的钢筋混凝土框架柱、梁、墙（楼板、屋面板为预制空心板）所增加的混凝土浇捣脚手架费用，以每 10m² 框架轴线水平投影面积，按满堂脚手架相应子目乘以 0.4 系数执行。

（4）贮仓脚手架计算规则

贮仓脚手架计算不分单筒或贮仓组，高度超过 3.60m，均按外边线周长乘以设计室外地坪至贮仓上口之间高度以平方米计算。高度在 12m 内，套双排外脚手架，乘 0.7 系数执行；高度超过 12m 套 20m 内双排外脚手架乘 0.7 系数执行（均包括外表面抹灰脚手架在内）。贮仓内表面抹灰按抹灰脚手架工程量计算规则第（2）、（3）条规定执行。

（5）抹灰脚手架、满堂脚手架工程量计算规则

1）抹灰脚手架：

① 钢筋混凝土单梁、柱、墙，按以下规定计算脚手架：

a. 单梁：以梁净长乘以地坪（或楼面）至梁顶面高度计算；

b. 柱：以柱结构外围周长加 3.60m 乘以柱高计算；

c. 墙：以墙净长乘以地坪（或楼面）至板底高度计算。

② 墙面抹灰：以墙净长乘以净高计算。

③ 如有满堂脚手架可以利用时，不再计算墙、柱、梁面抹灰脚手架。

④ 顶棚抹灰高度在 3.60m 以内，按天棚抹灰面（不扣除柱、梁所占的面积）以平方

米计算。

2）满堂脚手架：顶棚抹灰高度超过 3.60m，按室内净面积计算满堂脚手架，不扣除柱、垛、附墙烟囱所占面积。

① 基本层：高度在 8m 以内计算基本层。

② 增加层：高度超过 8m，每增加 2m，计算一层增加层，计算式如下：

$$增加层数＝（室内净高－8m）/2m$$

余数在 0.6m 以内，不计算增加层，超过 0.6m，按增加一层计算。

③ 满堂脚手架高度以室内地坪面（或楼面）至顶棚面或屋面板的底面为准（斜的顶棚或屋面板按平均高度计算）。室内挑台栏板外侧共享空间的装饰如无满堂脚手架利用时，按地面（或楼面）至顶层栏板顶面高度乘以栏板长度以平方米计算，套相应抹灰脚手架定额。

（6）其他脚手架工程量计算规则：

① 高压线防护架按搭设长度以延长米计算。

② 金属过道防护棚按搭设水平投影面积以平方米计算。

③ 斜道、烟囱、水塔、电梯井脚手架区别不同高度以座计算。滑升模板施工的烟囱、水塔，其脚手架费用已包括在滑模内，不另计算脚手架。烟囱内壁抹灰是否搭设脚手架，按施工组织设计规定办理，其费用按相应满堂脚手架执行，人工增加 20％，其余不变。

④ 高度超过 3.60m 的贮水（油）池，其混凝土浇捣脚手架按外壁周长乘以池的壁高以平方米计算，按池壁混凝土浇捣脚手架项目执行，抹灰者按抹灰脚手架另计。

11.2.1.2　檐高超过 20m 脚手架材料增加费

建筑物檐高超过 20m，即可计算脚手架材料增加费，建筑物檐高超过 20m，脚手架材料增加费，以建筑物超过 20m 部分建筑面积计算。

11.2.2　计价表应用要点

（1）脚手架工程

① 凡工业与民用建筑、构筑物所需搭设的脚手架，均按本定额执行。

② 脚手架子目适用于檐高在 20m 以内的建筑物，不包括女儿墙、屋顶水箱、突出主体建筑的楼梯间等高度，前后檐高不同，按平均高度计算。檐高在 20m 以上的建筑物脚手架除套用脚手架子目外，其超过部分所需增加的脚手架加固措施等费用，均按超高脚手架材料增加费子目执行。构筑物、烟囱、水塔、电梯井按其相应子目执行。

③ 脚手架子目已按扣件钢管脚手架与竹脚手架综合编制，实际施工中不论使用何种脚手架材料，均按不调整。

④ 高度在 3.60m 以内的墙面、天棚、柱、梁抹灰（包括钉间壁、钉天棚）用的脚手架费用套用 3.60m 以内的抹灰脚手架。如室内（包括地下室）净高超过 3.60m 时，天棚需抹灰（包括钉天棚）应按满堂脚手架计算，但其内墙抹灰不再计算脚手架。高度在 3.60m 以上的内墙面抹灰，如无满堂脚手架可以利用时，可按墙面垂直投影面积计算抹灰脚手架。

⑤ 建筑物室内净高超过 3.60m 的钉板间壁以其净长乘以高度可计算一次脚手架（按抹灰脚手架定额执行），天棚吊筋与面层按其水平投影面积计算一次满堂脚手架。

⑥ 天棚面层高度在 3.60m 内，吊筋与楼层的连接节高度超过 3.60m，应按满堂脚手架相应项目基价乘以 0.60 计算。

⑦ 瓦屋面坡度大于 45°时，屋面基层、盖瓦的脚手架费用应另按实计算。

⑧ 室内天棚面层净高 3.60m 以内的钉天棚、钉间壁的脚手架与其抹灰的脚手架合并计算一次脚手架，套用 3.60m 以内的抹灰脚手架。单独天棚抹灰计算一次脚手架，按满堂脚架相应项目乘以 0.1 系数。

⑨ 室内天棚面层净高超过 3.60m 的钉天棚、钉间壁的脚手架与其抹灰的脚手架合并计算一次满堂脚手架。室内天棚净高超过 3.60m 的板下勾缝、刷浆、油漆可另行计算一次脚手架费用，按满堂脚手架相应项目乘以 0.10 计算；墙、柱梁面刷浆、油漆的脚手架按抹灰脚手架相应项目乘以 0.10 计算。

⑩ 当结构施工搭设的电梯井脚手架延续至电梯设备安装使用时，套用安装用电梯井脚手架时应扣除定额中的人工及机械。

(2) 超高脚手架材料增加费

① 本定额中脚手架是按建筑物檐高在 20m 以内编制的，檐高超过 20m 时应计算脚手架材料增加费。

② 檐高超过 20m 脚手材料增加费内容包括：脚手架使用周期延长摊销费、脚手架加固。脚手架材料增加费包干使用，无论实际发生多少，均按本章执行，不调整。

③ 檐高超过 20m 脚手材料增加费按下列规定计算：

a. 檐高超过 20m 部分的建筑物应按其超过部分的建筑面积计算。

b. 层高超过 3.6m 每增高 0.1m 按增高 1m 的比例换算（不足 0.1m 按 0.1m 计算），按相应项目执行。

c. 建筑物檐高高度超过 20m，但其最高一层或其中一层楼面未超过 20m 时，则该楼层在 20m 以上部分仅能计算每增高 1m 的增加费。

d. 同一建筑物中有 2 个或 2 个以上的不同檐口高度时，应分别按不同高度竖向切面的建筑面积套用相应子目。

e. 单层建筑物（无楼隔层者）高度超过 20m，其超过部分除计算构件安装费用外，另再按本章相应项目计算每增高 1m 的脚手架材料增加费。

11.2.3 计算举例

【例 11-2】 某现浇混凝土框架结构别墅如图 11-2 所示，外墙为 370mm 厚多孔砖，内墙为 240mm 厚多孔砖（内墙轴线为墙中心线），柱截面为 370mm×370mm（除已标明的外，柱轴线为柱中心线），板厚为 100mm，梁高为 600mm。室内柱、梁、墙面及板底均做抹灰。坡屋面为坡度 1：2 的两坡屋面。请计算：（1）一层内墙砌筑脚手架；（2）一层抹灰脚手架；（3）外墙砌筑脚手架；（4）外墙抹灰脚手架。

【解】

1. 工程量计算

(1) 一层内墙砌筑脚手架：

③轴：(6.6－0.185－0.12) 内墙净长扣柱×(4.2－0.6) 内墙净高扣梁＝22.68m²

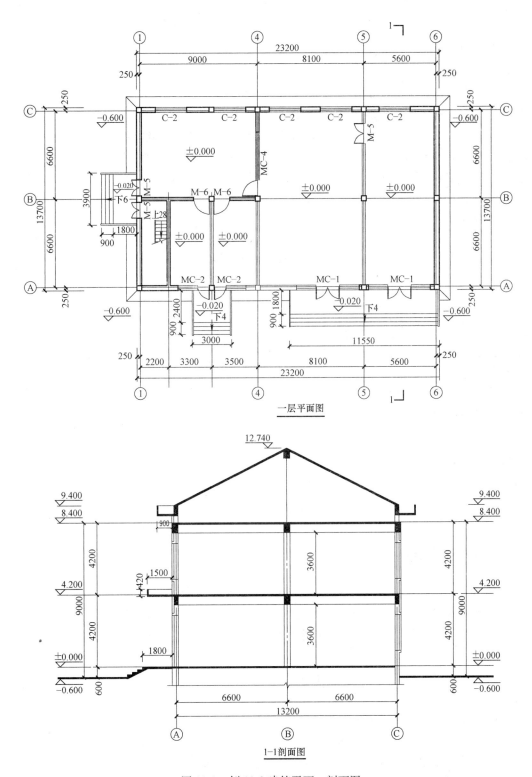

图 11-2　例 11-2 建筑平面、剖面图

153

④、⑤轴：$(13.2-0.37-0.24)$内墙净长扣柱$\times(4.2-0.6)$内墙净高扣梁$\times 2=90.65m^2$

B轴：$(9.0-0.12-0.37-0.185)\times(4.2-0.6)$内墙净高扣梁$=29.71m^2$

合计：$22.68+90.65+29.71=143.04m^2$

（2）一层内墙砌筑脚手架：

②轴：$(6.6-0.24)$内墙净长$\times(4.2-0.1)$内墙净高$=26.08m^2$

（3）一层抹灰满堂脚手架：室内净高超过3.60m，应计算满堂脚手架。

$1-4/B-C$轴：$(9.0-0.24)\times(6.6-0.24)+1-4/A-B$轴$(2.2-0.24+3.3-0.24+3.5-0.24)\times(6.6-0.24)+4-5/A-C$轴$(8.10-0.24)\times(13.2-0.24)+5-6/A-C$轴$(5.6-0.24)\times(13.2-0.24)=279.71m^2$

（4）外墙砌筑脚手架：$(23.2+13.7)\times 2\times(9.40$檐口高度$+0.60$室内外高差$)+(12.74-9.4)/2$（山尖1/2高处）$\times 2\times 13.7=783.76m^2$

（5）外墙抹灰脚手架：外墙砌筑脚手架已包含外墙外侧面的抹灰脚手架费用，不另计算。

2. 套价

例11-2脚手架费用计算表见表11-2。

例 11-2 脚手架费用计算表　　　　　　　　　　　　表 11-2

定额号	子目名称	单位	数量	单价	合价
19-1	砌墙脚手架里架子	m²	143.04	6.88	984.12
19-2	砌墙脚手架单排外架子	m²	809.84	65.26	52850.16
19-7	满堂脚手架	m²	279.71	63.23	17686.06
合价					71520.34

11.3　模　板　工　程

11.3.1　计算规则及运用要点

11.3.1.1　现浇混凝土及钢筋混凝土模板工程量计算规则

（1）现浇混凝土及钢筋混凝土模板工程量除另有规定者外，均按混凝土与模板的接触面积以平方米计算。若使用含模量计算模板接触面积者，其工程量＝构件体积×相应项目含模量。

（2）钢筋混凝土墙、板上单孔面积在0.3m²以内的孔洞，不予扣除，洞侧壁模板不另增加，但突出墙面的侧壁模板应相应增加。单孔面积在0.3m²以外的孔洞，应予扣除，洞侧壁模板面积并入墙、板模板工程量之内计算。

（3）现浇钢筋混凝土框架分别按柱、梁、墙、板有关规定计算，墙上单面附墙柱并入墙内工程量计算，双面附墙柱按柱计算，但后浇墙、板带的工程量不扣除。

（4）设备螺栓套孔或设备螺栓分别按不同深度以"个"计算；二次灌浆，按实灌体积以立方米计算。

（5）预制混凝土板间或边补现浇板缝，缝宽在 100mm 以上者，模板按平板定额计算。

（6）构造柱外露均应按图示外露部分计算面积（锯齿形，则按锯齿形最宽面计算模板宽度），构造柱与墙接触面不计算模板面积。

（7）现浇混凝土雨篷、阳台、水平挑板，按图示挑出墙面以外板底尺寸的水平投影面积计算（附在阳台梁上的混凝土线条不计算水平投影面积）。挑出墙外的牛腿及板边模板已包括在内。复式雨篷挑口内侧净高超过 250mm 时，其超过部分按挑檐定额计算（超过部分的含模量按天沟含模量计算）。竖向挑板按 100mm 内墙定额执行。

（8）整体直形楼梯包括楼梯段、中间休息平台、平台梁、斜梁及楼梯与楼板连接的梁，按水平投影面积计算，不扣除小于 200mm 的梯井，伸入墙内部分不另增加。

（9）圆弧形楼梯按楼梯的水平投影面积以平方米计算（包括圆弧形梯段、休息平台、平台梁、斜梁及楼梯与楼板连接的梁）。

（10）楼板后浇带以延长米计算（整板基础的后浇带不包括在内）。

（11）现浇圆弧形构件除定额已注明者外，均按垂直圆弧形的面积计算。

（12）栏杆按扶手的延长米计算，栏板竖向挑板按模板接触面积以平方米计算。扶手、栏板的斜长按水平投影长度乘系数 1.18 计算。

（13）劲性混凝土柱模板，按现浇柱定额执行。

（14）砖侧模分别不同厚度，按实砌面积以平方米计算。

11.3.1.2　现场预制钢筋混凝土构件模板工程量计算规则

（1）现场预制构件模板工程量，除另有规定者外，均按模板接触面积以平方米计算。若使用含模量计算模板面积者，其工程量＝构件体积×相应项目的含模量。砖地模费用已包括在定额含量中，不再另行计算。

（2）漏空花格窗、花格芯按外围面积计算。

（3）预制桩不扣除桩尖虚体积。

（4）加工厂预制构件有此项目，而现场预制无此项目，实际在现场预制时模板按加工厂预制模板子目执行。现场预制构件有此项目，加工厂预制构件无此项目，实际在加工厂预制时，其模板按现场预制模板子目执行。

11.3.1.3　加工厂预制构件的模板，除漏空花格窗、花格芯外，均按构件的体积以立方米计算。

（1）混凝土构件体积一律按施工图纸的几何尺寸以实体积计算，空腹构件应扣除空腹体积。

（2）漏空花格窗、花格芯按外围面积计算。

11.3.2　计价表应用要点

（1）现浇构件模板子目按不同构件分别编制了组合钢模板配钢支撑、复合木模板配钢支撑，使用时，任选一种套用。

（2）预制构件模板子目，按不同构件，分别以组合钢模板、复合木模板、木模板、定型钢模板、长线台钢拉模、加工厂预制构件配混凝土地模、现场预制构件配砖胎模、长线台配混凝土地胎模编制，使用其他模板时，不予换算。

（3）模板工作内容包括清理、场内运输、安装、刷隔离剂、浇灌混凝土时模板维护、拆模、集中堆放、场外运输。木模板包括制作（预制构件包括刨光、现浇构件不包括刨光）；组合钢模板、复合木模板包括装箱。

（4）现浇钢筋混凝土柱、梁、墙、板的支模高度以净高（底层无地下室者高需另加室内外高差）在3.6m以内为准，净高超过3.6m的构件其钢支撑、零星卡具及模板人工分别乘表11-3规定系数。其脚手架费用另按脚手架工程有关规定执行。

支模净高调整系数 表11-3

增加内容	层　高　在			
	5m以内	8m以内	12m以内	12m以上
独立柱、梁、板钢支撑及零星卡具	1.10	1.30	1.50	2.00
框架柱（墙）、梁、板钢支撑及零星卡具	1.07	1.15	1.40	1.60
模板人工（不分框架和独立柱梁板）	1.05	1.15	1.30	1.40

（5）支模高度净高：

① 柱：无地下室底层是指设计室外地面至上层板底面、楼层板顶面至上层板底面；

② 梁：无地下室底层是指设计室外地面至上层板底面、楼层板顶面至上层板底面；

③ 板：无地下室底层是指设计室外地面至上层板底面、楼层板顶面至上层板底面；

④ 墙：整板基础板顶面（或反梁顶面）至上层板底面、楼层板顶面至上层板底面。

（6）设计⊥、L、＋形柱，其单面每边宽在1000mm内按⊥、L、＋形柱相应子目执行，每根柱两边之和超过2000mm，则该柱按直形墙相应定额执行。⊥、L、＋形柱边的确定：

（7）模板项目中，仅列出周转木材而无钢支撑的项目，其支撑量已含在周转木材中，模板与支撑按7∶3拆分。

（8）模板材料已包含砂浆垫块与钢筋绑扎用的22号镀锌铁丝在内，现浇构件和现场预制构件不用砂浆垫块，而改用塑料卡，每10m²模板另加塑料卡费用每只0.2元，计30只，合计6.00元。

（9）有梁板中的弧形梁模板按弧形梁定额执行（含模量＝肋形板含模量），其弧形板部分的模板按板定额执行。砖墙基上带形混凝土防潮层模板按圈梁定额执行。

（10）混凝土底板面积在1000m²内，有梁式满堂基础的反梁或地下室墙侧面的模板如用砖侧模时，砖侧模的费用应另外增加，同时扣除相应的模板面积（总量不得超过总含模量）；超过1000m²时，反梁用砖侧模，则砖侧模及边模的组合钢模应分别另列项目计算。

（11）地下室后浇墙带的模板应按已审定的施工组织设计另行计算，但混凝土墙体模板含量不扣。

（12）带形基础、设备基础、栏板、地沟如遇圆弧形，除按相应定额的复合模板执行外，其人工、复合木模板乘系数1.30，其他不变（其他弧形构件按相应定额执行）。

（13）现浇有梁板、无梁板、平板、楼梯、雨篷及阳台，底面设计不抹灰者，增加模板缝贴胶带纸人工0.27工日/10m²，计7.02元。

11.3.3 计算举例

【例11-3】 如图11-3所示，某单位办公楼，层高4.0m，屋面现浇钢筋混凝土有梁板，板厚为 100mm，Ⓐ、Ⓑ、①、④轴截面尺寸为 240mm×500mm，②、③轴截面尺寸为 240mm×350mm，柱截面尺寸为 400mm×400mm。计算现浇钢筋混凝土有梁板的模板工程量。

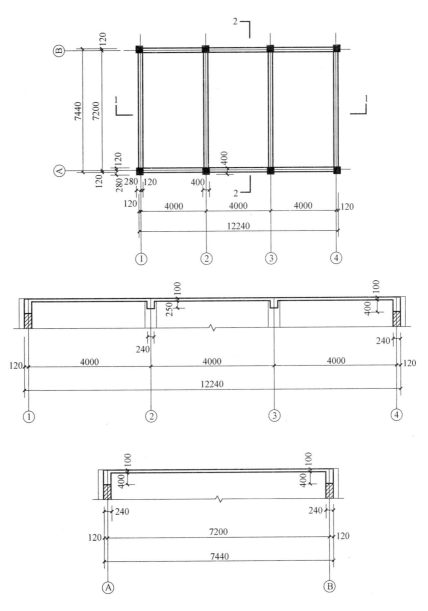

图 11-3 例 11-3 有梁板平面、剖面图

【解】

1. 工程量计算：

(1) 底模：12.24×7.44－(0.4×0.24×4＋0.24×0.24×4)＝90.46m²

(2) 板侧模：(10.96＋6.96)×2×0.1＝3.58m²

(3) 板下口梁侧模：6.96×0.25×4＋(10.96＋6.96)×2×0.4×2＝35.63m²

157

（4）合计：90.46＋3.58＋35.63＝129.67m²＝12.97/10m²

2. 套价

表 11-4 为例 11-3 模板费用计算表。

例 11-3 模板费用计算表 表 11-4

定额号	子目名称	单位	数量	单价	合价
20-56（换）	板厚 10cm 内钢模板	10m²	12.97	268.65	348.39
合价					348.39

3. 换算说明

支模净高超过 3.6m，钢支撑、零星卡具及模板人工乘相应系数：

$$232.04＋71.5×0.05×1.37＋(17.95＋13.76)＝268.65元/10m²$$

11.4 施工排水、降水、深基坑支护

11.4.1 计算规则及运用要点

（1）人工土方施工排水不分土壤类别、挖土深度，按挖湿土工程量以立方米计算。

（2）人工挖淤泥、流砂施工排水按挖淤泥、流砂工程量以立方米计算。

（3）基坑、地下室排水按土方基坑的底面积以平方米计算。

（4）强夯法加固地基坑内排水，按强夯法加固地基工程量以平方米计算。

（5）如图 11-4 所示为轻型井点环状布置示意图，井点降水 50 根为一套，累计根数不足一套者按一套计算，井点使用定额单位为套天，一天按 24h 计算。

井管的安装、拆除以"根"计算。

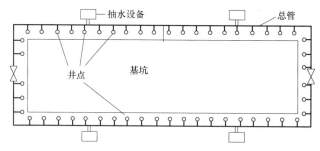

图 11-4 轻型井点环状布置示意图

（6）基坑钢管支撑以坑内的钢立柱、支撑、围檩、活络接头、法兰盘、预埋铁件的合并重量按吨计算。

（7）打、拔钢板桩按设计钢板桩重量以吨计算。

11.4.2 计价表应用要点

（1）人工土方施工排水是在人工开挖湿土、淤泥、流砂等施工过程中的地下水排放发生的机械排水台班费用。

（2）基坑排水：是指地下常水位以下、基坑底面积超过 20m²（两个条件同时具备）

土方开挖以后，在基础或地下室施工期间所发生的排水包干费用（不包括±0.00以上有设计要求待框架、墙体完成以后再回填基坑土方期间的排水）。

（3）井点降水项目适用于地下水位较高的粉砂土、砂质粉土或淤泥质夹薄层砂性土的地层。一般情况下，降水深度在6m以内。井点降水使用时间按施工组织设计确定。井点降水材料使用摊销量中已包括井点拆除时材料损耗量。井点间距根据地质和降水要求由施工组织设计确定，一般轻型井点管间距为1.2m。

井点降水成孔工程中产生的泥水处理及挖沟排水工作应另行计算。

井点降水必须保证连续供电，在电源无保证的情况下，使用备用电源的费用另计。

（4）强夯法加固地基坑内排水是指井点坑内的积水排抽台班费用。

（5）机械土方工作面中的排水费已包含在土方中，但地下水位以下的施工排水费用不包括，如发生，依据施工组织设计规定，排水人工、机械费用另行计算。

（6）基坑钢管支撑为周转摊销材料，其场内运输、回库保养均已包括在内。支撑处需挖运土方、围檩与基坑护壁的填充混凝土未包括在内，发生时应按实另行计算。场外运输按金属Ⅲ类构件计算。

（7）基坑钢筋混凝土支撑按相应章节执行。

（8）打、拔钢板桩单位工程打桩工程量小于50t时，人工、机械乘1.25系数。场内运输超过300m时，应按相应构件运输子目执行，并扣除打桩子目中的场内运输费。

11.4.3　计算举例

【例11-4】　某工程项目，整板基础，基础底标高在地下常水位以下，基础面积120m×30m。计算基坑排水费用。

【解】　1. 工程量计算

$$(120+0.3×2)×(30+0.3×2)=3690.36m^2=369.04/10m^2$$

2. 套价

表11-5为例11-4排水费用计算表。

例 11-4 排水费用计算表　　　　　　　　　　　　　　　　　　表 11-5

定额号	子目名称	单位	数量	单价	合价
21-4	基坑地下室排水	$10m^2$	369.04	297.77	109889.04
合价					109889.04

【例11-5】　某工程项目，整板基础，基础底标高在地下常水位以下，基础面积120m×30m。采用井点降水，井点管距基础外边缘2m，基础施工工期90天，计算井点降水费用。

【解】　1. 工程量计算

（1）井点管根数：

$(120.0+2×2)/1.2=103$根

$(30.0+2×2)/1.2=28$根

合计：$(103+28)×2=262$根

（2）使用

262/50＝5.24套，取6套，工期90天，共540套天

2. 套价

表11-6为例11-5排水费用计算表。

例11-5 排水费用计算表 表11-6

定额号	子目名称	单位	数量	单价	合价
21-13	井点管安装	10根	26.2	346.97	9090.61
21-14	井点管拆除	10根	26.2	109.15	2859.73
21-15	井点使用	套天	540	481.93	260242.20
合价					272192.54

11.5 建筑工程垂直运输

11.5.1 计算规则及运用要点

（1）建筑物垂直运输机械台班用量，区分不同结构类型、檐口高度（层数）按国家工期定额以日历天计算。

（2）单独装饰工程垂直运输机械台班，区分不同施工机械、垂直运输高度、层数、按定额工日分别计算。

（3）烟囱、水塔、筒仓垂直运输机械台班，以"座"计算。超过规定高度时，按每增高1m定额项目计算。高度不足1m，按1m计算。

（4）施工塔吊、电梯基础，塔吊及电梯与建筑物连接件，按施工塔吊及电梯的不同型号以"台"计算。

11.5.2 计价表应用要点

11.5.2.1 建筑物垂直运输

（1）"檐高"是指设计室外地坪至檐口的高度，突出主体建筑物顶的女儿墙、电梯间、楼梯间、水箱等不计入檐口高度以内；"层数"指地面以上建筑物的高度。

（2）江苏省建筑与装饰工程计价表中垂直运输子目工作内容包括：国家工期定额内完成单位工程全部工程项目所需的垂直运输机械台班，不包括机械的场外运输、一次安装、拆卸、路基铺垫和轨道铺拆等费用。施工塔吊与电梯基础、施工塔吊和电梯与建筑物连接的费用单独计算。

（3）子目划分是以建筑物"檐高"、"层数"两个指标界定的，只要其中一个指标达到定额规定，即可套用该定额子目。

（4）一个工程，出现两个或两个以上檐口高度（层数），使用同一台垂直运输机械时，定额不作调整；使用不同垂直运输机械时，应依照国家工期定额规定结合施工合同的工期约定，分别计算。

（5）当建筑物垂直运输机械数量与定额不同时，可按比例调整定额含量。定额按卷扬机施工配两台卷扬机，塔式起重机施工配一台塔吊一台卷扬机（施工电梯）考虑。

（6）檐高 3.60m 内的单层建筑物和围墙，不计算垂直运输机械台班。

（7）垂直运输高度小于 3.6m 的一层地下室不计算垂直运输机械台班。

（8）预制混凝土平板、空心板、小型构件的吊装机械费用已包括在定额中。

（9）定额中现浇框架系指柱、梁、板全部为现浇的钢筋混凝土框架结构。如部分现浇、部分预制，按现浇框架乘系数 0.96。

（10）柱、梁、墙、板构件全部现浇的钢筋混凝土框筒结构、框剪结构按现浇框架执行；筒体结构按剪力墙（滑模施工）执行。

（11）预制或现浇钢筋混凝土柱，预制屋架的单层厂房，按预制排架定额计算。

（12）单独地下室工程项目定额工期按不含打桩工期自基础挖土开始考虑。

（13）当建筑物以合同工期日历天计算时，在同口径条件下定额乘以下系数：

1＋（国家工期定额日历天-合同工期日历天）/国家工期定额日历天

（14）混凝土构件，使用泵送混凝土浇筑者，卷扬机施工定额台班乘系数 0.96；塔式起重机施工定额中的塔式起重机台班含量乘系数 0.92。

（15）建筑物高度超过定额取定高度，每增加 20m，人工、机械按最上两档之差递增。不足 20m 者，按 20m 计算。

（16）采用履带式、轮胎式、汽车式起重机（除塔式起重机外）吊（安）装预制大型构件的工程，除按规定计算垂直运输费外，另按有关规定计算构件吊（安）装费。

11.5.2.2 烟囱、水塔、筒仓垂直运输

烟囱、水塔、筒仓的"高度"指设计室外地坪至构筑物的顶面高度，突出构筑物主体顶的机房等高度，不计入构筑物高度内。

11.5.3 计算举例

【例 11-6】 某 6 层现浇框架结构，檐高 18m，使用泵送混凝土，配备塔式起重机一台、带塔卷扬机一台，定额工期 300 天，合同工期 270 天，计算该工程垂直运输机械费。

【解】 1. 工程量计算

按合同工期计算，270 天。

2. 套价

表 11-7 为例 11-6 垂直运输费计算表。

例 11-6 垂直运输费计算表   表 11-7

定额号	子目名称	单位	数量	单价	合价
22-8（换）	垂直运输机械费	天	270	327.40	88398.00
合价					88398.00

3. 换算说明

（1）当建筑物以合同工期日历天计算时，在同口径条件下定额乘以下系数：

1＋（国家工期定额日历天-合同工期日历天）/国家工期定额日历天

（2）混凝土构件，使用泵送混凝土浇筑者，卷扬机施工定额台班乘系数 0.96；塔式起重机施工定额中的塔式起重机台班含量乘系数 0.92。

$$（308.48－135.49×0.08）×（1＋30/300）＝327.40$$

11.6 场内二次搬运

11.6.1 计算规则及运用要点

（1）砂子、石子、毛石、块石、炉渣、矿渣、石灰膏按堆积原方计算。

（2）混凝土构件及水泥制品按实体积计算。

（3）玻璃按标准箱计算。

（4）其他材料按表中计量单位计算。

11.6.2 计价表应用要点

（1）市区沿街建筑在现场堆放材料有困难，汽车不能将材料运入巷内的建筑，材料不能直接运到单位工程周边需再次中转，建设单位不能按正常合理的施工组织设计提供材料，构件堆放场地和临时设施用地的工程而发生的二次搬运费用，应执行定额。

（2）执行定额时，应以工程所发生的第一次搬运为准。

（3）水平运距的计算，分别以取料中心点为起点，以材料堆放中心为终点。超运距增加运距不足整数者，进位取整计算。

（4）运输道路15%以内的坡度已考虑，超过时另行处理。

（5）松散材料运输不包括做方，但要求堆放整齐。如需做方者，应另行处理。

（6）机动翻斗车最大运距为600m，单（双）轮车最大运距为120m，超过时，应另行处理。

11.7 其他措施项目费用

措施费计算分为两种形式：一种是以工程量乘以综合单价计算（详见本章11.1～11.6节），另一种是以费率计算，即以分部分项工程费用作为基数乘以相应费率。

部分以费率计算的措施项目费率标准见表11-8，现场安全文明施工措施费见表11-9。

措施项目费费率标准 表11-8

项目	费率(%)					
	建筑工程	单独装饰	安装工程	市政工程	修缮	仿古
夜间施工增加费	0～0.1	0～0.1	0～0.1	0.05～0.15	0～0.1	0～0.1
冬雨期施工增加费	0.05～0.2	0.05～0.1	0.05～0.1	0.1～0.3	0.05～0.2	0.05～0.2
已完工程及设备保护	0～0.05	0～0.1	0～0.05	0～0.02	0～0.05	0～0.1
临时设施费	1～2.2	0.3～1.2	0.6～1.5	1～2	1～2	1.5～2.5
检验试验费	0.2	0.2	0.15	0.15	0.15	0.3
赶工费	1～2.5	1～2.5	1～2.5	1～2.5	1～2.5	1～2.5
按质论价费	1～3	1～3	1～3	0.8～2.5	1～2	1～2.5
住宅分户验收	0.08	0.08	0.08	—	—	—

序号	项目名称	计算基础	基本费率(%)	现场考评费率(%)	奖励费(获市级文明工地获省级文明工地)(%)
一	建筑工程	分部分项工程费	2.2	1.1	0.4/0.7
二	构件吊装		0.85	0.5	—
三	桩基工程		0.9	0.5	0.2/0.4
四	大型土石方工程		1	0.6	
五	单独装饰工程		0.9	0.5	0.2/0.4
六	安装工程		0.8	0.4	0.2/0.4
七	市政工程		1.1	0.6	0.2/0.4
八	仿古建筑工程		1.5	0.8	0.3/0.5
九	园林绿化工程		0.7	0.4	
十	修缮工程		0.8	0.4	0.2/0.4

现场安全文明施工措施费费率标准　　　　　表 11-9

11.8 其他项目费计算

其他项目费包括暂列金额、暂估价、计日工、总承包服务费。

暂列金额是指招标人在工程量清单中暂定并包括在合同价款中的一笔款项。用于工程合同签订时尚未确定或者不可预见的所需材料、工程设备、服务的采购，施工中可能发生的工程变更、合同约定调整因素出现时的合同价款调整以及发生的索赔、现场签证确认等的费用。

暂估价是指招标人在工程量清单中提供的用于支付必然发生但暂时不能确定价格的材料、工程设备的单价以及专业工程的金额。

计日工是指在施工过程中，承包人完成发包人提出的工程合同范围以外的零星项目或工作，按合同中约定的单价计价的一种方式。

总承包服务费是指总承包人为配合协调发包人进行的专业工程发包，对发包人自行采购的材料、工程设备等进行保管以及施工现场管理、竣工资料汇总整理等服务所需的费用。

暂列金额应按招标工程量清单中列出的金额填写。

材料、工程设备暂估价应按招标工程量清单中列出的单价计入综合单价。

专业工程暂估价应按招标工程量清单中列出的金额填写。

计日工应按招标工程量清单中列出的项目和数量，自主确定综合单价并计算计日工金额。

总承包服务费应根据招标工程量清单中列出的内容和提出的要求自主确定。

总分包配合管理费是业主将国家法律、法规允许分包的专业工程单独发包，应按发包的专业工程不含税造价的 5% 以内付给总包施工单位，作为总包施工单位与专业施工单位现场配合、交叉施工所增加的管理费用。

专业分包工程的费用按各专业工程类别划分标准、有关规定及其取费标准计算。

劳务分包工程的措施费、规费、利润根据各工种的具体情况由承发包双方协商确定。

【例 11-7】 已知某工程，分部分项工程费用 4130.93 元，材料暂估价为 2000.00 元，专业工程暂估价 7659.60 元。建设方要求创建市级文明工地，安全文明施工措施费现场考评费暂足额计取，脚手架费按 500 元计算，临时设施费费率 2%，工程排污费费率 0.1%，建筑安全监督管理费费率 0.118%，税金费率 3.48%，社会保障费、公积金按 2009 年江苏省费用定额相应费率执行。请按 2009 年江苏省费用定额计价程序计算该工程预算造价。

【解】 根据 2009 年江苏省费用定额和规范计价程序，计算该工程预算造价见表 11-10：

例 11-7 单位工程汇总表　　　　　　　　　　　　　表 11-10

序号	费用名称	计算公式	金额（元）
一	分部分项工程费	工程量×综合单价	4130.93
二	措施项目费		735.46
1	安全文明施工措施费	（一）×3.7%	152.84
2	临时设施费	（一）×2%	82.62
3	脚手架	工程量×综合单价	500
三	其他项目费		7659.6
1	材料暂估价	工程量清单中列出的金额	2000
2	专业工程暂估价	工程量清单中列出的金额	7659.6
四	规费		
1	工程排污费	［（一）+（二）+（三）］×0.1%	12.53
2	建筑安全监督管理费	［（一）+（二）+（三）］×0.118%	14.78
3	社会保障费	［（一）+（二）+（三）］×3%	375.78
4	住房公积金	［（一）+（二）+（三）］×0.5%	62.63
五	税金	［（一）+（二）+（三）+（四）］×3.48%	452.11
六	工程造价	（一）+（二）+（三）+（四）+（五）	13443.82

思 考 题

1. 简述脚手架的分类。
2. 简述内外脚手架、满堂脚手架工程量的计算方法。
3. 何时套用里脚手架，何时套用外脚手架
4. 如何定义支模高度净高。

习 题

1. 图 11-5 为现浇钢筋混凝土带形基础平面图，断面Ⅰ-Ⅰ（a）、（b）为板式带形基础，（a）为矩形断面，（b）为锥形断面。断面Ⅰ-Ⅰ（c）为有肋式带形基础。试按断面Ⅰ-Ⅰ所示的三种情况计算基础模板工程量。

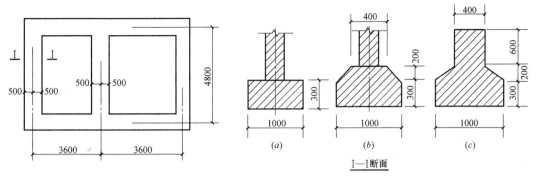

图 11-5 习题 1 基础图

2. 计算图 11-6 所示现浇混凝土有梁板的模板工程量。

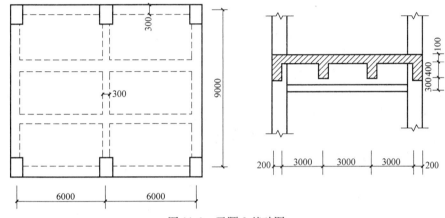

图 11-6 习题 2 基础图

3. 某建筑物横墙外边线长为 6m，纵墙外边线长为 12m，室外设计地坪至檐口高度为 4m，纵墙上突出墙外的墙垛宽为 30cm，长为 36.5cm，且每隔 3m 一个墙垛。求外墙砌筑脚手架工程量。

4. 某建筑物为三层砖混建筑（见图 11-7），内外墙厚均为 240mm，楼板厚 0.15m，试计算砌筑、装饰钢管脚手架工程量及工料消耗。

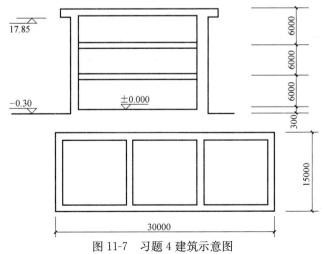

图 11-7 习题 4 建筑示意图

第12章　建筑面积计算

教学目的和要求：了解建筑面积组成。掌握建筑面积计算方法。
教学内容：建筑面积计算规则。

建筑面积是指房屋建筑各层水平面积相加后的总面积。建筑面积包括使用面积、辅助面积和结构面积三个部分。

（1）使用面积：建筑物各层平面布置中可直接为生产或生活使用的净面积的总和。如居住生活间、工作间和生产间的净面积。

（2）辅助面积：建筑物各层平面布置中为辅助生产或生活所占的净面积的总和。如楼梯间、走道间、电梯井等所占面积。

（3）结构面积：建筑物各层平面布置中的墙柱体等结构所占面积。

建筑面积是工程估价工作中的一个重要基本参数，其作用主要表现为以下四个方面：

（1）建筑面积是国家控制基本建设规模的主要指标；

（2）建筑面积是初步设计阶段选择概算指标的重要依据之一；

（3）建筑面积在施工图预算阶段是校对某些分部分项工程的依据；如场地平整、楼地面、屋面的工程量可以用建筑面积来校对；

（4）建筑面积是计算面积利用系数、土地利用系数及单位建筑面积经济指标的依据。

我国的《建筑面积计算规则》是在 20 世纪 70 年代依据苏联的做法结合我国的情况制订的。1982 年国家经委基本建设办公室（82）经基设字 58 号印发的《建筑面积计算规则》是对 20 世纪 70 年代制订的《建筑面积计算规则》的修订。1995 年建设部发布《全国统一建筑工程预算工程量计算规则》（土建工程 GJDGZ-101-95），是对 1982 年的《建筑面积计算规则》的修订。

目前，住房和城乡建设部和国家质量技术监督局颁发的《房产测量规范》的房产面积计算，以及《住宅设计规范》中有关面积的计算，均依据的是《建筑面积计算规则》。随着我国建筑市场的发展，建筑的新结构、新材料、新技术、新的施工方法层出不穷，为了解决建筑技术的发展产生的面积计算问题，使建筑面积的计算更加科学合理，完善和统一建筑面积的计算范围和计算方法，对建筑市场发挥更大的作用，我国于 2005 年对原《建筑面积计算规则》予以修订。将《建筑面积计算规则》改为《建筑工程建筑面积计算规范》，并于 2005 年 7 月 1 日起开始施行。

12.1　建筑面积计算规则

12.1.1　计算建筑面积的规定

（1）单层建筑物的建筑面积，应按其外墙勒脚以上结构外围水平面积计算。并应符合下列规定：

①单层建筑物高度在 2.20m 及以上者应计算全面积；高度不足 2.20m 者应计算 1/2面积。

②利用坡屋顶内空间时，顶板下表面至楼面的净高超过 2.10m 的部位应计算全面积；净高在 1.20～2.10m 的部位应计算 1/2 面积；净高不足 1.20m 的部位不应计算面积，见图 12-1。

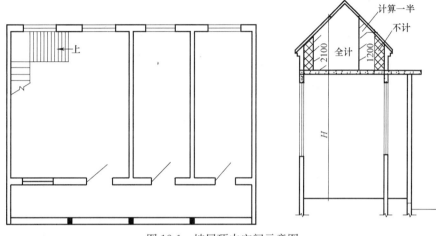

图 12-1　坡屋顶内空间示意图

（2）单层建筑物内设有局部楼层者，局部楼层的二层及以上楼层，有围护结构的应按其围护结构外围水平面积计算，无围护结构的应按其结构底板水平面积计算。层高在2.20m 及以上者应计算全面积；层高不足 2.20m 者应计算 1/2 面积，见图 12-2。

图 12-2 中，建筑面积 $S = b * l + b_1 * l_1$

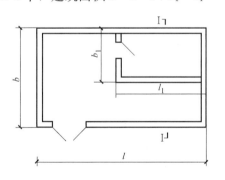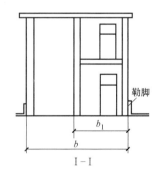

图 12-2　局部楼层示意图

（3）多层建筑物首层应按其外墙勒脚以上结构外围水平面积计算；二层及以上楼层应按其外墙结构外围水平面积计算。层高在 2.20m 及以上者应计算全面积；层高不足2.20m 者应计算 1/2 面积。

（4）多层建筑坡屋顶内和场馆看台下，当设计加以利用时净高超过 2.10m 的部位应计算全面积；净高在 1.20～2.10m 的部位应计算 1/2 面积；当设计不利用或室内净高不足 1.20m 时不应计算面积。

（5）地下室、半地下室（车间、商店、车站、车库、仓库等），包括相应的有永久性顶盖的出入口，应按其外墙上口（不包括采光井、外墙防潮层及其保护墙）外边线所围水平面积计算。层高在2.20m及以上者应计算全面积；层高不足2.20m者应计算1/2面积，图12-3所示地下室建筑面积为：

地下室部分建筑面积：[18＋(2×0.18)]×[9＋(2×0.18)]＝171.85m²

地下室入口部分建筑面积：1.5×(1.5＋1)＝3.75m²

地下室总建筑面积：171.85＋3.75＝175.60m²

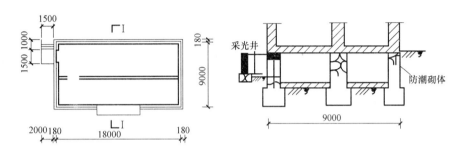

图12-3 地下室示意图

（6）坡地的建筑物吊脚架空层、深基础架空层，设计加以利用并有围护结构的，层高在2.20m及以上的部位应计算全面积；层高不足2.20m的部位应计算1/2面积。设计加以利用、无围护结构的建筑吊脚架空层，应按其利用部位水平面积的1/2计算；设计不利用的深基础架空层、坡地吊脚架空层、多层建筑坡屋顶内、场馆看台下的空间不应计算面积，见图12-4。

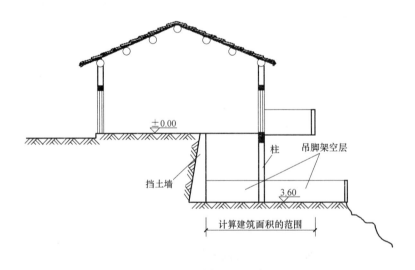

图12-4 吊脚架空层示意图

（7）建筑物的门厅、大厅按一层计算建筑面积。门厅、大厅内设有回廊时，应按其结构底板水平面积计算。回廊层高在2.20m及以上者应计算全面积；层高不足2.20m者应计算1/2面积，见图12-5。

168

（8）建筑物间有围护结构的架空走廊，应按其围护结构外围水平面积计算，层高在 2.20m 及以上者应计算全面积；层高不足 2.20m 者应计算 1/2 面积。有永久性顶盖无围护结构的应按其结构底板水平面积的 1/2 计算，见图 12-6。

图 12-6 中，架空通廊的建筑面积：
$$S=(6-0.24)\times(3+0.24)=18.66m^2$$

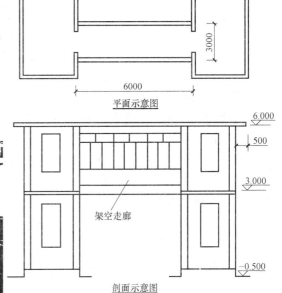

平面示意图

剖面示意图

图 12-5　大厅回廊示意图　　　　图 12-6　架空走廊示意图

（9）立体书库、立体仓库、立体车库，无结构层的应按一层计算，有结构层的应按其结构层面积分别计算。层高在 2.20m 及以上者应计算全面积；层高不足 2.20m 者应计算 1/2 面积。

（10）有围护结构的舞台灯光控制室，应按其围护结构外围水平面积计算。层高在 2.20m 及以上者应计算全面积；层高不足 2.20m 者应计算 1/2 面积。

（11）建筑物外有围护结构的落地橱窗、门斗、挑廊、走廊、檐廊，应按其围护结构外围水平面积计算。层高在 2.20m 及以上者应计算全面积；层高不足 2.20m 者应计算1/2 面积。有永久性顶盖无围护结构的应按其结构底板水平面积的 1/2 计算，见图 12-7。

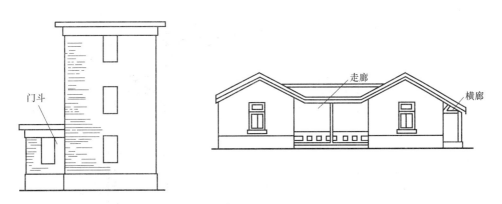

图 12-7　门斗走廊示意图

（12）有永久性顶盖无围护结构的场馆看台应按其顶盖水平投影面积的 1/2 计算。

（13）建筑物顶部有围护结构的楼梯间、水箱间、电梯机房等，层高在 2.20m 及以上者应计算全面积；层高不足 2.20m 者应计算 1/2 面积。

（14）设有围护结构不垂直于水平面而超出底板外沿的建筑物，应按其底板面的外围水平面积计算。层高在 2.20m 及以上者应计算全面积；层高不足 2.20m 者应计算 1/2 面积。

（15）建筑物内的室内楼梯间、电梯井、观光电梯井、提物井、管道井、通风排气竖井、垃圾道、附墙烟囱应按建筑物的自然层计算。

（16）雨篷结构的外边线至外墙结构外边线的宽度超过 2.10m 者，应按雨篷结构板的水平投影面积的 1/2 计算。

雨篷均以其宽度超过 2.10m 或不超过 2.10m 衡量，不论是有柱雨篷、无柱雨篷还是独立柱雨篷计算规则一致。

（17）有永久性顶盖的室外楼梯，应按建筑物自然层的水平投影面积的 1/2 计算。

室外楼梯，最上层楼梯无永久性顶盖或不能完全遮盖楼梯的雨篷，上层楼梯不计算面积，上层楼梯可视为下层楼梯的永久性顶盖，下层楼梯应计算面积（即少算一层）。

（18）建筑物的阳台均应按其水平投影面积的 1/2 计算。

（19）有永久性顶盖无围护结构的车棚、货棚、站台、加油站、收费站等，应按其顶盖水平投影面积的 1/2 计算，见图 12-8。

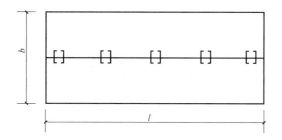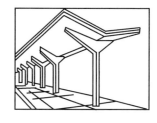

图 12-8　货棚示意图

（20）高低联跨的建筑物，应以高跨结构外边线为界分别计算建筑面积；其高低跨内部连通时，其变形缝应计算在低跨面积内，见图 12-9。

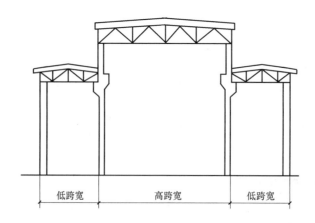

图 12-9　高低连跨结构示意图

（21）以幕墙作为围护结构的建筑物，应按幕墙外边线计算建筑面积。

（22）建筑物外墙外侧有保温隔热层的，应按保温隔热层外边线计算建筑面积。

（23）建筑物内的变形缝，应按其自然层合并在建筑物面积内计算。

12.1.2 不计算建筑面积范围

（1）建筑物通道（骑楼、过街楼的底层）。

（2）建筑物内的设备管道夹层。

（3）建筑物内分隔的单层房间，舞台及后台悬挂幕布、布景的天桥、挑台等。

（4）屋顶水箱、花架、凉棚、露台、露天游泳池。

（5）建筑物内的操作平台、上料平台、安装箱和罐体的平台。

（6）勒脚、附墙柱、垛、台阶、墙面抹灰、装饰面、镶贴块料面层、装饰性幕墙、空调室外机搁板（箱）、飘窗、构件、配件、宽度在2.10m及以内的雨篷以及与建筑物内不相连通的装饰性阳台、挑廊。

（7）无永久性顶盖的架空走廊、室外楼梯和用于检修、消防等的室外钢楼梯、爬梯。

（8）自动扶梯、自动人行道。

（9）独立烟囱、烟道、地沟、油（水）罐、气柜、水塔、贮油（水）池、贮仓、栈桥、地下人防通道、地铁隧道。

12.2 建筑面积计算实例

【**例 12-1**】 如图 12-10 所示，某多层住宅变形缝宽度为 0.20m，阳台水平投影尺寸为 1.80m×3.60m（共 18 个），雨篷水平投影尺寸为 2.60m×4.00m，坡屋面阁楼室内净高最高点为 3.65m，坡屋面坡度为 1∶2；平屋面女儿墙顶面标高为 11.60m。请按《建筑工程建筑面积计算规范》GB/T 50353—2005 计算图 12-10 的建筑面积。

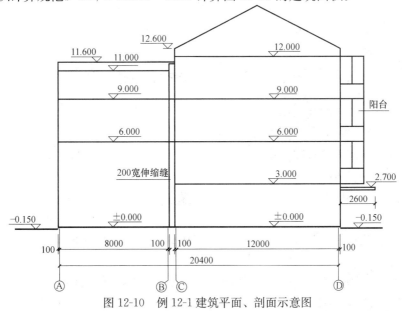

图 12-10 例 12-1 建筑平面、剖面示意图

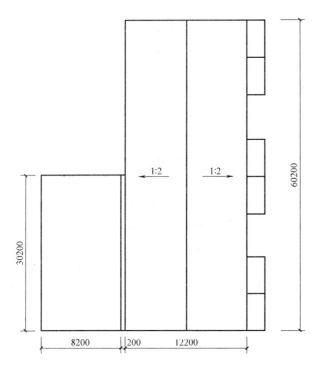

图 12-10 例 12-1 建筑平面、剖面示意图（续）

【解】

1. 变形缝与左侧部分合并计算，Ⓐ～Ⓒ轴，30.20×(8.40×2＋8.40×1/2)=634.20m²
2. Ⓒ～Ⓓ轴，60.20×12.20×4=2937.76m²
3. 坡屋面：60.20×(6.20＋1.80×2×1/2)=481.60m²
4. 雨篷：2.60×4.00×1/2=5.20m²
5. 阳台：18×1.80×3.60×1/2=58.32m²

建筑面积合计：4117.08m²

思 考 题

1. 简述计算建筑面积的作用。
2. 按 1/2 计算建筑面积的范围有哪些？
3. 不计算建筑面积的范围有哪些？

习 题

1. 某单层建筑物外墙轴线尺寸如图 12-11 所示，墙厚均为 240mm，轴线坐中，试计算建筑面积。

2. 计算第 11 章例题 11-2 所示工程建筑面积，已知该工程坡屋面顶板下表面至楼面的净高的最大值为 4.24m，坡屋面为坡度 1：2 的两坡屋面。雨篷 YP1 水平投影尺寸为 2.10m×

172

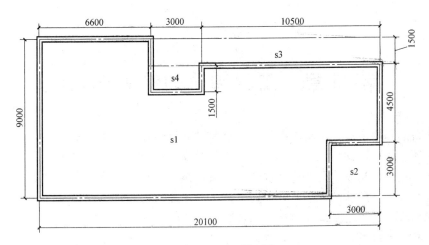

图 12-11 习题 1 平面图

3.00m，YP2 水平投影尺寸为 1.50m×11.55m，YP3 水平投影尺寸为1.50m×3.90m。

第 13 章 工程造价的结算与决算

教学目的和要求：本章重点阐述工程价款结算及支付的内容、方式、步骤和工程价款动态结算的方法，FIDIC 合同条件下工程费用的支付与结算，工程变更及其价款的确定，工程索赔的原则、程序和索赔费用的计算方法，介绍工程竣工结算和竣工决算的内容，旨在使学生掌握工程结算的方法及计算，了解工程决算的内容。

教学内容：工程计量、我国现行工程结算，FIDIC 合同条件下的工程结算，工程价款的动态结算；工程变更内容、确定程序、索赔程序估价方法、反索赔。

13.1 工程造价的结算

13.1.1 工程价款结算

所谓工程价款结算，是指承包商在工程实施过程中，依据承包合同中关于付款条件的规定和已经完成的工程量，按照规定的程序向发包人（业主）收取工程价款的一项经济活动。

工程价款结算在一定程度上反映了工程的实际完成进度，在一定时期内弥补了承包商生产建筑产品的消耗，是考核承包商的重要经济指标，工程价款结算是工程项目承包中的一项十分重要的工作。

13.1.2 工程计量

（1）工程计量

所谓工程计量，是指根据设计文件及承包合同中关于工程量计算的规定，工程师对承包商申报的已完成工程的工程量进行的核验。

工程计量是控制项目投资支出的关键环节，作为合同文件组成部分的工程量清单中所列工程量是在编制招标文件时，在图纸和规范的基础上估算的工程量，不能作为结算工程结算价款的依据，而必须经过工程师对已完成的工程量进行计量。

工程计量是约束承包商履行合同义务的重要手段，业主对承包商的付款是以工程师批准的付款证书为凭据的，工程师对计量支付有充分的批准和否决权。同时工程师通过按时计量，可以及时掌握承包商工作的进展情况，控制工程进度。

（2）工程计量的依据

① 质量合格证书

对于承包商已完成的工程，并不是全部进行计量，而只是达到合同规定的质量标准的已完工程才予以计量。工程计量的前提是经过专业工程师检验，工程质量达到合同规定的标准后，由专业工程师签署报验申请表（质量合格证书）。不合格的工程不予计量。

② 工程量计算规则

工程量清单计价规范、合同规定的工程定额和技术规范是确定计量方法的依据。因为工程量清单计价规范、工程定额和技术规范条款中的工程量计算规则规定了工程量清单中的每一项工程的计量方法，同时还规定了按规定计量方法确定的单价所包括的工作内容和范围。

③ 设计图纸

单价合同以实际完成的工程量进行计量，但被工程师计量的工程数量并不一定是承包商实际施工的数量。计量的工程量要以设计图纸为依据，工程师对承包商超出设计图纸要求增加的工程量和自身原因造成返工的工程量，不予计量。

（3）工程计量的方法

工程师一般只对以下三方面的工程项目进行计量：工程量清单中的全部项目；合同文件中规定的项目；工程变更项目。

工程计量一般可按照以下方法进行：

① 均摊法。所谓均摊法，就是对清单中某些项目的合同价款，按合同工期平均计算。

② 凭据法。所谓凭据法，就是按照承包商提供的凭据进行计量支付。

③ 估价法。所谓估价法，就是按照合同文件的规定，根据工程量估算得以完成工程价值支付。

④ 断面法。断面法主要用于取土或填筑路堤土方的计量。

⑤ 图纸法。在工程量清单中，许多项目采取按照设计图纸所示尺寸进行计量。

⑥ 分解计量法。所谓分解计量法，就是将一个项目，按工序或分部分项工程分解为若干子项。对完成的各子项进行计量。这种方法主要是为了解决一些包干项目或较大的工程项目的支付时间过长，影响承包商的资金流动问题。

13.1.3 我国现行工程价款的主要结算方式

我国现行工程价款结算根据不同情况，可采取多种方式。

（1）按月结算

实行旬末或月中预支，月终结算，竣工后清算的办法。跨年度竣工的工程，在年终进行工程盘点，办理年度结算。这种结算办法是按分部分项工程，即以假定"建筑安装产品"为对象，按月结算，待工程竣工后再办理竣工结算，一次结清，找补余款。我国现行建筑安装工程价款结算中，相当一部分是实行按月结算。

（2）竣工后一次结算

建设项目或单项工程全部建筑安装工程建设期在12个月以内，或者工程承包合同价在100万元以下的，可以实行工程价款每月月中预支，竣工后一次结算。

（3）分段结算

即当年开工，当年不能竣工的单项工程或单位工程按照工程形象进度，划分不同阶段进行结算，分段结算可以预支工程款。分段的划分标准，由各部门、省、自治区、直辖市、计划单列市规定。

（4）目标结算方式

即在工程合同中，将承包工程的内容分解成不同的控制界面，以业主验收控制界面作为支付工程价款的前提条件。也就是说，将合同中的工程内容分解成不同的验收单元，当承包商完成单元工程内容，经业主验收后，业主支付构成单元工程内容的工程价款。

（5）结算双方的其他结算方式

承包商与业主办理的已完成工程价款结算，无论采取何种方式，在财务上都可以确认为已完工部分的工程收入实现。

13.1.4 工程价款及支付

（1）工程预付款

施工企业承包工程，一般都实行包工包料，这就需要有一定数量的备料周转金。工程承包合同条款，一般要明文规定发包单位（甲方）在开工前拨付给承包单位（乙方）一定限额的工程预付备料款。此预付款构成承包人为该承包工程项目储备主要材料、结构件所需的流动资金。

工程预付款仅用于施工开始时与本工程有关的备料和动员费用。如承包方滥用此款，发包方有权立即收回。另外，建筑工程施工合同示范文本的通用条款明确规定："实行预付款的，双方应当在专用条款内约定发包人向承包人预付工程款的时间和数额，开工后按约定比例逐次扣回。"

① 预付备料款的限额

预付备料款的限额由下列主要因素决定：主要材料费（包括外购构件）占工程造价的比例；材料储备期；施工工期。

对于承包人常年应备的备料款限额，可按下式计算：

$$备料款限额 = \frac{年度承包工程总值 \times 主要材料所占比重}{年度施工日历天数} \times 材料储备天数$$

《建设工程工程量清单计价规范》GB 50500—2013 规定：包工包料工程的预付款的支付比例不得低于签约合同价（扣除暂列金额）的 10%，不宜高于签约合同价（扣除暂列金额）的 30%。

② 备料款的扣回

发包单位拨付给承包单位的备料款属于预支性质，到了工程中、后期，所储备材料的价值逐渐转移到已完成工程当中，随着主要材料的使用，工程所需主要材料的减少应以充抵工程款的方式陆续扣回。扣款的方法如下：

a. 从未施工工程尚需的主要材料及构件相当于备料款数额时起扣，从每次结算工程款中，按材料比重扣抵工程款，竣工前全部扣除。备料款起扣点计算公式如下：

$$T = P - \frac{M}{N}$$

式中　T——起扣点，即预付备料款开始扣回时的累计完成工程量金额；

　　　M——预付备料款的限额；

　　　N——主要材料所占比重；

　　　P——承包工程价款总额。

第一次应扣回预付备料款金额＝（累计已完工程价值－起扣点已完工程价值）×主要材

料所占比重

以后每次应扣回预付备料款金额＝每次结算的已完工程价值×主要材料所占比重

b. 扣款的方法也可以是经双方在合同中约定承包方完成金额累计达到一定比例后，由承包方开始向发包方还款，发包方从每次应付给承包方的金额中扣回预付款，发包方应在工程竣工前将工程预付款的总额逐次扣回。

（2）工程进度款（中间结算）

承包人在工程建设中按逐月（或形象进度、或控制界面）完成的分部分项工程量计算各项费用，向发包人办理月工程进度（或中间）结算，并支取工程进度款。

以按月结算为例，现行的中间结算办法是，承包人在旬末或月中向发包人提出预支工程款账单预支一旬或半月的工程款，月末再提出当月工程价款结算和已完工程月报表，收取当月工程价款，并通过银行进行结算。发包人与承包人的按月结算，要对现场已完工程进行清点，由监理工程师对承包人提出的资料进行核实确认，发包人审查后签证。目前月进度款的支取一般是以承包人提出的月进度统计报表作为凭证。

① 工程进度款结算的步骤

a. 由承包人对已经完成的工程量进行测量统计，并对已完成工程量的价值进行计算。测量统计、计算的范围不仅有合同内规定必须完成的工程量及其价值，还应包括由于变更、索赔等而发生的工程量和相关的费用。

b. 承包人按约定的时间向监理单位提出已完工程报告，包括工程计量报审表和工程款支付申请表，申请对完成的合同内和由于变更产生的工程量进行核查，对已完工程量价值的计算方法和款项进行审查。

c. 工程师接到报告后应在合同规定的时间内按设计图纸对已完成的合格工程量进行计量，依据工程计量和对工程量价值计算审查结果，向发包人签发工程款支付证书。工程款支付证书同意支付给承包人的工程款应是已经完成的进度款减去应扣除的款项（如应扣回的预付备料款、发包人向承包人供应的材料款等）。

d. 发包人对工程计量的结果和工程款支付证书进行审查确认，与承包人进行进度款结算，并在规定时间内向承包人支付工程进度款。同期用于工程上的发包人供应给承包人的材料设备价款以及按约定发包人应按比例扣回的预付款，与工程进度款同期结算。合同价款调整、设计变更调整的合同价款及追加的合同价款应与工程进度款调整支付。

② 工程进度款结算的计算方法

工程进度款的计算主要根据已完成工程量的计量结果和发包人与承包人事先约定的工程价格的计价方法。在《建筑工程施工发包与承包计价管理办法》中规定，工程价格的计价可以采用工料单价法和综合单价法。

所谓工料单价法，是指单位工程分部分项的单价为直接费，直接费以人工、材料、机械的消耗量及其相应价格确定。间接费、利润、税金等按照有关规定另行计算。

所谓综合单价法，是指单位工程分部分项工程量的单价为全费用单价，全费用单价综合计算完成分部分项工程所发生的直接费、间接费、利润、税金。

两种方法在选择时，既可以采用可调价格的方式，即工程价格在实施期间可随价格变化调整。也可以采用固定价格的方式，即工程价格在实施期间不因价格变化而调整，在工程价格中已考虑风险因素并在合同中明确了固定价格所包括的内容和范围。实践中采用较多的是可调工料单价法和固定综合单价法。

可调工料单价法计价，要按照预算定额规定的工程量计算规则计算工程量，工程量乘以预算定额单价作为直接成本单价，其他直接成本、间接费、利润、税金等按照相应的工程建设费用标准分别计算。因为价格是可调的，其材料等费用在结算时按工程造价机构公布的调价系数或主材按实计算差价，次要材料按系数调整价差；固定综合单价法包含了风险费用在内的全费用单价，故不受时间价值的影响。

（3）工程保修金（尾留款）

甲乙双方一般都在工程建设合同中约定，工程项目总造价中应预留出一定比例的尾留款作为质量保修费用（又称保留金），待工程项目保修期结束后最后拨付。尾留款的扣除一般有两种做法：

① 当工程进度款拨付累计达到该建筑安装工程造价的一定比例（一般为95%～97%左右）时，停止支付，预留造价部分作为尾留款。

② 尾留款（保修金）的扣除也可以从发包方向承包方第一次支付的工程进度款开始在每次承包方应得的工程款中按约定的比例（一般是3%～5%）扣除作为保留金，直到保留金达到规定的限额为止。

（4）工程价款的动态结算

在我国，目前实行的是市场经济，物价水平是动态的，不断变化的。建设项目在工程建设合同周期内，随着时间的推移，经常要受到物价浮动的影响，其中人工费、机械费、材料费、运费价格的变化，对工程造价产生很大影响。我国现行的工程价款的计算方法是静态的，没有反映出工程所需的人工、材料、机械台班、设备等费用因价格变动对工程造价产生的影响。工程价款的计算基础是定额直接费，定额直接费包括人工费、材料费、机械台班使用费。而定额中的人工费价格、材料费价格、机械台班费用单价，通常是以定额使用范围的某一中心城市某一时期的有关资料为依据编制的。工程所处地区不同，工程预（结）算的时期与定额编制的时期不同，其间人工、机械、材料等价格的变化必然使工程的实际单价与定额单价存在差异。

为使工程结算价款基本能够反映工程的实际消耗费用，弥补现行工程计价方法的缺陷，现在通常采用的动态结算办法有工程造价指数调整法、实际价格调整法、调价文件计算法、调值公式法等。

① 工程造价指数调整法

这种方法是甲乙方采用当时的预算（或概算）定额单价计算出承包合同价，待工程竣工时根据合理工期及当地工程造价管理部门公布的该月度（或季度）的工程造价指数，对原承包合同价予以调整，重点调整那些由于实际人工费、材料费、施工机械费上涨及工程变更因素造成的价差。

② 实际价格调整法

现在建筑材料需要市场采购供应的范围越来越大，有相当一部分工程项目对钢材、木材、水泥、装饰材料等主要材料采取实际价格结算的方法。承包商可凭发票按实报销。这种方法方便而正确。但由于是实报实销，承包商对降低成本不感兴趣；另外由于建筑材料市场采购渠道广泛，同一种材料价格会因采购地点不同有差异，甲乙双方因此引起纠纷，为了避免副作用，价格调整应该在地方主管部门定期发布最高限价范围内进行，合同文件中应规定发包方有权要求承包方在保证材料质量的前提下选择更廉价的材料供应来源。

③ 调价文件计算法

这种方法是甲乙双方签订合同时按当时的预算价格承包，在合同工期内按照造价部门的调价文件的规定，进行材料补差（在同一价格期内按所完成的材料用量乘以价差）。也有的地方定期发布主要材料供应价格或指令性价格，对这一时期的工程进行材料补差。同时，按照文件规定的调整系数，对人工、机械、次要材料费用的价差进行调整。

④ 调值公式法

根据国际惯例，对建设项目的动态结算一般采用此办法。在绝大多数国际工程项目中，甲乙双方在签订合同时就明确提出这一公式，以此作为价差调整的依据。

建筑安装调值公式一般包括固定部分、材料部分和人工部分表达式如下：

$$P = P_0 \left(a_0 + a_1 \frac{A}{A_0} + a_2 \frac{B}{B_0} + a_3 \frac{C}{C_0} + a_4 \frac{D}{D_0} + \cdots \cdots \right)$$

式中　　　　　　　P——调值后合同款或工程实际结算款；

P_0——合同价款中工程预算进度款；

a_0——固定要素，代表合同支付不能调整的部分占合同总价中的比重；

a_1、a_2、a_3、a_4……——代表有关各项费用（如：人工费用、钢材费用、水泥费用、运输费用等在合同总价中）所占比重 $a_1 + a_2 + a_3 + a_4 \cdots \cdots = 1$

A_0、B_0、C_0、D_0……——基准日期与 a_1、a_2、a_3、a_4……对应的各项费用的基期价格指数或价格；

A、B、C、D……——在工程结算月份与 a_1、a_2、a_3、a_4……对应的各项费用的现行价格指数或价格。

各部分的成本比重系数在许多标书中要求在投标时即提出并在价格分析中予以论述。但也有的是由发包方（业主）在标书中规定一个允许范围，由投标人在此范围内选定。

（5）《建设工程工程量清单计价规范》GB 50500—2013 关于合同价款调整的规定

《建设工程工程量清单计价规范》GB 50500—2013 规定，下列事项（但不限于）发生，发承包双方应当按照合同约定调整合同价款：法律法规变化；工程变更；项目特征不符；工程量清单缺项；工程量偏差；计日工；物价变化；暂估价；不可抗力；提前竣工（赶工补偿）；误期赔偿；索赔；现场签证；暂列金额；发承包双方约定的其他调整事项。

承包人采购材料和工程设备的，应在合同中约定主要材料、工程设备价格变化的范围或幅度；当没有约定，且材料、工程设备单价变化超过 5% 时，超过部分的价格应按照调值公式法计算调整材料、工程设备费。

13.1.5　设备、工器具、材料价款和其他费用的支付与结算

（1）国内设备、工器具、材料价款和其他费用的支付与结算

① 国内设备、工器具和材料价款的支付与结算

按照我国现行规定，银行、单位和个人办理结算都必须遵守的结算原则：一是恪守信用，履约付款；二是谁的钱进谁的账，由谁支配；三是银行不垫款。

建设单位对订购的设备、工器具，一般不预付定金，只有对制造期长、造价高的大型专用设备的价款，按合同分期付款。如预先付部分备料款 10%～20%，在设备制造进度

达到60%时再付40%，交货时再付35%，余5%作为质量保证金，质量保证期满时返还保证金。在设备制造招标时，承包方还可根据自身实力，在降低报价的同时提出分期付款的时间和额度的优惠条件取得中标资格。

建设单位对设备、工器具的购置，要强化时间观念，效益观念，即要按照工程进度的需要购置，避免提前订货而多支付贷款利息和影响建设资金的合理周转。同时建设单位收到设备、工具后要按合同规定及时付款，不应无故拖欠。如果资金不足而延期付款，要支付一定的赔偿金。

② 国内材料价款的支付与结算

国内建筑安装工程承发包双方的材料结算，可以按以下方式进行：

a. 由承包单位自行采购材料的，由承包方购货付款，发包方在双方签订合同后规定的时间内按年度工作量的一定比例向承包方预付备料资金。

备料款的预付额度，建筑工程一般不应超过当年建筑包括（水、暖、电等）工作量的30%，大量采用预制构件以及工期较短的工程可以适当增加；安装工程一般不应超过当年安装量的10%，安装材料用量较大的工程，可以适当增加。

预付的备料款，要按照合同规定的方法，从发包方付给承包方的工程款中陆续抵扣，在工程竣工之前要抵扣完。

甲乙方材料价款结算方式可按照合同商定的材料价格确定方法进行结算。

b. 包工包料工程，按合同规定由发包方供应主要材料的，其材料可按材料预算价格转给承包单位。材料价款在结算工程款时陆续抵扣。这部分材料，承包单位不应收取备料款。甲方供应材料量应按照应完成工程量和预算定额消耗量确定，超过定额消耗总量，应分析原因，属于发包方原因，由发包方承担，超出部分的材料价款，应和承包单位进行结算；属于承包单位原因，应按市场价格计算价款，其价款由承包单位自行负担。

c. 包工不包料工程，全部材料由发包方采购供应，承包单位只负责提供劳动力、施工用周转性材料、施工机具等。发包方按定额消耗量供应。

（2）进口设备、工器具和材料价款的结算

进口设备分为标准机械设备和专制设备两类。标准机械设备系指通用性广泛、供应商有现货，可以立即提交的货物。专制设备是指根据业主提交的定制设备图纸专门为该业主制造的设备。

① 标准机械设备的结算

标准机械设备的结算，大都使用国际贸易广泛使用的不可撤销的信用证。这种信用证在合同生效之日后货物装运前的一定日期内由买方委托方银行开出，经买方认可的所在地银行为议付银行。以卖方为收款人的不可撤销的信用证，其金额按合同总额的一定比例在合同中明确。

a. 首次合同付款。当采购货物已装船，卖方提供保函、装箱单、装船的海运提单等相关的文件和单证后即可支付合同总价的90%。

b. 最终合同付款。机械设备在保证期截止时，银行收到合同规定的，由双方签署的验收证明和其他相关单证后支付合同总价的尾款，一般为合同总价的10%。

c. 支付货币与时间。买方以投标书（标价）中说明的一种或几种货币比例进行支付。每次付款在卖方提供的单证符合规定之后，买方须在卖方提出日期的一定期限内（一般

45 天内）将相应的货款付给卖方。

② 专制机械设备的结算

专制机械设备的结算一般分为三个阶段，即预付款、阶段付款和最终付款。

a. 预付款。一般专制机械设备的采购，在合同签订后开始制造前，卖方委托银行出具保函和其他必要的文件和单证后，由买方向卖方提供总价 10%～20% 的预付款。

b. 阶段付款。按照合同条款，当机械制造开始加工到一定阶段，在满足一定的付款条件的前提下，可按设备合同价一定的百分比进行付款。阶段的划分是当机械设备加工制造到关键部位时进行一次付款，到货物装船买方收货验收后再付一次款。每次付款都应在合同条款中作较详细的规定。

c. 最终付款。最终付款是旨在保证期结束时，银行在收到合同中规定的、双方签署的验收证明后，付给卖方的货款。

③ 利用出口信贷方式支付进口设备、工器具和材料价款

进口设备、工器具和材料价款的支付，我国还经常利用出口信贷的形式。出口信贷根据借款的对象分为卖方信贷和买方信贷。

a. 卖方信贷是卖方将产品赊销给买方，规定买方在一定时期内延期或分期付款。买方通过向本国银行申请出口信贷，来填补占用的资金。其过程如图 13-1 所示。

采用卖方信贷进行设备材料结算时，一般是在签订合同后先预付 10% 的定金，在最后一批货物装船后再付 10%，在货物运抵目的地，验收后付 5%，待质量保证期满时再付 5%，剩余的 70% 货款应在全部交货后规定的若干年内一次或分期付清。

b. 买方信贷有两种形式：一种是由产品出口国银行把出口信贷直接贷给买方，买卖双方以即期现汇成交，买方分期向出口国银行偿还贷款的本息。其过程如图 13-2 所示。

买方信贷的另一种形式是出口国银行把出口信贷贷给进口国银行，再由进口国银行转贷给买方，买方用现汇支付给买方，买方通过进口国银行分期向出口国银行偿还贷款本息。其过程如图 13-3 所示。

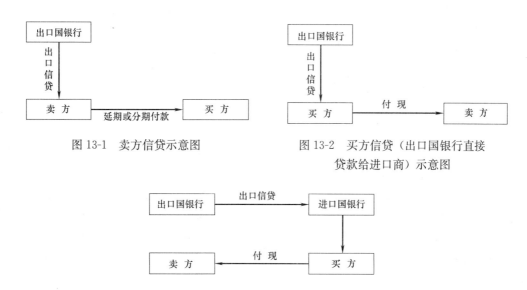

图 13-1　卖方信贷示意图　　　　　图 13-2　买方信贷（出口国银行直接
　　　　　　　　　　　　　　　　　　　　　贷款给进口商）示意图

图 13-3　买方信贷（出口国银行借款给进口国银行）示意图

13.1.6 FIDIC 合同条件下工程费用的支付与结算

（1）工程支付与结算范围和条件

FIDIC 合同条件规定的支付结算为每个月支付工程进度款、竣工移交时办理竣工结算、解除缺陷责任后进行最终结算三大类型。

① 支付结算过程中涉及的两类费用

一类是工程量清单中明确的费用，这部分费用是承包商在投标时，根据招标书和合同条件的有关规定提出的报价，并经业主认可的费用。

另一类属于工程量清单之外，但合同中有明确规定的费用，如变更工程款、物价浮动调整款、预付款保留金、逾期付款利息、索赔款、违约赔偿等。

② 工程支付的条件

a. 质量合格。这是工程支付的必要条件，工程结算以工程计量为基础，工程计量是以质量合格为前提。并不是对承包商完成的工程全部支付，而是只支付其中质量合格的部分。

b. 承包商完成的工作量必须是要求承包商实施的工程。未经工程师认可的合同外工作量和由于承包商原因造成的返工，不予支付。同时，工程支付必须要达到合同规定的付款条件。

c. 变更项目必须要有工程师的变更通知。没有工程师的指示承包商不得作任何变更，否则承包商无理由就此类变更的费用要求补偿。

d. 支付金额必须大于临时支付证书规定的最小限额。合同条件规定，如果在扣除保留金和其他金额之后的净额少于投标书附件中规定的临时支付证书的最小限额时，工程师没有义务开具任何支付证书。未予支付的金额将按月结转，直到达到或超过最低限额才予以支付。

e. 承包商工作使监理工程师满意。为了通过经济手段约束承包商履行合同中规定的各项责任和义务，合同条件规定对于承包商申请支付的项目，即使达到规定的支付条件，但承包商其他方面的工作未能使监理工程师满意，监理工程师可通过任何临时支付证书对他所签发的任何原有的证书进行修正或更改，也有权在任何临时证书中删去或减少该工作的价值。

（2）工程支付的项目

① 工程量清单项目

分为一般项目、暂列金额和计日工共三种。

a. 一般项目的结算时以经工程师计量的工程量为依据，乘以工程量清单中的单价得到应结算的价款，这类项目一般通过签发期中支付证书支付进度款，每月一次。

b. 暂列金额。暂列金额是指包括在合同中，由于变更产生的由承包商完成的工作，或提供货物、材料、设备或服务，或要由承包商从指定分包商或其他单位购买的设备、材料或服务，或提供不可预料事件之费用的一项金额，这项金额按照工程的指示可能全部或部分使用，或根本不予动用。没有工程师的指示，承包商不能进行暂列金额项目的任何工作。

承包商按照工程师的指示完成的暂列项目的费用，按承包商实际支付的成本和合同规定应计取的费用进行估价，承包商应向工程师出示与暂列金额开支有关的所有报价单、发票、凭证、账单或收据。工程师根据上述资料，按照合同规定，确定支付金额。

c. 计日工。计日工是指承包商在工程量清单的附件中，按工种或设备填报单价的日工劳务费和机械台班费，一般用于工程量清单中没有合适的项目，且不能安排大批量流水施工的零星附加工作。只有当工程师根据施工进展的实际情况，指示承包商实施以日工计价的工作时，承包商才有权获得用日工计价的付款。

② 工程量清单以外的项目

a. 动员预付款。当承包商按照合同约定提交一份保函后，业主应支付一笔预付款，作为用于动员的无息贷款。预付款总额、分期付款的次数和时间安排（如次数多于一次），及使用货币的比例，应按投标书附录中的规定。工程师收到有关的报表和保函后，应发出期中付款证书，作为首次分期预付款。

预付款应通过付款证书中按百分比扣减的方式扣还。除非投标书附录中规定其他百分比，扣减可按以下方式进行：扣减应从确认的期中付款（不包括预付款、扣减款和保留金的付还）累计额超过中标合同金额减去暂列金额后余额的10%时的付款证书开始；扣减应按每次付款证书中的金额（不包括预付款、扣减款和保留金的付还）的25%的摊还比率，并按预付款的货币和比例计算，直到还清为止。

b. 拟用于工程的生产设备和材料款。指已运往现场为永久工程用的生产设备和材料的金额，在承包商已经提供了购买生产设备、材料并运至现场的相关记录、费用报表和银行保函的前提下，工程师通过签发期中支付证书支付该款项。该款项金额按照生产设备和材料价值的80%确定。

付给承包商的拟用于工程的生产设备和材料款属于预付款，当该生产设备、材料用于永久性工程后应在签发的期中付款证书支付的工程进度款中扣除该款项。

c. 保留金。保留金是为了确保在施工阶段，或在缺陷责任期内由于承包商未能履行合同义务，由业主（或工程师）指定他人完成应由承包商承担的工作所发生的费用。保留金应按合同约定从承包商应得的工程进度款中相应扣减保留在业主手中。

保留金的限额按照合同约定的额度（一般按合同价款的2.5%～5%），每次月进度款支付时扣留的百分比一般为5%～10%，累计扣留的最高限额为合同价的2.5%～5%。从第一次支付工程进度款开始，用该月承包商完成合格工程应得款加上因后续法规政策变化的调整和市场价格浮动变化的调价款为基数，乘以合同约定保留金扣还的百分比作为本次支付时应扣留的保留金。逐月累计扣到合同约定的保留金最高限额为止。

业主扣留承包商的保留金分两次返还。

第一次，颁发工程接受证书后将保留金的一半支付给承包商。如果颁发的接受证书只限于一个区段或工程的一部分，则：

$$返还金额 = 保留金总额的一半 \times \frac{移交工程区段或部分的合同价值的估算值}{最终合同价值的估算值} \times 40\%$$

第二次，保修期满颁发履约证书后将剩余保留金返还。整个合同的缺陷通知期满，返还剩余的保留金。如果颁发的履约证书只限于一个区段，则在这个区段的缺陷通知期满后并不全部返还该部分剩余的保留金：

$$返还金额 = 保留金总额的一半 \times \frac{移交工程区段或部分的合同价值的估算值}{最终合同价值的估算值} \times 40\%$$

d. 工程变更的费用。工程变更费用的支付的依据是工程变更令和工程师对变更项目所确定的变更费用，支付时间和支付方式列入期中支付证书予以支付。

e. 索赔费用。索赔费用的支付依据是工程师批准的索赔证书及其计算而得的款额，支付时间随工程进度款一并支付。

f. 价格调整费用。价格调整费用按照合同条件规定的计算方法计算调整的数额。包括因法律改变和成本改变的调整。

g. 迟付款利息。如果承包商没有在规定的时间内收到付款，承包商应有权就未付款额按月计算复利，收取延误期的融资费用。该延误期应认为从按照合同规定的支付日算起，而不考虑颁发任何期中付款证书的日期。除非专有条件中另有规定，上述融资费用应以高出支付货币所在国中央银行的贴现率加三个百分点的利率进行计算，并应用同种货币计算。

h. 业主索赔。业主索赔主要包括拖延工期的误期损害赔偿费和缺陷工程损失等。这类费用可以从承包商的保留金中扣除，也可以从支付给承包商的款项中扣除。

（3）工程费用支付程序

① 承包商提出付款申请

承包商应在每个月末后，按工程师批准的格式向工程师提交报表，详细说明承包商自己认为有权得到的款额，以及包括按照合同条件规定编制的相关进度报告在内的证明文件。

报表应包括以下几个方面的内容：

a. 截止到月末已实施的工程和已提出的承包商文件的估算合同值；

b. 按照合同中因法律的改变和成本的改变应增减的任何款额；

c. 至业主提取的保留金额达到合同规定的保留金最高限额以前，按合同规定应扣减的任何保留金额；

d. 按照合同中预付款的规定，因预付款的支付和扣还，应增加和减少的任何款额；

e. 按照合同条件中关于拟用于工程的生产设备和材料的规定，因为工程设备和材料进场付给承包商而增加的款额，和该部分生产设备和材料作为永久工程的一部分后，工程师在期中付款证书中扣除该款项而减少的款额；

f. 根据合同或包括索赔、争端和仲裁等其他规定，应付的任何其他增加或减少额；

g. 所有以前付款证书中确认的减少额。

② 工程师审核，签发期中付款证书

工程师在28天内对提交的付款申请进行全面审核，修正或删除不合理部分，计算付款净金额。计算净金额时，应扣除该月应扣除的保留金、动员预付款、材料设备预付款、违约金等。编制并向业主递交一份期中付款证书。若净金额小于合同规定的期中支付的最小限额时，则工程师不需开具任何付款证书。在此情况下工程师应通知承包商。工程师可在任一次付款证书中，对以前任何付款证书做出应有的任何改正或修改。付款证书不应被视为工程师接收、批准、同意或满意的表示。

③ 业主支付

承包商的报表经过工程师认可并签发期中付款证书后，业主应在接到证书的规定时间（预付款：在中标函颁发后42天或工程师收到报表申请和业主收到履约保函后21天；进度款：收到报表和证明文件后 56 天；最终付款证书：业主收到付款证书后 56 天）内向承包商付款。如果逾期付款，承包商将有权按合同条件规定计算并申请迟付款利息。

（4）竣工结算

颁发工程接收证书后的 84 天内，承包商应按工程师期中付款证书申请的要求报送竣工报表及证明文件，并列出以下内容：

① 截止到工程接收证书载明的日期，按合同要求完成的所有工作的价值；

② 承包商认为应支付的任何其他款项；

③ 承包商认为根据合同规定将应支付给他的任何其他款项的估计款额。估计款额应在竣工报表中单独列出。

工程师接到竣工报表后，应对照竣工图进行详细核算，对其他支付要求进行审查，然后再依据检查结果签署竣工结算的支付证书。此项签证工作，工程师时应在收到竣工报表后 28 天内完成。业主依据工程师的签证予以支付。

（5）最终结算

承包商在收到履约证书后 56 天内，应向工程师提交按照工程师批准的格式编制的最终报表草案并附证明文件，详细列出：

① 根据合同完成的所有工作的价值；

② 承包商认为根据合同或其他规定应支付给他的任何其他款额。

工程师审核后与承包商进行协商，承包商按照与工程师达成一致的意见对最终报表草案进行适当的补充修改后形成最终报表，报送给工程师，同时还须向业主提交一份"结清证明"，进一步证实最终报表中按照合同应付给承包商的全部和最终的结算总额。

工程师在收到正式最终报表和结清证明后 28 天内，应向业主递交一份最终付款证书，说明：

① 最终应支付给承包商的款额；

② 确认业主以前已付给承包商的所有金额以及业主应支付和应得到款额收支差额。

在最终付款证书送交业主 56 天内，业主应向承包商进行支付。只有当业主按照最终支付证书的金额予以支付并退还履约保函后，结清单才生效，承包商的索赔权也即行中止。

13.2　工程变更与索赔管理

13.2.1　工程变更

（1）工程变更概述

由于工程建设的周期长，涉及的经济关系和法律关系复杂，受自然条件和客观因素的影响比较大，导致项目建设的实际情况与项目招投标时的情况相比会发生一些变化。这样就必然使得实际施工情况和合同规定的范围和内容有不一致的地方，由此而产生了工程变更。工程变更包括工程量的变更、工程项目的变更、进度计划的变更、施工条件的变更等。变更产生的原因很多，有业主的原因，如：业主修改项目计划、项目投资额的增减、业主对施工进度要求的变化等；有设计单位的原因，如：有设计错误，必须对设计图纸作修改；新技术、新材料的应用，有必要改变原设计、实施方案和实施计划；另外，国家法律法规和宏观经济政策的变化也是产生变更的一个重要的原因。总的说来，工程变更可以分为设计变更和其他变更两大类。

对于设计变更，如果在施工中发生，将对施工进度产生很大影响。工程项目、工程量、施工方案的改变，也将引起工程费用的变化。因此应尽量减少设计变更，如果必须对设计进行变更，一定要严格按照国家的规定和合同约定的程序进行。由于发包人对原设计进行变更，以及经工程师同意的、承包人要求进行的设计变更，导致合同价款的增减及造成承包人的损失，由发包人承担，延误的工期顺延。

对于其他变更，如果合同履行中发包人要求变更工程质量标准及发生其他实质性变更，由双方协商解决。

（2）我国现行的工程变更价款的确定

设计单位对原设计存在的缺陷提出的设计变更，应编制设计变更文件；发包方或承包方提出的设计变更，须经监理工程师审查同意后交原设计单位编制设计文件。变更涉及安全、环保等内容时应按规定经有关部门审定。施工中发包人如果需要对原工程设计变更，需要在规定的时间内通知承包方。由于业主原因发生的变更，由业主承担因此而产生的经济支出，确认承包方工期的变更；变更如果由于承包方违约所致，因此产生的经济支出和工期损失由承包方承担。

工程变更发生后，承包方在工程变更确定后 14 天内，提出变更工程价款的报告，经工程师确认后调整工程价款。承包方在确定变更后 14 天内不向工程师提出变更工程价款报告的，视为该项设计变更不涉及合同价款的变更。工程师收到变更工程价款的报告之日起 7 天内，予以确认。变更价款可按照下列方法确认：

① 合同中已有适用于变更工程的价格，按合同已有的价格计算、变更合同价款；

② 合同中只有类似于变更情况的价格，可以此作为基础确定变更价格，变更合同价款；

③ 合同中没有类似和适用于变更工程的价格，由承包人提出适当的变更价格，经工程师确认后执行。

13.2.2　工程索赔

（1）工程索赔的概念

① 索赔的含义

工程索赔是在工程承包合同履行中，当事人一方由于另一方未能履行合同所规定的义务或者出现了应当由对方承担的风险而遭受损失时，向另一方提出索赔要求的行为。

索赔应当是双向的，既可以是承包商向业主索赔，也可以是业主向承包商索赔。在工程项目实施的各个阶段都有可能发生索赔事件，但项目施工阶段发生索赔事件比较多。在项目施工阶段承包商向发包方索赔最集中、最复杂，也是索赔管理的重点。业主在向承包商索赔中处于主动地位，可以直接从应付给承包商的工程款中扣抵，也可以从保留金中扣款以补偿损失。

索赔是法律和合同赋予当事人的正当权利。索赔可以从以下三个方面来理解：

a. 一方违约使另一方蒙受损失，受损方向对方提出赔偿损失的要求；

b. 发生应由业主承担责任的特殊风险或遇到不利自然条件等情况，使承包商蒙受较大损失而向业主提出补偿损失的要求；

c. 承包商本人应当获得的正当利益，由于没能及时得到监理工程师的确认和业主应给予的支付，而以正式函件向业主索赔。

索赔的性质是经济补偿行为，而不是惩罚。索赔事件的发生，不一定在合同文件中有明确的约定；索赔事件可以是一定行为产生，也可以是不可抗力引起的；索赔事件的发生，可以是合同的当事一方引起的，也可以是任何第三方引起的。一定要有损失才能提出索赔，因此索赔具有补偿性质。索赔方所受的损失与被索赔人的行为不一定存在法律上的因果关系。

② 索赔的分类

a. 按索赔的当事人分类，可分为：承包商与业主之间的索赔；承包商与分包商的索赔；承包商与供应商的索赔；承包商与保险之间的索赔。

b. 按索赔的目的分类，可分为：工期索赔和费用索赔。

c. 按索赔的对象分类，可分为：索赔（承包商向业主提出的索赔）和反索赔（业主向承包商提出的索赔）。

d. 按索赔的依据分类，可分为：合同约定的索赔；非合同约定的索赔；道义索赔。

e. 按索赔事件的性质分类，可分为：工程变更索赔；工程中断索赔；工期延长索赔；工程加速（即缩短工期）索赔；意外风险和不可预见因素索赔；其他原因索赔。

③ 施工索赔的内容

a. 不利的自然条件与人为障碍引起的索赔。

b. 工程变更引起的索赔。

c. 工期延长引起的索赔。通常包括两个方面：一是承包方要求延长工期；二是承包方要求偿付由于非承包方原因导致工程延期而造成的损失。

d. 因施工中断和工效降低提出的索赔。

e. 因工程终止或放弃提出的索赔。

f. 关于支付方面的索赔，包括价格调整方面的索赔；货币贬值导致的索赔；拖延支付工程款导致的索赔。

（2）工程索赔的原则和程序

① 工程索赔的原则

a. 索赔必须以相关的法律和合同为依据。无论是风险事件的发生，还是当事人没有按照合同约定工作，都应该在合同中找到相应的依据，都必须符合相关法律的规定。索赔成立的条件是：索赔事件已经造成了当事人费用和工期的损失；造成损失的原因不属于当事人应承担的行为责任或风险责任。当事人有权利按规定的程序和时间提出索赔意向通知和索赔报告。工程师应依据合同和事实对成立的索赔事件进行公正的处理。

b. 及时、合理、实事求是地处理索赔。索赔事件发生后，索赔的提出和处理应当及时。索赔处理得不及时，对双方都会产生不利的影响，如承包人的索赔长期得不到合理解决，索赔事件积累的结果会导致其资金困难，同时会影响工程进度，难以按预定时间竣工投产，业主的投资效益受到损失，给双方都带来不利的影响。处理索赔还必须坚持合理性原则，既考虑到国家的有关规定，也应考虑到工程的实际情况。索赔的证据一定要真实、有效、合理、可靠，索赔款额的计算要准确、实事求是，申请延展的工期要合理。

c. 主动控制，减少工程索赔。对于工程索赔应当主动控制，尽量减少索赔。这就要求在工程建设的各个环节，严格管理，尽量将工作做在前面，减少设计工作出现的漏洞，减少索赔事件的发生。这样能够使工程进展更顺利，降低工程投资，减少施工工期，提高投资效益。

② 工程索赔程序

a. 索赔意向通知。在索赔事件发生后，承包商应在规定时间（28 天）内向工程师提交索赔意向通知，声明对此索赔事件提出索赔。如果超过规定的期限提交索赔意向通知，工程师和业主有权拒绝承包商的索赔要求。

b. 递交索赔报告。当索赔事件发生后，承包商就应该进行索赔工作，抓紧准备索赔的证据资料，包括事件的原因、对其权益影响的证据资料、索赔的依据，计算出该事件影响所要求的索赔额和申请延展工期的天数，起草索赔报告，并在索赔意向通知提出后的规定时间（28 天）内向工程师提出索赔报告和索赔的有关资料。当该索赔事件持续进行时，承包人应当阶段性向工程师发出索赔意向，在索赔事件终了后的规定时间（28 天）内，向工程师提供索赔的有关资料和最终索赔报告。

c. 工程师审查索赔报告。接到承包人的索赔报告后，工程师应立即研究索赔理由和证据，如果与合同相对照，事件已造成了承包商施工成本支出，或直接工期损失，而造成费用增加或工期损失的原因，按合同约定不属于承包商的行为责任或风险责任，同时承包商也按照合同规定的时间和程序提交了索赔意向书和索赔报告，工程师应确认承包商索赔事件成立。

d. 工程师与承包商协商补偿。对于承包商在索赔报告提出的费用和工期的索赔，工程师核查后初步确定应予以补偿的额度和应延展的工期，如果与承包商的索赔报告要求的不一致，甚至差额较大，工程师应与承包商进行协商，争取达成共识。如果通过协商最终仍不能达成一致，工程师有权确定一个他认为合理的价格和合适的延展工期作为最终的处理意见报送业主并相应通知承包人。

工程师在收到承包人送交的索赔报告和有关资料后，于规定的时间（28 天）内给予答复，或要求承包人进一步补充索赔理由和证据。如果在规定的时间内未予答复或未对承包人作进一步要求，视为该项索赔已经被认可。

e. 业主审查索赔处理。当工程师确定的索赔额超过其权限范围时，必须报请业主批准。业主首先根据事件发生的原因、责任范围、合同条款审核承包人的索赔申请和工程师的处理报告，再根据项目建设目的、投资控制、竣工投产日期要求等决定是否批准工程师的处理意见。索赔报告经业主批准后，工程师即可签发有关证书。

f. 承包商是否接受最终索赔处理。承包商接受最终的索赔处理决定，这一索赔事件即告结束。如果承包商不同意，就导致合同争议，最好采取协商解决的办法，协商解决不成功，承包商有权提交仲裁或诉讼解决。

（3）索赔的计算

承包商在进行索赔时，应遵循以下原则：一是所发生的费用应该是承包商履行合同所必需的；二是承包商不应由于索赔事件的发生而额外受益或受损，即费用索赔以赔（补）偿实际损失为原则，实际损失为费用索赔值。实际损失包括两方面：一是直接损失，即成本的增加；二是间接损失，即可能获得的利润的减少。

① 索赔费用的组成

a. 人工费。包括增加工作内容的人工费、停工损失费和工效降低的损失费等的累积。

b. 材料费。由于索赔事件引起材料量的增加、材料价格上涨等而导致的费用增加。

c. 施工机械使用费。完成额外工作增加的机械使用费，由于索赔事件导致机械停工的窝工费。

d. 分包费用。指分包商的索赔费用，一般也包括人工、材料、机械使用费的索赔。分包商的索赔应如数列入总承包商的索赔费。

e. 管理费。分为企业管理费和现场管理费两部分。

f. 利息。包括由于业主未按时付款增加的利息和由于索赔事件发生增加投资的索赔额的利息。

g. 利润。

② 索赔费用的计算方法

a. 实际费用法。即按照承包商因索赔事件所引起损失的费用项目分别计算索赔值，然后将各个项目的索赔值汇总，即得到总索赔费用值。这种方法以承包商为索赔事件所支付的直接费为基础，再加上应得的间接费、利润和其他费用，即为实际索赔额。

b. 总费用法。即总成本法，就是当发生多次索赔事件以后，重新计算该工程的实际总费用，实际总费用减去投标报价时的估算总费用，即为索赔金额。

$$索赔金额＝实际总费用－投标报价估算总费用$$

这种方法存在很大缺陷，因为实际发生的总费用中可能包括了承包商的原因造成损失的费用，如施工组织不善而增加的费用，同时投标报价估算的总费用却因为想中标而报得过低。所以这种方法只有在难以计算实际费用时才应用。

c. 修正的总费用法。是对总费用法的改进，即在总费用的基础上，去掉一些不合理的费用，使其更合理。修正的内容如下：

ⅰ. 将计算索赔的时段局限于受外界影响的时间，而不是整个工期；

ⅱ. 只计算受影响时段内的某项工作受影响的损失，而不计算该时段内所有施工工作所受的损失；

ⅲ. 与该项工作无关的费用不列入总费用中；

ⅳ. 对投标报价费用重新进行核算，受影响时段内该项工作的实际单价，乘以实际完成的该项工作的工作量，得出调整后的报价费用。

按修正后的总费用计算索赔金额的公式如下：

$$索赔金额＝某项工作调整后的实际总费用－该项工作的报价费用$$

修正的总费用法与总费用法相比，有了实质性的改进，其准确程度已接近实际费用。

13.3 工程竣工结算与竣工决算

13.3.1 工程竣工结算

（1）工程竣工结算

工程竣工结算是指承包人按照合同规定的内容全部完成所承包的单项工程（或单位工程），经验收质量合格，并符合合同要求之后，向发包人进行的最终工程价款结算。在竣工结算时，若因某些条件变化，则需按规定对合同价款进行调整。

合同收入组成内容包括两部分：

① 合同中规定的初始收入，即建筑承包商与客户在双方签订的合同中最初商定的合同总金额，它构成了合同收入的基本内容。

② 因合同变更、索赔、奖励等构成的收入，这部分收入并不构成合同双方在签订合同时已经在合同中商定的总金额，而是在执行合同过程中由于合同变更、索赔、奖励的原因形成的追加收入。

工程竣工结算应根据"工程竣工结算书"和"工程价款结算账单"进行。工程竣工结算书是承包人按照合同约定，根据合同造价、设计变更（增减）项目、现场经济签证和施工期间国家有关政策性费用调整文件编制的，经发包人（或发包人委托的中介机构）审查确定的工程最终造价的经济文件，表示发包人应付给承包方的全部工程价款。工程价款结算账单反映了承包人已向发包人收取的工程款。

办理工程竣工结算的一般公式为：

$$工程竣工结算价款 = \frac{预算(或概算)}{或合同价款数} + \frac{施工中预算或合}{同价款调整数额} - 预付及已结算工程价款$$

（2）工程竣工结算书的编制原则和依据

① 工程竣工结算书的编制原则

a. 编制工程结算书要严格遵守国家和地方的有关规定，既要保证建设单位的利益，又要维护施工单位的合法权益。

b. 要按照实事求是的原则，编制竣工结算的项目一定是具备结算条件的项目，办理工程价款结算的工程项目必须是已经完成的，并且工程数量、质量等都要符合设计要求和施工验收规范，未完工程或工程质量不合格的不能结算。需要返工的，经返修并验收合格后，才能结算。

② 工程竣工结算书编制的依据

a. 工程竣工报告、竣工图及竣工验收单；

b. 工程施工合同或施工协议书；

c. 施工图预算或投标工程的合同价款；

d. 设计交底及图纸会审记录资料；

e. 设计变更通知单及现场施工变更记录；

f. 经建设单位签证认可的施工技术措施、技术核定单；

g. 预算外各种施工签证或施工记录；

h. 各种涉及工程造价变动的资料、文件。

（3）工程竣工结算书的内容及编制方法

① 工程竣工结算书的内容

工程竣工结算书的内容除最初中标的工程投标报价或审定的工程施工图预算的内容外，还应包括如下内容：

a. 工程量量差。工程量量差，是指施工图预算的工程量与实际施工的工程数量不符所发生的量差。工程量量差主要是由于修改设计或设计漏项、现场施工变更、施工图预算错误等原因造成的。这部分应根据业主和承包商双方签证的现场记录按合同规定进行调整。

b. 人工、材料、机械台班价格的调整。

i. 人工单价调整，是在施工过程中，各地根据劳务市场工资单价的变化，一般以文件公布执行之日起的未完施工部分的定额工日数计算，采用按实际或按系数调整法。

ii. 材料价格调整，对市场不同时期的材料价格与预算时的价格差异及其相应的材料量进行调整。对于主要材料，按规格、品种以定额材料分析量为准进行单项调整，市场价格以当地主管部门公布的指导价或信息价为准；对次要材料采用系数调整法，调价系数必须按有权机关发布的相关文件规定执行。

iii. 机械台班价格调整，根据机械费增减总价，由主管部门测算，按季度或年度公布的综合系数一次性进行调整。

a）费用调整。费用价差产生的原因主要有两个：一是由于直接费（或人工费、机械费）增加，而导致费用（包括间接费、利润、税金）增加，相应的需要进行费用调整；二是因为在施工期间国家、地方有新的费用政策出台，需要调整。

b）其他费用有点工费、窝工费、土方运费等，应一次结清，施工单位在施工现场使用建设单位的水、电费也应按规定在工程竣工时清算，付给建设单位。

② 工程竣工结算书的编制方法

编制工程竣工结算书的方法主要有以下两种方法：

a. 以原工程预算书为基础，将所有原始资料中有关的变更增减项目进行详细计算，将其结果和原预算进行综合，编制竣工结算书；

b. 根据更改修正等原始资料绘出竣工图，据此重新编制一个完整的预算作为工程竣工结算书。

针对不同的工程承包方式，工程结算的方式也不同，工程结算书要根据具体情况分别采用不同方式来编制。

采用施工图预算承包方式的工程，结算是在原工程预算书的基础上，加上设计变更原因造成的增、减项目和其他经济签证费用编制而成的。

采用招投标方式的工程，其结算原则上应按中标价格（即合同标价）进行。如果在合同中有规定允许调价的条文，承包商在工程竣工结算时，可在中标价格的基础上进行调整。

采用施工图预算加包干系数或平方米造价包干的住宅工程，一般不再办理施工过程中零星项目变动的经济洽商，在工程竣工结算时也不再办理增减调整，只有在发生超过包干范围的工程内容时，才能在工程竣工结算中进行调整。平方米造价包干的工程，按已完工程的平方米数量进行结算。

13.3.2 工程竣工决算

工程竣工决算分施工企业编制的单位工程竣工成本决算和建设单位编制的建设项目竣工决算两种。

（1）单位工程竣工成本决算

单位工程竣工成本决算是单位工程竣工后，由施工企业编制的，施工企业内部对竣工的单位工程进行实际成本分析，反映其经济效果的技术经济文件。竣工成本决算见表13-1。

竣工成本决算表　　　　　　　　　　　　　　表 13-1

建设单位：××公司　　　　　　　　　　　　　　　开工日期　　年　　月　　日

工程名称：住宅　工程结构：砖混　建筑面积：3600m²　　竣工日期　　年　　月　　日

成本项目	预算成本（元）	实际成本（元）	降低额（元）	降低率（%）	人工材料机械使用分析	预算用量	实际用量	实际用量与预算用量比较	
								节超	节超率%
人工费	102870	102074	796	0.8	材料				
材料费	1254240	1223136	31104	2.5	钢材	113t	111t	2t	1.8
机械费	167625	182012	−14387	−8.6	木材	75.6m³	75 m³	0.6 m³	0.8
其他直接费	6890	7205	−315	−4.6	水泥	187.5t	190.5	−3 t	−1.6
直接成本	1531625	1514427	17198	1.1	砖	501 千块	495 千块	6 千块	1.2
施管费	278739	273218	5521	1.98	砂	211 m³	216.6 m³	5.6 m³	−2.7
其他间接费	91890	95625	−3735	−4.1	石	181t	187.4t	−6.4t	−3.5
总计	1902254	1883270	18984	1	沥青	7.88t	7.5t	0.38t	4.8
预算总造价 2037933 元（土建工程费用）					生石灰	44.55t	42.3t	2.25t	5.1
单方造价 566.09 元/m²					工日	7116	7173	−57	0.8
单位工程成本 预算成本 528.40 元/m²　实际成本 523.13 元/m²					机械费	167625	182012	−14387	−8.6

单位工程竣工成本决算，以单位工程为对象，以单位工程竣工结算为依据，核算一个单位工程的预算成本、实际成本和成本降低额。工程竣工成本决算反映单位工程预算执行情况，分析工程成本节超的原因，并为同类工程积累成本资料，以总结经验教训，提高企业管理水平。

（2）建设项目竣工决算

① 建设项目竣工决算的概念

建设项目竣工决算是建设项目竣工后，由建设单位编制的，反映竣工项目从筹建开始到项目竣工交付使用为止的全部建设费用、建设成果和财务状况的总结性文件。

建设项目竣工决算是办理交付使用资产的依据，也是竣工报告的重要组成部分。建设单位与使用单位在办理资产的验收交接手续时，通过竣工决算反映了交付使用资产的全部价值，包括固定资产、流动资产、无形资产和递延资产的价值，同时，竣工决算还详细提供了交付使用资产的名称、规格、型号、数量和价值等明细资料，是使用单位确定各项新增资产价值并登记入账的依据。

建设项目竣工决算是分析和检查设计概算的执行情况、考核投资效果的依据。竣工决算反映了竣工项目计划、实际的建设规模、建设工期以及设计和实际的生产能力，反映了概算总投资和实际的建设成本，同时还反映了所达到的主要技术经济指标。通过对这些指标计划数、概算数与实际数进行对比分析，不仅可以全面掌握建设项目计划和概算的执行情况，而且可以考核建设项目投资效果。

② 建设项目竣工决算的内容

a. 竣工决算报告情况说明书。主要反映竣工工程建设成果和经验，是对竣工决算报表进行分析和补充说明的文件，是全面考核分析工程投资与造价的书面总结。其内容主要有：

ⅰ．建设项目概况，对工程总的评价，从工程进度、质量、安全和造价四个方面说明。

ⅱ．各项财务和技术经济指标的分析。

ⅲ．工程建设的经验及有待解决的问题。

b．竣工财务决算报表。要根据大、中型建设项目和小型建设项目分别制定。大、中型建设项目竣工决算报表包括：建设项目竣工财务决算审批表，大、中型建设项目概况表，大、中型建设项目竣工财务决算表，大、中型建设项目交付使用资产总表，建设项目交付使用资产明细表；小型建设项目竣工决算报表包括：建设项目竣工财务决算审批表，竣工财务决算总表，建设项目交付使用资产明细表。

ⅰ．建设项目竣工财务决算审批表（见表13-2）作为竣工决算上报有关部门审批时使用。

建设项目竣工财务决算审批表　　　　　　　　　　表13-2

建设项目法人(建设单位)		建设性质	
建设项目名称		主管部门	

开户银行意见：

盖　章
年　月　日

专员办审批意见：

盖　章
年　月　日

主管部门或地方财政部门审批意见：

盖　章
年　月　日

ⅱ．大、中型建设项目概况表（见表13-3）综合反映大、中型建设项目的基本情况，内容包括该项目总投资、建设起、止时间、新增生产能力、主要材料消耗、建设成本、完成主要工程量和主要技术经济指标及基本建设支出情况，可为考核和分析投资效果提供依据。

ⅲ．大、中型建设项目竣工财务决算表（见表13-4）反映竣工的大、中型建设项目从开工到竣工为止全部资金来源和资金运用的情况。它是考核和分析投资效果，落实结余资金，并作为报告上级核销基本建设支出和基本建设拨款的依据。

大、中型建设项目概况表　　　　表 13-3

建设项目名称（单位工程）			建设地址					项目	概算	实际	主要指标
主要设计单位			主要施工企业					建筑安装工程			
占地面积	计划	实际	总投资（万元）	设计		实际		设备、工器具			
				固定资产	流动资产	固定资产	流动资产	基建支出	待摊投资 其中:建设单位管理费		
新增生产能力	能力（效益）名称	设计	实际					其他投资			
								待核销基建支出			
建设起、止时间		从　　年　　月开工至　　年　　月竣工						非经营项目专储投资			
	实际	从　　年　　月开工至　　年　　月竣工						合计			
设计概算批准文号							主要材料消耗	名称	单位	概算	实际
完成主要工程量	建筑面积(m²)		设备（台、套、t）					钢材	t		
	设计	实际	设计		实际			木材	m³		
收尾工程	工程内容	投资额	完成时间					水泥	t		
							主要技术经济指标				

大、中型建设项目竣工财务决算表　　　　表 13-4

资金来源	金额	资金占用	金额	补充资料
一、基建拨款		一、基本建设支出		1. 基建投资借款期末余额
1. 预算拨款		1. 交付使用资产		
2. 基建基金拨款		2. 在建工程		2. 应收生产单位投资借款期末余额
3. 进出口设备转账拨款		3. 待核销基建支出		
4. 器材转账拨款		4. 非经营项目转出投资		3. 基建结余资金
5. 煤代油专用基金拨款		二、应收生产单位投资借款		
6. 自筹资金拨款		三、拨款所属投资借款		
7. 其他拨款		四、器材		
二、项目资本金		其中:待处理器材损失		
1. 国家资本		五、货币资金		
2. 法人资本		六、预付应收款		
3. 个人资本		七、有价证券		
三、项目资本公积金		八、固定资产		

资金来源	金额	资金占用	金额	补充资料
四、基建借款		固定资产原值		
五、上级拨入投资借款		减：累计折旧		
六、企业债券资金		固定资产净值		
七、待冲基建支出		固定资产清理		
八、应付款		待处理固定资产损失		
九、未交款				
1. 未交税金				
2. 未交基建收入				
3. 未交基建包干结余				
4. 其他未交款				
十、上级拨入资金				
十一、留成收入				
合计		合计		

Ⅳ．大、中型建设项目交付使用资产总表（见表13-5）反映建设项目建成后新增固定资产、流动资产和递延资产的价值，作为财产交接、检查投资计划完成情况和分析投资效果的依据。

大、中型建设项目交付使用资产总表　　　　　表 13-5

单项工程项目名称	总计	固定资产					流动资产	无形资产	递延资产
		建筑工程	安装工程	设备	其他	合计			
1	2	3	4	5	6	7	8	9	10

支付单位盖章　　年　月　日　　　　　　建设单位盖章　　年　月　日

Ⅴ．建设项目交付使用资产明细表（见表13-6）反映交付使用的固定资产、流动资产、无形资产和递延资产及其价值明细情况，是办理资产交接的依据和接收单位登记资产账目的依据。

建设项目交付使用资产明细表　　　　　表 13-6

单项工程名称	建筑工程			设备、工具、器具、家具					流动资产		无形资产		递延资产	
	结构	面积（m²）	价值（元）	规格型号	单位	数量	价值（元）	设备安装费（元）	名称	价值（元）	名称	价值（元）	名称	价值（元）
合计														

支付单位盖章　　年　月　日　　　　　　建设单位盖章　　年　月　日

Ⅵ. 小型工程项目竣工财务决算表（见表 13-7）。由于小型建设项目内容比较简单，因此可将工程概况与财务情况合并编制一张"竣工财务决算总表"，主要反映小型工程项目的全部工程和财务状况。

小型建设项目竣工财务决算总表　　　　　　　　　　　　表 13-7

建设项目名称			建设地址				资金来源		资金运用	
初步设计概算批准文号							项目	金额	项目	金额
占地面积	计划	实际	总投资（万元）	计划		实际		一、基建拨款 其中:预算拨款 二、项目资本 三、项目资本公积金 四、基建借款 五、上级拨入借款 六、企业债券资金 七、待冲基建支出 八、应付款 九、未付款 其中:未交基建收入 未交包干收入 十、上级拨入资金 十一、留成收入		一、交付使用资产 二、待核销的基建支出 三、非经营项目转出投资 四、应收生产单位投资借款 五、拨付所属投资借款 六、器材 七、货币资金 八、预付及应收款 九、有价证券 十、原有固定资产	
				固定资产	流动资金	固定资产	流动资金				
新增生产能力	能力（效益）名称		设计	实际							
建设起止时间	计划	从　　年　　月开工至　　年　　月竣工									
	实际	从　　年　　月开工至　　年　　月竣工									
基建支出	项目				概算（元）	实际（元）					
	建筑安装工程										
	设备、工具、器具										
	待摊投资 其中:建设单位管理费										
	其他投资										
	待核销基建支出										
	非经营性项目转出投资										
	合计							合计		合计	

c. 竣工图

是真实记录各种地上、地下建筑物、构筑物等情况的技术文件，是工程进行交工验收、维护改造和扩建的依据，是国家的重要技术档案。

d. 工程造价比较分析

经过批准的概、预算是考核实际建设工程造价的依据，在分析时，可将决算报表中所提供的实际数据和相关资料与经过批准的概、预算指标进行对比，以反映出竣工项目总造价和单方造价是节约还是超支，在比较的基础上，总结经验，找出原因，提出改进措施。

应分析的主要内容有：

ⅰ. 主要实物工程量；

ⅱ．主要材料消耗量；

ⅲ．考核建设单位管理费、建筑安装工程其他直接费、现场经费和间接费的取费标准。

③ 竣工决算的编制

a．竣工决算的编制依据

竣工决算的编制依据主要有：

ⅰ．经批准的可行性研究报告、投资估算、初步设计或扩大初步设计及其概算或修正概算；

ⅱ．经批准的施工图设计及其施工图预算或标底造价、承包合同、工程结算等有关资料；

ⅲ．设计变更记录、施工记录或施工签证单及其施工中发生的费用记录；

ⅳ．有关该建设项目其他费用的合同、资料；

Ⅴ．历年基建计划、历年财务决算及批复文件；

ⅵ．设备、材料调价文件和调价记录；

ⅶ．有关财务核算制度、办法和其他有关资料文件等。

b．竣工决算的编制步骤

ⅰ．收集、整理和分析有关依据资料；

ⅱ．对照、核实工程变动情况，重新核实各单位工程、单项工程造价；

ⅲ．清理各项实物、财务、债务和节余物资；

ⅳ．填写竣工决算报表；

Ⅴ．编制竣工决算说明；

ⅵ．做好工程造价对比分析；

ⅶ．清理、装订好竣工图；

ⅷ．按规定上报、审批、存档。

13.3.3 工程实例

【例 13-1】 某建设单位与承包商签订了工程施工合同，合同中含有两个子项工程，估算工程量甲项为 2300m³，乙项为 3200m³，经协商合同价甲项为 185 元/m³，乙项为 165 元/m³。承包合同规定：

（1）开工前建设单位应向承包商支付合同价 20％的预付款；

（2）建设单位自第一个月起，从承包商的工程款中，按 5％的比例扣留保留金；

（3）当子项工程实际工程量超过估算工程量 10％时，对超出部分可进行调价，调整系数为 0.9；

（4）工程师签发月度付款最低金额为 25 万元；

（5）预付款在最后两个月扣除，每月扣除 50％。

承包商每月实际完成并经工程师确认的工程量如表 13-8 所示。

计算：

（1）预付款是多少？

（2）每月工程量价款是多少？工程师应签证的工程款是多少？实际签发的付款凭证金额是多少？

月 份 项 目	1	2	3	4
甲 项	500m³	800m³	800m³	600m³
乙 项	700m³	900m³	800m³	600m³

承包商每月实际完成并经工程师签证确认的工程量　表 13-8

【解】

(1) 预付款金额为：（2300×185＋3200×165）×20％＝19.07 万元

(2) 第一个月：

工程量价款为：500×185＋700×165＝20.8 万元

应签证工程款为：20.8×（1－5％）＝19.76 万元

因为合同规定工程师签发月度付款最低金额为 25 万元，故本月工程师不签发付款凭证。

第二个月：

工程量价款为：800×185＋900×165＝29.65 万元

应签证工程款为：29.65×（1－5％）＝28.168 万元

考虑上个月应签证的工程款 19.76 万元，本月工程师实际签发的付款凭证为：

$$28.168＋19.76＝47.928万元$$

第三个月：

工程量价款为：800×185＋800×165＝28 万元

应签证工程款为：28×（1－5％）＝26.6 万元

应扣预付款为：19.07×50％＝9.535 万元

应付款为：26.6－9.535＝17.065 万元

因为合同规定工程师签发月度付款最低金额为 25 万元，故本月工程师不签发付款凭证。

第四个月：甲项工程累计完成工程量为 2700m³，比原估算工程量超出 400m³，已超出估算工程量的 10％，超出部分单价应进行调整。

甲项超出估算工程量 10％的工程量为：2700－2300×（1＋10％）＝170m³，该部分工程量单价应调整为 185×0.9＝166.5 元/m³。

乙项工程累计完成工程量为 3000m³，不超过估算工程量，其单价不予调整。

本月应完成工程量价款为：（600－170）×185＋170×166.5＋600×165＝20.686 万元

本月应签证的工程款为：20.686×（1－5％）＝19.652 万元

考虑本月预付款的扣除、上个月的应付款，本月工程师实际签发的付款凭证为：

$$20.686＋17.065－19.07×50％＝28.216万元$$

思 考 题

1. 工程竣工结算和工程竣工决算的区别是什么？

2. 工程计量的依据和前提是什么？

3. 工程价款的动态结算方法有哪些？

4. FIDIC 合同条件下材料预付款是如何规定的？

5. 我国现行的工程变更价款是如何确定的？

第 14 章　工程造价软件应用

教学目的和要求：通过介绍工程造价软件的主要功能及使用方法，认清计算机在工程造价方面的优势，能运用造价软件进行工程量计算，编制预算。

教学内容：计算机辅助工程造价编制、工程量计算。

随着计算机技术和信息技术的发展，计算机的运算速度大大提高，视窗操作系统更加直观方便，编程技术日趋成熟，使工程造价管理软件得到进一步的开发、普及和应用，计算机技术在工程造价管理工作中的应用日趋成熟和完善。

我国现有的工程概预算软件中，有很多比较成熟，应用也较广泛，如神机公司的《神机妙算》、江苏南京未来高新技术有限公司开发的《未来 ENG 建设清单造价管理软件》、上海鲁班软件有限公司的《鲁班算量系列软件》等。本书将以北京广联达慧中软件技术有限公司的《广联达系列软件》为例，简要介绍一般的概预算软件应具备的主要功能及使用方法。

14.1　图形算量软件应用

软件算量并不是说完全抛弃了手工算量的思想。实际上，软件算量是将手工的思路完全内置在软件中，只是将过程利用软件实现，依靠已有的计算扣减规则，利用计算机这个高效的运算工具快速、完整地计算出所有的细部工程量，让大家从繁琐的背规则、列式子、按计算器中解脱出来。软件算量的基本思路和操作流程见图 14-1。

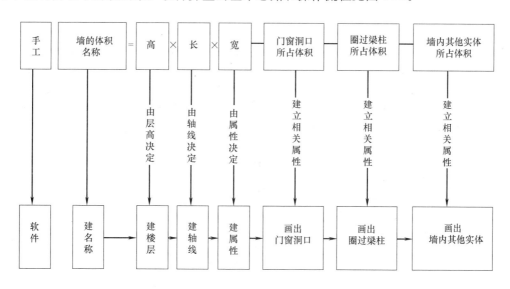

图 14-1　软件算量思路与操作流程

14.1.1 新建工程

第一步：双击桌面"广联达土建算量软件 GCL 2013"图标，启动软件。

第二步：点击新建向导。

第三步：按照实际工程的图纸输入工程名称。

第四步：根据实际情况，对工程需要的规则和定额库进行选择，选择完毕后点击下一步。

第五步：输入室外地坪相对±0.000 标高（如图 14-2），输入完毕后点击下一步。

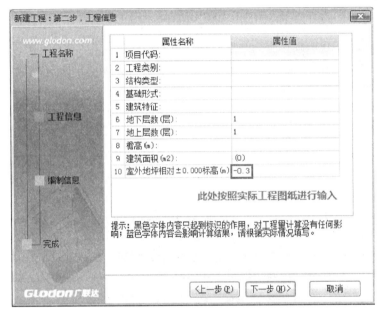

图 14-2　新建工程界面

第六步：编制信息页面的内容，只起标识作用，不需要进行输入，直接点击下一步。

第七步：确认输入的所有信息没有错误以后，点击完成，完成新建工程的操作。

14.1.2 新建楼层

第一步：点击"工程设置"下的"楼层信息"，在右侧的区域内可以对楼层进行定义。

第二步：点击"插入楼层"进行楼层的添加。

第三步：将顶层的名称修改为屋面层。

第四步：根据图纸输入首层的底标高。

第五步：根据图纸在层高一列修改每层的层高数值（如图 14-3），完成定义楼层。

14.1.3 建轴网

第一步：点击模块导航栏中的绘图输入，切换到绘图输入页面。

第二步：点击绘图输入下的"＋"，展开左侧所有的构件，点击模块导航栏中的"轴网"。

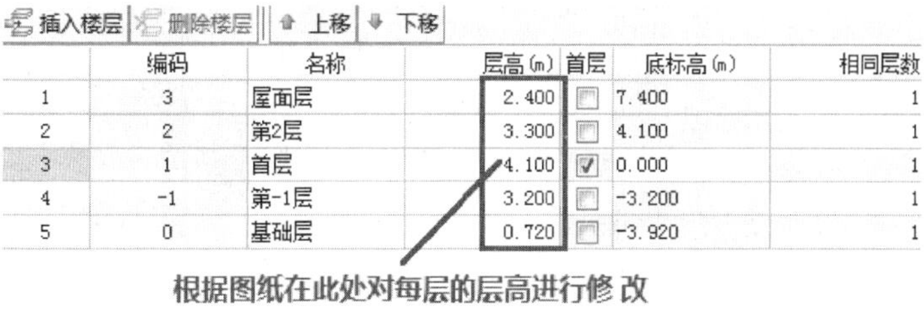

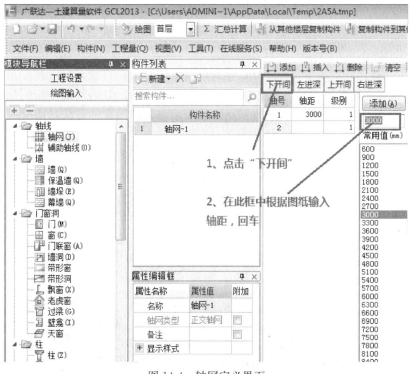

根据图纸在此处对每层的层高进行修改

图 14-3　楼层定义界面

第三步：点击"定义"按钮，切换到定义状态，在构件列表中点击"新建"。

第四步：点击下开间，先进行开间尺寸的定义，将图纸上下开间第一个轴距填入添加框中，回车（如图 14-4）。利用这种方法将图纸上的下开间轴距输入软件。

图 14-4　轴网定义界面

第五步：点击左进深，用同样的方法将进深的轴距定义完毕。

第六步：点击常用工具条中的"绘图"，切换到绘图状态，在弹出的对话框中点击"确定"，就可将轴网放到绘图区中，完成轴网处理。

14.1.4　构件定义与绘制

第一步：在模块导航栏中，点击柱构件，在构件列表中点击新建，选择"新建矩形柱"，建立一个 KZ-1。

第二步：在属性编辑框中按照图纸来输入 KZ-1 的名称、类别、材质，混凝土类型，强度等级和截面，如图 14-5 所示。

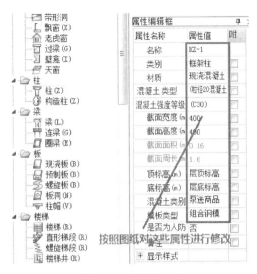

图 14-5　柱定义界面

第三步：在构件列表中 KZ-1 的名称上点击鼠标右键，选择复制，建立一个相同属性的 KZ-2，利用这种方法，快速建立相同属性的构件。对于个别属性不同的构件，仍然可以利用 KZ-1 进行复制，然后只修改不同的截面信息。利用这种方法，依次定义所有柱。

第四步：在左侧构件列表中点击 KZ，在绘图功能区选择"点"按钮，然后将光标移动到图纸规定位置，直接点击左键即可将 KZ-4 画入，如图 14-6 所示。

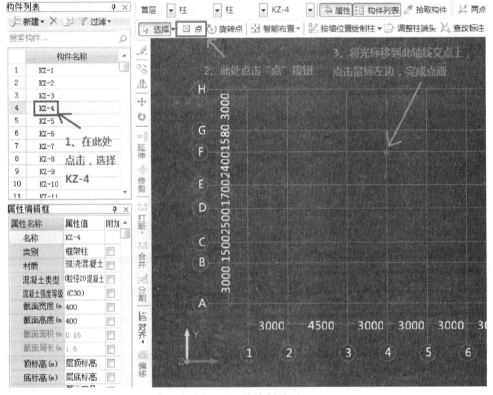

图 14-6　柱绘制界面

用类似的方法可以完成梁、板、墙、门窗、基础等构件的定义和绘制。

14.1.5 报表预览

第一步：点击常用工具条中的汇总计算，在弹出的提示框中点击确定，汇总完毕，点击确定。选择模块导航栏中的报表预览切换到报表界面，查看整个工程的工程量。在弹出的设置报表范围窗口中选择全部楼层、全部构件，点击确定，再点击弹出的提示框中的确定。可以看到，模块导航栏中软件将我们常用的报表进行分类，便于快速查找。报表分为做法汇总分析表、构件汇总分析表、指标汇总分析表三大类，每一大类下面有具体的报表，我们根据自己的需求进行选择查看即可，如图14-7所示。

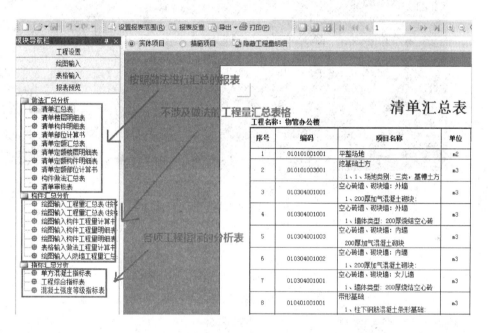

图 14-7 报表预览界面

第二步：如果我们只需要打印工程的部分工程量，如柱、梁、板，可以选择常用工具条上的设置报表范围，在弹出的窗口中选择楼层、构件，选完后点击确定，再点击弹出的提示框中的确定。可以看到报表中只有柱、梁、板的工程量，直接点击打印即可。软件中的报表界面布局是默认的，如果界面布局和我们的要求不一样，可以使用软件的列宽适应到功能按照我们的要求调整界面布局。这样我们就完成了报表的简单设计。

14.2 钢筋抽样软件应用

广联达钢筋抽样软件操作流程与算量软件基本相同，其建工程、建轴网的操作方法与算量软件也比较类似，具体操作参见 14-1 节相关内容。

14.2.1 柱

第一步：定义柱，进入柱构件定义界面，输入柱截面、配筋信息。

第二步：选择定义的柱，按照图纸，在轴网上点击柱，即可绘制好柱，如图 14-8 所示。

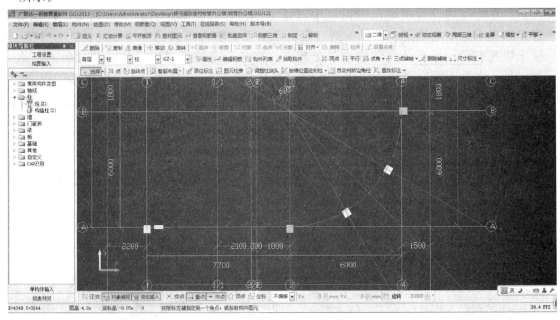

图 14-8　柱布置界面

14.2.2 梁

第一步：定义梁，进入梁定义截面，输入梁截面信息和集中标注信息。

第二步，选择定义的梁，依照图纸中梁的位置绘制梁，如图 14-9 所示。

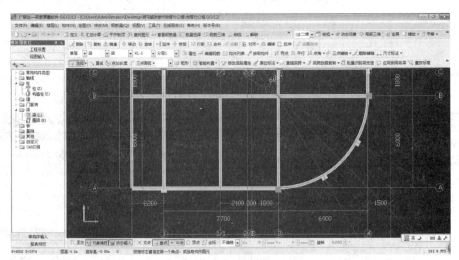

图 14-9　梁布置界面

第三步，使用鼠标左键点击"原位标注"，选择"原位标注"，依照图纸完成原位标注信息的输入，如图14-10所示。

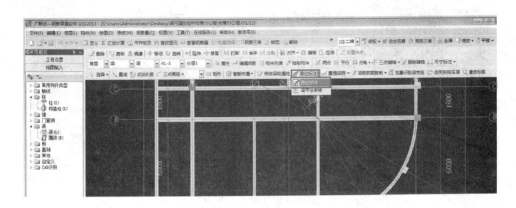

图14-10 原位标注界面

14.2.3 板

第一步：定义板，进入板定义截面，输入板厚度信息和集中标注信息。

第二步，选择定义的板，依照图纸中板的位置绘制板如图14-11所示。

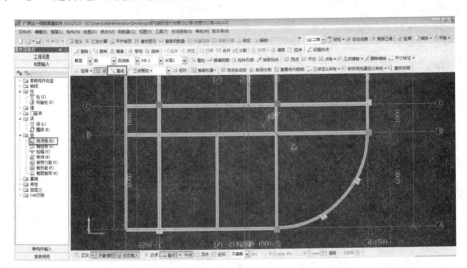

图14-11 板布置界面

第三步：定义板负筋，依照图纸布置板负筋。

14.2.4 汇总计算、查看报表

左键点击菜单栏的"汇总计算"，弹出选择界面，左键点击"计算"，软件即可自动计算；鼠标左键点击"报表预览"，即可查看钢筋计算结果，如图14-12所示。

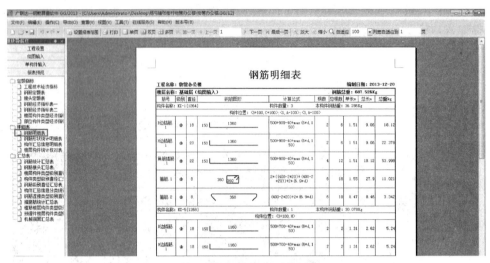

图 14-12 钢筋报表预览界面

14.3 计价软件应用

新建工程，进入单位工程编辑界面后，点击编辑，软件会进入单位工程编辑主界面，如图 14-13 所示。

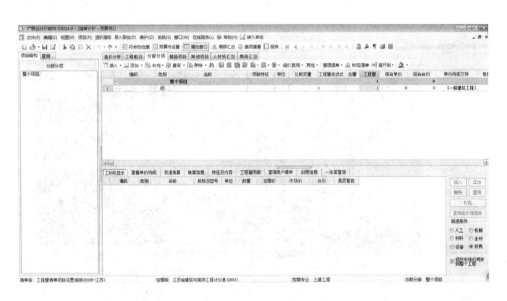

图 14-13 计价软件主界面

14.3.1 输入分部分项工程量清单

（1）查询输入

在查询—查询清单界面找到平整场地清单项，点击【插入】，如图 14-14 所示。

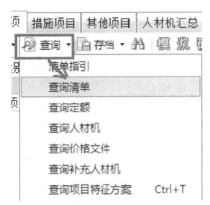

图 14-14 查询输入界面

（2）按编码输入

点击鼠标右键，选择【插入】或者【插入清单项】，在空行的编码列输入 010101003，点击回车键，在弹出的窗口回车即可输入挖基础土方清单项。

（3）补充清单项

在编码列输入 B-1，名称列输入清单项名称截水沟盖板，单位为 m，即可补充一条清单项。

14.3.2 输入工程量

（1）直接输入

根据计算结果，直接在工程量列输入工程量。

（2）图元公式输入

双击工程量表达式单元格，使单元格数字处于编辑状态，即光标闪动状态。点击右上角 按钮。在图元公式界面中选择公式类别为体积公式，输入参数值如图 14-15 所示。

14.3.3 措施项目清单、其他项目清单编辑

点击鼠标右键【插入】或者【插入措施项】，插入一个空行，分别输入序号，如图 14-16 所示。

然后再计算基数列输入取费的基础，点击 按钮，即可选择工程中的相应数据作为参考，或者直接输入一个具体的数值。

其他项目清单编辑方法同措施项目清单。

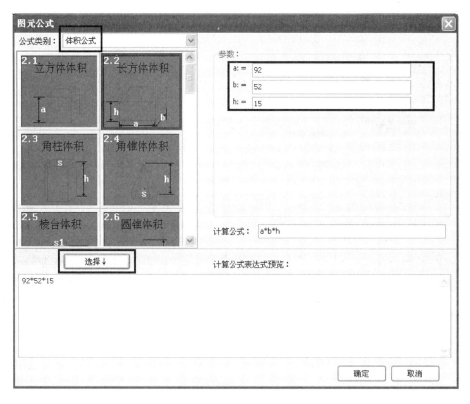

图 14-15　图元公式输入界面

	序号	类别	名称	单位	项目特征	组价方式	计算基数
			措施项目				
			通用措施项目				
1	1		现场安全文明施工	项		子措施组价	
2	1.1		基本费	项		计算公式组	FBFXHJ
3	1.2		考评费	项		计算公式组	FBFXHJ
4	1.4		其他费	项		计算公式组	
5	1.3		奖励费	项		计算公式组	FBFXHJ
6	2		夜间施工	项		计算公式组	FBFXHJ
7	3		二次搬运	项		定额组价	
		定					
8	4		冬雨季施工	项		计算公式组	FBFXHJ
9	5		大型机械设备进出场及安拆	项		定额组价	
		定					
10	6		施工排水	项		定额组价	
		定					
11	7		施工降水	项		定额组价	
		定					
12	8		地上、地下设施，建筑物的临时保护设施	项		定额组价	
		定					
13	9		已完工程及设备保护	项		计算公式组	FBFXHJ
14	10		临时设施	项		计算公式组	FBFXHJ
15	11		材料与设备检验试验	项		计算公式组	FBFXHJ
16	12			项		计算公式组	
17	12		赶工措施	项		计算公式组	FBFXHJ
18	13		工程按质论价	项		计算公式组	FBFXHJ
19	14		特殊条件下施工增加	项		定额组价	
		定					

图 14-16　措施项目清单编辑界面

14.3.4　查看报表

编辑完成后查看本单位工程的报表，例如"工程量清单"下的"表-08 分部分项工程

208

量清单与计价表"，如图 14-17 所示。

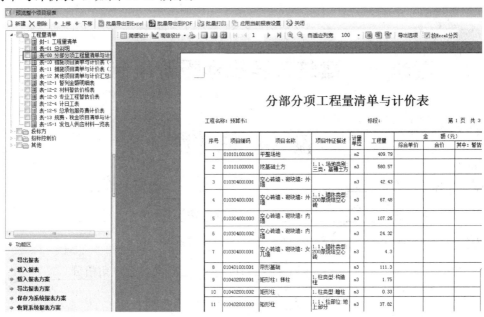

图 14-17　报表界面

思 考 题

1. 简述图形算量软件基本操作流程。
2. 简述钢筋抽样软件基本操作流程。
3. 简述计价软件基本操作流程。

附录一　建筑工程投标报价编制实例

投 标 总 价

招　　标　　人：_____

工　程　名　称：_____某小学教学楼土建_____

投标总价（小写）：_____4243873.95_____

　（大写）：____肆佰贰拾肆万叁仟捌佰柒拾叁圆玖角伍分____

投　标　人：_____

　　　　　　　　　　　（单位盖章）

法定代表人

或其授权人：_____

　　　　　　　　　　　（签字或盖章）

编　制　人：_____

　　　　　　　　　　（造价人员签字盖专用章）

编 制 时 间：　2013 年 11 月 18 日 星期日

总　说　明

工程名称：某小学教学楼土建

一、工程概况：

1. 建设规模：建筑面积 3090m^2；

2. 工程特征：框架结构，层高 3.6m，建筑高度为 19.35m；

3. 施工现场实际情况；

4. 交通条件：交通便利，有主干道通入施工现场；

5. 环境保护要求：必须符合当地环保部门对噪声、粉尘、污水、垃圾的限制或处理的要求。

二、招标范围：设计图纸范围内的土建工程，详见招标文件。

三、工程量清单编制依据：

1. 《建筑工程工程量清单计价规范》GB 50500—2013；

2. 国家及省级建设主管部门颁发的有关规定；

3. 江苏省建设厅文件《关于〈建设工程工程量清单计价规范〉GB 50500—2013 的贯彻意见》；

4. 本工程项目的文件；

5. 与本工程项目有关的标准、规范、技术资料；

6. 施工现场情况、工程特点及常规施工方案；

7. 其他相关资料。

四、工程质量：创市级优质工程，详见招标文件。

五、安全生产文明施工：创市级文明工地，详见招标文件。

六、投标人在投标时应按《建设工程工程量清单计价规范》GB 50500—2013 和招标文件规定的格式，提供完整齐全的文件。

七、投标文件的份数详见招标文件。

八、工程量清单编制的相关说明：

1. 分部分项工程量清单

　1.1 挖基础土方自设计室内地面标高算起；

　1.2 所有室内木门由住户自理，不列入清单；

　1.3 进户防盗门由专业厂家制作安装，不列入分部分项清单；

　1.4 本工程中的所有混凝土要求使用商品混凝土。

2. 措施项目清单

　2.1 通用措施项目列入以下项目

　　2.1.1 安全文明施工费；

　　　2.1.1.1 基本费

　　　2.1.1.2 考评费

　　　2.1.1.3 奖励费

2.1.2 夜间施工费；

2.1.3 冬雨期施工增加费；

2.1.4 大型机械设备进出场及安拆；

2.1.5 施工排水；

2.1.6 已完工程及设备保护；

2.1.7 临时设施；

2.1.8 材料与设备检验试验费；

2.1.9 赶工措施；

2.1.10 工程按质论价。

2.2 专业工程措施项目列入以下项目

2.2.1 混凝土、钢筋混凝土模板及支架；

2.2.2 脚手架；

2.2.3 垂直运输机械；

2.2.4 住宅工程分户验收。

2.3 投标人如认为有必要，可自行补充其他措施项目并报价。

3. 其他项目清单

3.1 暂列金额：考虑工程量偏差及设计变更的因素计入，详见《暂列金额明细表》。

3.2 暂估价

3.2.1 材料暂估价：钢材、塑钢门窗为暂估价，其中钢材由承包人供应，详见《材料暂估单价表》和《发包人供应材料一览表》；

3.2.2 专业工程暂估价：进户防盗门有专业厂家生产并安装，详见《专业工程暂估价表》。

3.3 计日工清单见《计日工表》。

3.4 总承包服务费见《总承包服务费计价表》。

4. 规费和税金项目清单：按苏建价《关于〈建设工程工程量清单计价规范〉GB 50500—2013 的贯彻意见》的规定列入以下清单，详见《规费、税金清单计价表》。

4.1 规费

4.1.1 工程排污费；

4.1.2 安全生产监督费；

4.1.3 社会保障费；

4.1.4 住房公积金。

4.2 税金

工程项目投标报价汇总表

工程名称：某小学教学楼土建

序号	单项工程名称	金额(元)	其 中		
			暂估价(元)	安全文明施工费(元)	规费(元)
1	某小学教学楼土建	4467235.74		74943.48	146084.46
合 计		4467235.74		74943.48	146084.46

单项工程投标报价汇总表

工程名称：某小学教学楼土建

序号	单项工程名称	金额(元)	其　中		
			暂估价(元)	安全文明施工费(元)	规费(元)
1	某小学教学楼土建	4467235.74		74943.48	146084.46
合　计		4467235.74		74943.48	146084.46

单位工程投标报价汇总表

工程名称：某小学教学楼土建

序号	汇总内容	金额(元)	其中:暂估价(元)
1	分部分项工程量清单计价合计	3406522.00	
1.1	A 土(石)方工程	54840.96	
1.2	D 砌筑工程	194025.78	
1.3	E 混凝土及钢筋混凝土工程	1130824.39	
1.4	F 金属结构工程	30053.34	
1.5	I 屋面及防水工程	97533.57	
1.6	J 防腐、隔热、保温工程	102023.82	
1.7	K 楼地面工程	396959.47	
1.8	L 墙、柱面工程	674971.04	
1.9	M 天棚工程	60665.93	
1.10	H 门窗工程	253332.00	
1.11	N 油漆、涂料、裱糊工程	389492.31	
1.12	O 其他工程	21799.39	
2	措施项目清单计价合计	767319.79	
2.1	现场安全文明施工	74943.48	
3	其他项目清单计价合计		
3.1	暂列金额		
3.2	专业工程暂估价		
3.3	计日工		
3.4	总承包服务费		
4	规费	146084.46	
5	税金	147309.49	
	投标报价合计＝1＋2＋3＋4＋5	4467235.74	

分部分项工程量清单与计价表

工程名称：某小学教学楼土建

序号	项目编码	项目名称	项目特征描述	计量单位	工程量	金额（元）		
						综合单价	合价	其中：暂估价
			A 土（石）方工程					
1	010101001001	平整场地	1. 土壤类别：三类土	m²	624.300	1.35	842.81	
2	010101002001	挖基础土方	1. 土壤类别：三类土 2. 基础类型：独立 3. 挖土深度：2.0m 内 4. 弃土运距：1km	m³	741.810	30.08	22313.64	
3	010101002002	挖土方	1. 土壤类别：三类土 2. 挖土平均厚度：人工清底	m³	140.260	62.01	8697.52	
4	010103001001	土（石）方回填	1. 土质要求：砂土或黏土 2. 夯填（碾压）：机械回填 3. 运输距离：1.0km	m³	1171.610	19.62	22986.99	
			分部小计				54840.96	
			D 砌筑工程					
5	010401001001	砖基础	1. 砖品种、规格、强度等级：煤矸石烧结砖 2. 基础类型：条形 3. 砂浆强度等级：水泥砂浆 M7.5	m³	48.920	349.14	17079.93	
6	010401005001	空心砖墙、砌块墙	1. 墙体类型：外墙 2. 墙体厚度：240mm 3. 空心砖、砌块品种、规格、强度等级：加气混凝土砌块 4. 砂浆强度等级、配合比：混合砂浆 M5.0	m³	348.270	386.80	134710.84	
7	010401005002	空心砖墙、砌块墙	1. 墙体类型：内墙 2. 墙体厚度：200mm 3. 空心砖、砌块品种、规格、强度等级：加气混凝土砌块 4. 砂浆强度等级、配合比：混合砂浆 M5.0	m³	93.250	387.05	36092.41	

216

序号	项目编码	项目名称	项目特征描述	计量单位	工程量	金额(元)		
						综合单价	合价	其中:暂估价
8	010401005003	空心砖墙、砌块墙	1. 墙体类型:女儿墙 2. 墙体厚度:200mm 3. 空心砖、砌块品种、规格、强度等级:烧结多孔砖 4. 砂浆强度等级、配合比:水泥砂浆 M5.0	m³	13.500	373.13	5037.26	
9	010401013001	零星砌砖	1. 零星砌砖名称、部位:厕所隔断	m³	2.420	456.75	1105.34	
			分部小计				194025.78	
			E 混凝土及钢筋混凝土工程					
10	010501002001	带形基础	1. 混凝土强度等级:C35 2. 混凝土拌合料要求:商品混凝土泵送 3. 带形基础类型:有梁式条形基础	m³	145.300	402.56	58491.97	
11	010501001001	垫层	1. 混凝土强度等级:C15 2. 混凝土拌合料要求:商品混凝土(泵送) 3. 垫层厚度:100mm	m³	46.360	382.21	17719.26	
12	010502001001	矩形柱	1. 柱高度:3.6m 内 2. 柱截面尺寸:周长2.5m 内 3. 混凝土强度等级:C35 4. 混凝土拌合料要求:商品混凝土(泵送)	m³	5.077	485.58	2465.29	
13	010502001002	矩形柱	1. 柱高度:3.6m 内 2. 柱截面尺寸:周长1.6m 内 3. 混凝土强度等级:C35 4. 混凝土拌合料要求:商品混凝土(泵送)	m³	1.950	485.58	946.88	
14	010502001003	矩形柱	1. 柱高度:3.6m 内 2. 柱截面尺寸:周长1.6m 内 3. 混凝土强度等级:C30 4. 混凝土拌合料要求:商品混凝土(泵送)	m³	39.360	466.31	18353.96	

序号	项目编码	项目名称	项目特征描述	计量单位	工程量	金额(元)		
						综合单价	合价	其中:暂估价
15	010502001004	矩形柱	1. 柱高度:3.6m内 2. 柱截面尺寸:周长2.5m内 3. 混凝土强度等级:C30 4. 混凝土拌合料要求:商品混凝土(泵送)	m³	99.940	462.25	46197.27	
16	010502002001	构造柱	1. 混凝土强度等级:C25 2. 混凝土拌合料要求:商品混凝土(非泵送) 3. 柱类型:构造柱	m³	65.690	568.52	37346.08	
17	010502002002	构造柱	1. 混凝土强度等级:C25 2. 混凝土拌合料要求:商品混凝土(非泵送) 3. 柱类型:门洞抱框	m³	4.260	493.07	2100.48	
18	010503002001	矩形梁	1. 混凝土强度等级:C30 2. 混凝土拌合料要求:商品混凝土(非泵送)	m³	2.120	459.16	973.42	
19	010503004001	圈梁	1. 混凝土强度等级:C25 2. 混凝土拌合料要求:商品混凝土(非泵送) 3. 部位:阻水台	m³	7.250	488.87	3544.31	
20	010503004002	圈梁	1. 混凝土强度等级:C25 2. 混凝土拌合料要求:商品混凝土(非泵送) 3. 部位:腰带	m³	2.260	488.87	1104.85	
21	010503005001	过梁	1. 混凝土强度等级:C25 2. 混凝土拌合料要求:商品混凝土(非泵送)	m³	1.200	530.37	636.44	
22	010505001001	有梁板	1. 板底标高:3.6m内 2. 板厚:100mm外 3. 混凝土强度等级:C30 4. 混凝土拌合料要求:商品混凝土(泵送)	m³	373.630	445.43	166426.01	

序号	项目编码	项目名称	项目特征描述	计量单位	工程量	金额(元)		
						综合单价	合价	其中:暂估价
23	010505001002	有梁板	1. 板底标高:3.6m内 2. 板厚:100mm内 3. 混凝土强度等级:C30 4. 混凝土拌合料要求:商品混凝土(泵送)	m³	135.350	445.43	60288.95	
24	010505006001	栏板	1. 混凝土强度等级:C30 2. 混凝土拌合料要求:商品混凝土(非泵送) 3. 部位:女儿墙栏板	m³	34.710	538.58	18694.11	
25	010505008001	雨篷、阳台板	1. 混凝土强度等级:C30 2. 混凝土拌合料要求:商品混凝土(非泵送)	m³	7.960	506.19	4029.27	
26	010506001001	直形楼梯	1. 混凝土强度等级:C30 2. 混凝土拌合料要求:商品混凝土(泵送)	m²	114.840	86.80	9968.11	
27	010507011001	其他构件	部位:上人孔周边	m³	0.110	514.78	56.63	
28	010507004001	压顶	1. 构件的类型:窗台压顶 2. 混凝土强度等级:C25 3. 混凝土拌合料要求:商品混凝土(非泵送)	m³	4.690	508.51	2384.91	
29	010507003001	台阶	1. 混凝土强度等级:70mm厚C15(非泵送) 2. 垫层:200mm厚碎石	m²	28.920	106.26	3073.04	
30	010507011002	其他构件	1. 混凝土强度等级:C25 2. 部位:大小便池	m³	22.970	482.75	11088.77	
31	010508001001	后浇带	1. 部位:梁板 2. 混凝土强度等级:C35 3. 混凝土拌合料要求:商品混凝土(非泵送)	m³	6.020	471.89	2840.78	

219

序号	项目编码	项目名称	项目特征描述	计量单位	工程量	金额（元）		其中：暂估价
						综合单价	合价	
32	010515001001	现浇混凝土钢筋	1. 种类、规格：钢筋Φ12 一级以内	t	3.588	5137.30	18432.63	
33	010515001002	现浇混凝土钢筋	1. 种类、规格：钢筋Φ12 三级以内	t	62.238	5288.26	329130.73	
34	010515001003	现浇混凝土钢筋	1. 种类、规格：钢筋Φ25 三级以内	t	59.346	4548.07	269909.76	
35	010515001004	现浇混凝土钢筋	1. 种类、规格：气压对焊	个	2643.000	6.50	17179.50	
36	010515002001	钢筋网片	1. 种类、规格：Φ4@150 屋面	t	0.878	6071.82	5331.06	
37	010515001005	现浇混凝土钢筋	1. 种类、规格：砌体加固钢筋	t	3.467	5929.08	20556.12	
38	010516002001	预埋铁件	1. 钢材种类、规格：普通钢板	t	0.110	14125.45	1553.80	
		分部小计					1130824.39	
		F 金属结构工程						
39	010607004001	金属网	1. 钢丝网品种、规格：镀锌钢丝网 2. 部位：柱、梁与墙体交接处	m²	1854.000	16.21	30053.34	
		分部小计					30053.34	
		I 屋面及防水工程						
40	010902003001	屋面刚性防水	1. 嵌缝材料种类：高强 APP 嵌缝膏，150mm 宽 SBS 防水卷材盖缝 2. 刚性层厚度：40mm 3. 混凝土强度等级：C30 4. 隔离层材料：20mm 厚1：3 水泥砂浆 5. 找平层：4mm 厚 SBS 卷材	m²	626.990	108.90	68279.21	
41	010902003002	屋面刚性防水	1. 防水层厚度：20mm 2. 砂浆：1：2.5 砂浆找坡压光	m²	79.600	20.69	1646.92	
42	010902004001	屋面排水管	1. 排水管品种、规格：PVC 排水管 Φ100mm 2. 弯头材料种类：铸铁女儿墙落水口 Φ100mm 3. 水斗材料种类：PVCΦ100mm（24 个）	m	313.650	36.74	11523.50	

序号	项目编码	项目名称	项目特征描述	计量单位	工程量	金额(元)		
						综合单价	合价	其中:暂估价
43	010902004002	屋面排水管	1. 排水管品种、规格、品牌、颜色:走廊预埋管Φ80	只	36.000	5.65	203.40	
44	010903003001	砂浆防水(潮)	1. 防水(潮)部位:砖基础上 2. 防水(潮)厚度、层数:20mm厚1:3水泥砂浆内掺5%防水剂	m²	46.780	13.97	653.52	
45	010903003002	砂浆防水(潮)	1. 防水(潮)部位:砖基础两侧 2. 防水(潮)厚度、层数:20mm厚1:3水泥砂浆内掺5%防水剂	m²	756.810	20.12	15227.02	
			分部小计				97533.57	
			J 防腐、隔热、保温工程					
46	011001001001	保温隔热屋面	1. 保温隔热部位:平屋面 2. 保温隔热方式:90mm厚挤塑聚苯保温板	m²	626.990	136.49	85577.87	
47	011001001002	保温隔热屋面	1. 保温隔热部位:平屋面 2. 保温隔热材料品种:1:6水泥炉渣2%找坡(始厚30mm) 3. 找平层材料:20mm厚1:3水泥砂浆	m²	626.990	26.23	16445.95	
			分部小计				102023.82	
			K 楼地面工程					
48	011101002001	现浇水磨石楼地面	1. 垫层材料种类、厚度:400mm炉渣,100mm厚碎石,60mm厚C15混凝土 2. 找平层厚度、砂浆配合比:20mm厚1:3水泥砂浆找平 3. 面层厚度、水泥石子浆配合比:15mm厚水泥白色石子磨光打蜡	m²	523.260	158.05	82701.24	

序号	项目编码	项目名称	项目特征描述	计量单位	工程量	金额(元)		
						综合单价	合价	其中:暂估价
49	011101002002	现浇水磨石楼地面	1. 垫层材料种类、厚度:无 2. 找平层厚度、砂浆配合比:20mm 厚 1：3 水泥砂浆 3. 防水层厚度、材料种类:素水泥浆结合层一道 4. 面层厚度、水泥石子浆配合比:15mm 厚水泥白色石子磨光打蜡	m²	2063.860	80.70	166553.50	
50	011102003001	块料楼地面	1. 垫层材料种类、厚度:100mm 碎石,60mm 厚 C15 混凝土 2. 找平层厚度、砂浆配合比:40mm 厚 C20 混凝土,刷素水泥浆 3. 防水层、材料种类:聚氨酯防水涂膜 1.8mm 4. 结合层厚度、砂浆配合比:20mm 厚 1：2 干硬砂浆,撒素水泥面 5. 面层材料品种、规格、品牌、颜色:8mm 厚地砖面层,干水泥插缝	m²	50.090	211.30	10584.02	
51	011102003002	块料楼地面	1. 找平层厚度、砂浆配合比:40mm 厚 C20 混凝土,刷素水泥浆 2. 防水层、材料种类:1.2mm 厚水泥基防水涂料 3. 结合层厚度、砂浆配合比:5mm 厚 1：1 水泥砂浆 4. 面层材料品种、规格、品牌、颜色:8mm 厚地砖面层,干水泥插缝	m²	150.250	176.60	26534.15	
52	011106005001	现浇水磨石楼梯面	1. 垫层材料种类、厚度:无 2. 找平层厚度、砂浆配合比:20mm 厚 1：3 水泥砂浆 3. 防水层厚度、材料种类:素水泥浆结合层一道 4. 面层厚度、水泥石子浆配合比:15mm 厚水泥白色石子磨光打蜡	m²	133.760	259.30	34683.97	

222

序号	项目编码	项目名称	项目特征描述	计量单位	工程量	金额(元)		
						综合单价	合价	其中：暂估价
53	011107005001	现浇水磨石台阶面	1. 垫层材料种类、厚度:无 2. 找平层厚度、砂浆配合比:20mm 厚 1：3 水泥砂浆 3. 防水层厚度、材料种类：素水泥浆结合层一道 4. 面层厚度、水泥石子浆配合比:15mm 厚水泥白色石子磨光打蜡	m²	36.900	183.03	6753.81	
54	010507001001	散水、坡道	1. 垫层材料种类、厚度:120mm 厚碎石灌 M2.5 混合砂浆 2. 面层厚度:60mm 厚 C20,表面撒 1：3 水泥砂浆 3. 填塞材料种类:建筑油膏 4. 部位:室外散水	m²	43.080	80.82	3481.73	
55	010507001002	散水、坡道	1. 垫层材料种类、厚度:200mm 厚碎石灌 M2.5 混合砂浆,70mm 厚 C15,表面撒 1：3 水泥砂浆 2. 面层厚度:素水泥浆一道,25mm 厚 1：2 水泥砂浆 3. 部位:坡道	m²	13.260	133.83	1774.59	
56	011108004001	水泥砂浆零星项目	工程部位:窗台	m²	31.020	40.26	1248.87	
57	011503001001	金属扶手带栏杆、栏板	1. 扶手材料种类、规格、品牌、颜色:Φ50 抛光不锈钢管扶手 2. 栏杆材料种类、规格、品牌、颜色:Φ30 不锈钢管立管@900 3. 固定配件种类:预埋铁件 4. 油漆材料种类:红丹防锈漆两遍,调和漆两遍 5. 部位:坡道栏杆	m	15.100	376.90	5691.19	

223

序号	项目编码	项目名称	项目特征描述	计量单位	工程量	金额(元)		
						综合单价	合价	其中:暂估价
58	011503001002	金属扶手带栏杆、栏板	1. 扶手材料种类、规格、品牌、颜色:Φ50 抛光不锈钢管扶手 2. 栏杆材料种类、规格、品牌、颜色:Φ40 不锈钢管立管 3. 固定配件种类:预埋铁件 4. 油漆材料种类:红丹防锈漆两遍,调和漆两遍 5. 部位:走廊栏杆 $h=0.3m$	m	192.800	120.00	23136.00	
59	011503001003	金属扶手带栏杆、栏板	1. 扶手材料种类、规格、品牌、颜色:Φ50 抛光不锈钢管扶手 2. 栏杆材料种类、规格、品牌、颜色:Φ30 不锈钢管立管间距150 3. 固定配件种类:预埋铁件 4. 油漆材料种类:红丹防锈漆两遍,调和漆两遍 5. 部位:雨棚栏杆 $h=0.3m$	m	88.800	100.00	8880.00	
60	011503001004	金属扶手带栏杆、栏板	1. 扶手材料种类、规格、品牌、颜色:苏 J05-2006-2/11 2. 栏杆材料种类、规格:苏 J05-2006-2/11 3. 部位:楼梯	m	62.000	402.20	24936.40	
			分部小计				396959.47	
			L 墙、柱面工程					
61	011201001001	墙面一般抹灰	1. 墙体类型:外墙 2. 底层厚度、砂浆配合比:20mm 厚 1:3 水泥砂浆找平 3. 面层厚度、砂浆配合比:10mm 防水砂浆 4. 装饰面材料种类:4mm 厚聚合物砂浆内置耐碱玻纤网 5. 基层材料:刷界面剂一道	m²	1408.750	59.18	83369.83	

224

序号	项目编码	项目名称	项目特征描述	计量单位	工程量	金额(元)		
						综合单价	合价	其中：暂估价
62	011201001002	墙面一般抹灰	1. 墙体类型:混凝土墙 2. 底层厚度、砂浆配合比:12mm 厚 1:3 水泥砂浆 3. 面层厚度、砂浆配合比:8mm 厚 1:2.5 水泥砂浆 4. 部位:女儿墙内	m²	238.820	29.05	6937.72	
63	011201001003	墙面一般抹灰	1. 墙体类型:内墙 2. 底层厚度、砂浆配合比:10mm 厚 1:1:6 水泥石灰膏砂浆 3. 面层厚度、砂浆配合比:10mm 厚 1:0.3:3 水泥石灰膏砂浆	m²	2165.700	26.13	56589.74	
64	011201001004	墙面一般抹灰	1. 墙体类型:内墙 2. 底层厚度、砂浆配合比:15mm 厚 1:1:6 水泥石灰膏砂浆 3. 面层厚度、砂浆配合比:10mm 厚 1:2.5 水泥砂浆面层	m²	431.250	27.87	12018.94	
65	011202001001	柱面一般抹灰	1. 底层厚度、砂浆配合比:12mm 厚 1:3 水泥砂浆 2. 面层厚度、砂浆配合比:8mm 厚 1:2.5 砂浆面层	m²	204.930	33.18	6799.58	
66	011203001001	零星项目一般抹灰	1. 墙体类型:现浇板面 2. 底层厚度、砂浆配合比:12mm 厚 1:3 水泥砂浆 3. 面层厚度、砂浆配合比:8mm 厚 1:2.5 水泥砂浆 4. 部位:雨篷抹灰	m²	79.600	99.90	7952.04	

序号	项目编码	项目名称	项目特征描述	计量单位	工程量	金额(元)		
						综合单价	合价	其中：暂估价
67	011204003001	块料墙面	1. 底层厚度、砂浆配合比:12mm 厚 1：3 砂浆拉毛 2. 贴结层厚度、材料种类:6mm 厚 1：0.1：2.5 砂浆结合层 3. 面层材料品种、规格、品牌、颜色:5mm 厚内墙面砖	m²	2219.560	166.98	370622.13	
68	011204003002	块料墙面	1. 墙体类型:外墙 2. 底层厚度、砂浆配合比:20mm 厚 1：3 水泥砂浆找平 3. 面层厚度、砂浆配合比:10mm 厚防水砂浆 4. 装饰面材料种类:4mm 厚聚合物砂浆内置耐碱玻纤网 5. 基层材料:刷界面剂一道 6. 8mm 厚 200mm× 75mm 块料面层	m²	531.640	201.15	106939.39	
69	011206002001	块料零星项目	1. 柱、墙体类型:便池镶贴块料地砖	m²	122.260	194.19	23741.67	
			分部小计				674971.04	
			M 天棚工程					
70	011301001001	天棚抹灰	1. 基层类型:刷素水泥浆一道 2. 抹灰厚度、材料种类:3mm 厚 1：3 水泥砂浆打底 3. 装饰线条道数:6mm 厚 1：2.5 水泥砂浆粉面	m²	3135.190	19.35	60665.93	
			分部小计				60665.93	
			H 门窗工程					
71	010801001001	镶板木门	1. 门类型:成品木门(含五金配件)	m²	17.400	350.00	6090.00	
72	010802001001	金属平开门	1. 门类型:成品钢制防盗门	m²	108.960	750.00	81720.00	

序号	项目编码	项目名称	项目特征描述	计量单位	工程量	金额(元)		
						综合单价	合价	其中:暂估价
73	010807001001	塑钢窗	1. 窗类型:成品塑钢玻璃窗 2. 框材质、外围尺寸:综合 3. 玻璃品种、厚度:5+12A+5	m²	472.920	350.00	165522.00	
			分部小计				253332.00	
			N 油漆、涂料、裱糊工程					
74	011407002001	刷喷涂料	1. 基层类型:混凝土 2. 部位:天棚	m²	3135.190	15.95	50006.28	
75	011407002001	刷喷涂料	1. 基层类型:抹灰面 2. 腻子种类:混合腻子两遍 3. 涂料品种、刷喷遍数:乳胶漆两遍 4. 部位:内墙	m²	2596.950	15.95	41421.35	
76	011407002002	刷喷涂料	1. 基层类型:抹灰面 2. 涂料品种、刷喷遍数:刷外墙涂料两遍	m²	1613.690	184.71	298064.68	
			分部小计				389492.31	
			O 其他工程					
77	010606013001	零星钢构件	1. 钢材品种、规格:Φ20钢筋 2. 构件名称:U形爬梯 3. 油漆品种、刷漆遍数:红丹防锈漆两遍,调和漆两遍	t	0.110	5961.38	655.75	
78	010702005001	其他木构件	上人孔盖板 木质 900m×900mm 盖板 镀锌铁皮包面 3 套	套	1.000	196.80	196.80	
79	011505001001	洗漱台		m²	9.120	673.79	6144.96	
80	011210006001	隔断	1. 骨架、边框材料种类、规格:卫生间 2. 隔板材料品种、规格、品牌、颜色:两侧贴瓷砖	m²	90.720	163.16	14801.88	
			分部小计				21799.39	
			合 计				3406522	

227

工程名称：某小学教学楼土建

分部分项工程费分析表

序号	项目编码	项目名称	单位	工程量	综合单价组成（元）					单价	合价
					人工费	材料费	机械费	管理费	利润		
1		A 土（石）方工程								54840.96	54840.96
2	010101001001	平整场地 土壤类别:三类土	m²	624.300	0.11		0.87	0.25	0.12	1.35	842.81
3	1-259 备注1	推土机 75kW 内平整场地厚 300mm 内	m²	927.740	0.07		0.59	0.17	0.08	0.91	840.96
4	010101003001	挖基础土方 1. 土壤类别:三类土 2. 基础类型:独立 3. 挖土深度:2.0m 内 4. 弃土运距:1km	m³	741.810	0.37	0.09	21.52	5.47	2.63	30.08	22313.64
5	1-202	挖掘机挖土斗容 1m³ 内反铲装车	m³	1262.300	0.22		3.40	0.91	0.43	4.96	6261.41
6	1-239 备注1	自卸汽车运土 1km 内	m³	1262.340		0.05	9.24	2.31	1.11	12.72	16055.24
7	010101002001	挖土方 1. 土壤类别:三类土 2. 挖土平均厚度:人工清底	m³	140.260	45.26			11.32	5.43	62.01	8697.52
8	1-3 备注1	人工挖三类干土深度在 1.5m 内	m³	140.260	45.26			11.32	5.43	62.01	8697.52
9	010103001001	土（石）方回填 1. 土质要求:砂土或黏土 2. 夯填（碾压）:机械回填 3. 运输距离:1.0km	m³	1171.610	0.65	0.11	13.58	3.57	1.71	19.62	22986.99
10	1-274	填土碾压内燃压路机 8t 内	m³	1171.610	0.44	0.06	1.86	0.58	0.28	3.22	3768.14
11	1-202	挖掘机挖土斗容 1m³ 内反铲装车	m³	1171.610	0.22		3.40	0.91	0.43	4.96	5811.56
12	010300000	自卸汽车运土 1km 内	m³	1171.610		0.05	8.32	2.08	1.00	11.46	13421.32
13		D 砌筑工程								194025.78	194025.78

228

序号	项目编码	项目名称	单位	工程量	综合单价组成(元)					单价	合价
					人工费	材料费	机械费	管理费	利润		
14	010401001001	砖基础 1. 砖品种、规格、强度等级：煤矸石烧结砖 2. 基础类型：条形 3. 砂浆强度等级：水泥砂浆 M7.5	m³	48.920	87.78	221.41	5.45	23.31	11.19	349.14	17079.93
15	3-1	M7.5 直形砖基础	m³	48.920	87.78	221.41	5.45	23.31	11.19	349.14	17079.93
16	010401005001	空心砖墙、砌块墙 1. 墙体类型：外墙 2. 墙体厚度：240mm 3. 空心砖、砌块品种、规格、强度等级：加气混凝土砌块 4. 砂浆强度等级、配合比：混合砂浆 M5.0	m³	348.270	87.01	262.54	3.69	22.68	10.88	386.80	134710.84
17	3-22	M5KP1 黏土多孔砖 190mm×190mm×90mm 1砖墙	m³	348.270	87.01	262.54	3.69	22.68	10.88	386.80	134710.84
18	010401005002	空心砖墙、砌块墙 1. 墙体类型：内墙 2. 墙体厚度：200mm 3. 空心砖、砌块品种、规格、强度等级：加气混凝土砌块 4. 砂浆强度等级、配合比：混合砂浆 M5.0	m³	93.250	87.01	263.49	3.18	22.55	10.82	387.05	36092.41
19	3-24	M5KM1 黏土空心砖 190mm×190mm×90mm 1砖墙	m³	93.250	87.01	263.49	3.18	22.55	10.82	387.05	36092.41
20	010401005003	空心砖墙、砌块墙 1. 墙体类型：女儿墙 2. 墙体厚度：200mm 3. 空心砖、砌块品种、规格、强度等级：烧结多孔砖 4. 砂浆强度等级、配合比：水泥砂浆 M5.0	m³	13.500	87.01	248.17	4.20	22.80	10.95	373.13	5037.26

序号	项目编码	项目名称	单位	工程量	综合单价组成(元)					单价	合价
					人工费	材料费	机械费	管理费	利润		
21	3-22	M5KP1黏土多孔砖 240mm×115mm×90mm 1砖墙	m³	13.500	87.01	248.17	4.20	22.80	10.95	373.13	5037.26
22	010401013001	零星砌砖 1.零星砌砖名称、部位:厕所隔断	m³	2.420	163.24	226.58	4.77	42.00	20.16	456.75	1105.34
23	3-47	M5标准砖小型砌体	m³	2.420	163.24	226.58	4.77	42.00	20.16	456.75	1105.34
24		E混凝土及钢筋混凝土工程								1130824.39	1130824.39
25	010501002001	带形基础 1.混凝土强度等级:C35 2.混凝土拌合料要求:商品混凝土(泵送) 3.带形基础类型:有梁式条形基础	m³	145.300	23.10	353.03	13.05	9.04	4.34	402.56	58491.97
26	5-172	C20现浇混凝土条形基础有梁式(泵送商品混凝土)	m³	145.300	23.10	353.03	13.05	9.04	4.34	402.56	58491.97
27	010501001001	垫层 1.混凝土强度等级:C15 2.混凝土拌合料要求:商品混凝土(泵送) 3.垫层厚度:100mm	m³	46.360	36.96	330.12	1.06	9.51	4.56	382.21	17719.26
28	2-121	C15商品混凝土泵送无筋垫层	m³	46.360	36.96	330.12	1.06	9.51	4.56	382.21	17719.26
29	010502001001	矩形柱 1.柱高度:3.6m内 2.柱截面尺寸:周长2.5m内 3.混凝土强度等级:C35 4.混凝土拌合料要求:商品混凝土(泵送)	m³	5.077	58.52	376.33	21.22	19.94	9.57	485.58	2465.29
30	5-181	C35现浇矩形柱(泵送商品混凝土)	m³	5.077	58.52	376.33	21.22	19.94	9.57	485.58	2465.29

序号	项目编码	项目名称	单位	工程量	综合单价组成（元）					单价	合价
					人工费	材料费	机械费	管理费	利润		
31	010502001002	矩形柱 1. 柱高度：3.6m内 2. 柱截面尺寸：周长1.6m内 3. 混凝土强度等级：C35 4. 混凝土拌合料要求：商品混凝土（泵送）	m³	1.950	58.52	376.33	21.22	19.94	9.57	485.58	946.88
32	5-181	C35现浇矩形柱（泵送商品混凝土）	m³	1.950	58.52	376.33	21.22	19.94	9.57	485.58	946.88
33	010502001003	矩形柱 1. 柱高度：3.6m内 2. 柱截面尺寸：周长1.6m内 3. 混凝土强度等级：C30 4. 混凝土拌合料要求：商品混凝土（泵送）	m³	39.360	57.97	358.09	21.02	19.75	9.48	466.31	18353.96
34	5-181	C30现浇矩形柱（泵送商品混凝土）	m³	38.990	58.52	361.48	21.22	19.94	9.57	470.73	18353.76
35	010502001004	矩形柱 1. 柱高度：3.6m内 2. 柱截面尺寸：周长2.5m内 3. 混凝土强度等级：C30 4. 混凝土拌合料要求：商品混凝土（泵送）	m³	99.940	57.46	354.97	20.84	19.58	9.40	462.25	46197.27
36	5-181	C30现浇矩形柱（泵送商品混凝土）	m³	98.140	58.52	361.48	21.22	19.94	9.57	470.73	46197.44
37	010502002001	构造柱 1. 混凝土强度等级：C25 2. 混凝土拌合料要求：商品混凝土（非泵送） 3. 柱类型：构造柱	m³	65.690	153.23	355.94	1.94	38.79	18.62	568.52	37346.08
38	5-298	C25现浇构造柱（非泵送商品混凝土）	m³	65.690	153.23	355.94	1.94	38.79	18.62	568.52	37346.08
39	010502002002	构造柱 1. 混凝土强度等级：C25 2. 混凝土拌合料要求：商品混凝土（非泵送） 3. 柱类型：门洞抱框	m³	4.260	93.94	361.35	2.20	24.04	11.54	493.07	2100.48

序号	项目编码	项目名称	单位	工程量	综合单价组成(元) 人工费	材料费	机械费	管理费	利润	单价	合价
40	5-328	C25现浇门框(非泵送商混混凝土)	m³	4.260	93.94	361.35	2.20	24.04	11.54	493.07	2100.48
41	010503002001	矩形梁 1.混凝土强度等级:C30 2.混凝土拌合料要求:商品混凝土(非泵送)	m³	2.120	66.22	366.56	1.37	16.90	8.11	459.16	973.42
42	5-300	C30现浇单梁框架梁连续梁(非泵送商品混凝土)	m³	2.120	66.22	366.56	1.37	16.90	8.11	459.16	973.42
43	010503004001	圈梁 1.混凝土强度等级:C25 2.混凝土拌合料要求:商品混凝土(非泵送) 3.部位:阻水台	m³	7.250	90.09	363.56	1.37	22.87	10.98	488.87	3544.31
44	5-302	C25现浇圈梁(非泵送商品混凝土)	m³	7.250	90.09	363.56	1.37	22.87	10.98	488.87	3544.31
45	010503004002	圈梁 1.混凝土强度等级:C25 2.混凝土拌合料要求:商品混凝土(非泵送) 3.部位:腰带	m³	2.260	90.09	363.56	1.37	22.87	10.98	488.87	1104.85
46	5-302	C25现浇圈梁(非泵送商品混凝土)	m³	2.260	90.09	363.56	1.37	22.87	10.98	488.87	1104.85
47	010503005001	过梁 1.混凝土强度等级:C25 2.混凝土拌合料要求:商品混凝土(非泵送)	m³	1.200	119.35	364.98	1.37	30.18	14.49	530.37	636.44
48	5-303	C25现浇过梁(非泵送商品混凝土)	m³	1.200	119.35	364.98	1.37	30.18	14.49	530.37	636.44
49	010505001001	有梁板 1.板底标高:3.6m内 2.板厚度:100mm外 3.混凝土强度等级:C30 4.混凝土拌合料要求:商品混凝土(泵送)	m³	373.630	33.88	373.15	18.88	13.19	6.33	445.43	166426.01
50	5-199	C30现浇有梁板(泵送商品混凝土)	m³	373.630	33.88	373.15	18.88	13.19	6.33	445.43	166426.01
51	010505001002	有梁板 1.板底标高:3.6m内 2.板厚度:100mm内 3.混凝土强度等级:C30 4.混凝土拌合料:商品混凝土(泵送)	m³	135.350	33.88	373.15	18.88	13.19	6.33	445.43	60288.95

序号	项目编码	项目名称	单位	工程量	综合单价组成(元)					单价	合价
					人工费	材料费	机械费	管理费	利润		
52	5-199	C30现浇有梁板(泵送商品混凝土)	m³	135.350	33.88	373.15	18.88	13.19	6.33	445.43	60288.95
53	010505006001	栏板 1.混凝土强度等级:C30 2.混凝土拌合料要求:商品混凝土(非泵送) 3.部位:女儿墙栏板	m³	34.710	119.35	372.05	2.20	30.39	14.59	538.58	18694.11
54	5-326	C30现浇栏板(非泵送商品混凝土)	m³	34.710	119.35	372.05	2.20	30.39	14.59	538.58	18694.11
55	010505008001	雨篷、阳台板 1.混凝土强度等级:C30 2.混凝土拌合料要求:商品混凝土(泵送)	m³	7.960	62.46	374.16	33.91	24.10	11.56	506.19	4029.27
56	5-206	C30现浇雨篷复合式(泵送商品混凝土)	m²	79.600	6.85	40.85	3.73	2.65	1.27	55.35	4405.78
57	5-208	C20现浇楼梯、雨篷、阳台复合 每增减1m³泵送商品混凝土含量	m³	-0.804	60.06	339.94	33.58	23.41	11.24	468.23	-376.46
58	010506001001	直形楼梯 1.混凝土强度等级:C30 2.混凝土拌合料要求:商品混凝土(泵送)	m²水平投影面积	114.840	11.22	70.83	0.43	2.92	1.40	86.80	9968.11
59	5-203	C30现浇楼梯直形(泵送商品混凝土)	m²水平投影面积	114.840	11.86	74.51	0.45	3.08	1.48	91.36	10492.13
60	5-208	C30现浇楼梯、雨篷、阳台复合 每增减1m³泵送商品混凝土含量	m³	-1.200	60.06	350.75	2.16	15.56	7.47	436.00	-523.20
61	010514002001	其他构件 1.构件类型:上人孔	m³	0.110	108.57	363.03	2.20	27.69	13.29	514.78	56.63
62	5-332 备注1	C20现浇小型构件(非泵送商品混凝土)	m³	0.110	108.57	363.03	2.20	27.69	13.29	514.78	56.63
63	010507004001	其他构件 1.构件的类型:窗台压顶 2.混凝土强度等级:C25 3.混凝土拌合料要求:商品混凝土(非泵送)	m³	4.690	95.48	377.70		23.87	11.46	508.51	2384.91
64	5-331	C25现浇压顶(非泵送商品混凝土)	m³	4.690	95.48	377.70		23.87	11.46	508.51	2384.91
65	010507003001	其他构件 1.混凝土强度等级:70cm厚C15(非泵送) 2.混凝土拌合料要求:台阶200mm厚碎石	m²	28.920	20.25	77.72	0.58	5.21	2.50	106.26	3073.04
66	5-333	C25现浇台阶(非泵送商品混凝土)	m²水平投影面积	28.920	11.63	58.24	0.36	3.00	1.44	74.66	2159.20
67	12-9	碎石干铺垫层	m³	5.784	43.12	97.35	1.13	11.06	5.31	157.97	913.70

序号	项目编码	项目名称	单位	工程量	综合单价组成(元)					单价	合价
					人工费	材料费	机械费	管理费	利润		
68	010507011001	其他构件(大小便池) 1.混凝土强度等级:C25 2.混凝土拌合料要求:商品混凝土(非泵送)	m³	22.970	90.09	357.44	1.37	22.87	10.98	482.75	11088.77
69	5-302	C20现浇圈梁(非泵送商品混凝土)	m³	22.970	90.09	357.44	1.37	22.87	10.98	482.75	11088.77
70	010508001001	后浇带	m³							2840.78	2840.78
71		后浇带 1.部位:梁板 2.混凝土强度等级:C35 3.混凝土拌合料要求:商品混凝土(非泵送)	m³	6.020	68.53	375.81	1.60	17.53	8.42	471.89	2840.78
72	5-318	C30现浇后浇板带(非泵送商品混凝土)	m³	6.020	68.53	375.81	1.60	17.53	8.42	471.89	2840.78
73		钢筋工程								662093.60	662093.60
74	010515001001	现浇混凝土钢筋 1.种类,规格:钢筋 Φ12 一级以内	t	3.588	978.67	3675.92	88.03	266.68	128.00	5137.30	18432.63
75	4-1	现浇混凝土构件钢筋 Φ12mm内	t	3.588	978.67	3675.92	88.03	266.68	128.00	5137.30	18432.63
76	010515001002	现浇混凝土钢筋 1.种类,规格:钢筋 Φ12 三级以内	t	62.238	978.67	3826.88	88.03	266.68	128.00	5288.26	329130.73
77	4-1	现浇混凝土构件钢筋 Φ12mm内	t	62.238	978.67	3826.88	88.03	266.68	128.00	5288.26	329130.73
78	010515001003	现浇混凝土钢筋 1.种类,规格:钢筋 Φ25 三级以内	t	59.346	492.03	3693.08	132.05	156.02	74.89	4548.07	269909.76
79	4-2	现浇混凝土构件钢筋 Φ25mm内	t	59.346	492.03	3693.08	132.05	156.02	74.89	4548.07	269909.76
80	010515001004	现浇混凝土钢筋 1.种类,规格:钢筋 气压对焊	个	2643.000		6.50				6.50	17179.50
81	D00002	柱筋接头 气压对焊	个	2643.000		6.50				6.50	17179.50
82	010515002001	钢筋网片 1.种类,规格:Φ4@150 屋面	t	0.878	1354.43	4151.40	47.34	350.44	168.21	6071.82	5331.06
83	4-4	冷轧带肋钢筋	t	0.878	1354.43	4151.40	47.34	350.44	168.21	6071.82	5331.06
84	010515001005	现浇混凝土钢筋 1.种类,规格:砌体加固钢筋	t	3.467	1631.63	3623.04	51.61	420.81	201.99	5929.08	20556.12
85	4-25	砌体、板缝内加固钢筋(不绑扎)	t	3.467	1631.63	3623.04	51.61	420.81	201.99	5929.08	20556.12
86	010516002001	预埋铁件 1.种类,规格:普通钢板	t	0.110	4592.28	4512.82	2424.24	1754.13	841.98	14125.45	1553.80
87	4-27	铁件制作安装	t	0.110	4592.28	4512.82	2424.24	1754.13	841.98	14125.45	1553.80

序号	项目编码	项目名称	单位	工程量	综合单价组成(元)					单价	合价
					人工费	材料费	机械费	管理费	利润		
88		F 金属结构工程								30053.34	30053.34
89	010607004001	金属网 1. 钢丝网品种、规格:镀锌钢丝网 2. 部位:柱、梁与墙体交接处	m²	1854.000	8.00	5.25		2.00	0.96	16.21	30053.34
90	16-补14	柱梁板、墙交界处钉钢丝网	m²	1854.000	8.01	5.25		2.00	0.96	16.22	30064.46
91		I 屋面及防水工程								97533.57	97533.57
92	010902003001	屋面刚性防水 1. 嵌缝材料种类:分隔缝150mm宽SBS防水卷材 2. 混凝土强度等级:40mm厚C30混凝土 3. 隔离层材料:20mm厚1:3水泥砂浆 4. 找平层:4mm厚SBS卷材 5. 面层材料:平屋面	m²	626.990	25.18	73.70	0.52	6.42	3.08	108.90	68279.21
93	12-15	水泥砂浆找平层(20mm)混凝土或硬基层上	m²	626.990	5.39	4.34	0.45	1.46	0.70	12.34	7738.94
94	9-72	C30细石混凝土屋面有分格缝40mm	m²	626.990	13.22	20.92	0.06	3.32	1.59	39.11	24519.07
95	9-68	屋面分格缝上点粘300mm宽改性沥青卷材	m	180.000	1.54	2.13		0.39	0.19	4.24	763.56
96	9-32	单层SBS改性沥青防水卷材(热熔满铺法)	m²	684.254	5.62	43.83		1.41	0.68	51.53	35260.98
97	010902003002	屋面刚性防水 1. 防水层厚度:20mm厚1:2.5砂浆找坡压光	m²	79.600	8.53	8.18	0.60	2.28	1.10	20.69	1646.92
98	9-112	平面防水砂浆	m²	106.240	6.39	6.13	0.45	1.71	0.82	15.51	1647.36
99	010902004001	屋面排水管 1. 排水管品种、规格:PVC排水管Φ100mm 2. 弯头材料种类:铸铁女儿墙落水口Φ100mm 3. 水斗材料种类:PVCΦ100mm(24个)	m	313.650	4.53	30.53		1.13	0.55	36.74	11523.50
100	9-188	PVC水落管Φ100	m	313.650	3.54	27.36		0.89	0.43	32.21	10102.04
101	9-190	PVC水斗 Φ100	只	18.000	2.93	24.35		0.73	0.35	28.36	510.43
102	9-201	女儿墙铸铁弯头落水口	个	18.000	14.09	30.81		3.52	1.69	50.11	901.98
103	010902004002	屋面排水管 1. 排水管品种、规格:排水管、品牌、颜色:走廊预埋管Φ80	只	36.000	2.70	1.96		0.67	0.32	5.65	203.40

序号	项目编码	项目名称	单位	工程量	综合单价组成（元）					单价	合价
					人工费	材料费	机械费	管理费	利润		
104	9-191+[9-192]*-7.5	Φ50PVC阳台通水落管,斜长250mm	只	36.000	2.70	1.96		0.67	0.32	5.65	203.44
105	010903003001	砂浆防水（潮） 1.防水（潮）部位：砖基础上 2.防水（潮）厚度：20mm厚1：3水泥砂浆内掺5%防水剂	m²	46.780	5.24	6.13	0.48	1.43	0.69	13.97	653.52
106	3-42	墙基防潮层防水砂浆	m²投影面积	46.780	5.24	6.13	0.48	1.43	0.69	13.96	652.81
107	010903003002	砂浆防水（潮） 1.防水（潮）部位：砖基础两侧 2.防水（潮）厚度：20mm厚1：3水泥砂浆内掺5%防水剂	m²	756.810	9.54	6.39	0.48	2.51	1.20	20.12	15227.02
108	9-113	立面防水砂浆	m²	756.810	9.55	6.39	0.48	2.51	1.20	20.13	15232.31
109		J防腐、隔热、保温工程								102023.82	102023.82
110	011001001001	保温隔热屋面 1.保温隔热部位：平屋面 2.保温隔热方式：90mm厚挤塑聚苯保温板	m²	626.990	23.10	103.70	0.84	5.98	2.87	136.49	85577.87
111	省补9-1+[省补9-3]×13	外墙外保温，聚苯乙烯挤塑板，厚度90mm、砖墙面	m²	626.990	23.10	103.70	0.83	5.98	2.87	136.49	85574.73
112	011001001002	保温隔热屋面 1.保温隔热部位：平屋面 2.保温隔热材料品种：1：6水泥炉渣2%找坡（始厚30mm） 3.找平层材料：20mm厚1：3水泥砂浆	m²	626.990	9.24	13.57		2.31	1.11	26.23	16445.95
113	9-215	屋面、楼地面保温隔热现浇水泥炉渣	m³	75.239	77.00	113.10		19.25	9.24	218.59	16446.49
114		K楼地面工程								39695.47	39695.47
115	011102002001	现浇水磨石楼地面 1.垫层材料种类，厚度：400mm炉渣、100mm碎石、60mm厚C15混凝土 2.找平层厚度、砂浆配合比：20mm厚1：3水泥砂浆找平 3.面层厚度、水泥石子浆配合比：15mm厚水泥白色石子磨光打蜡	m²	523.260	58.47	72.48	4.00	15.61	7.49	158.05	82701.24

序号	项目编码	项目名称	单位	工程量	综合单价组成(元)					单价	合价
					人工费	材料费	机械费	管理费	利润		
116	2-106	炉渣干铺层	m³	209.304	20.44	62.24	1.36	5.45	2.62	92.11	19278.99
117	12-9	碎石干铺层	m³	52.330	43.12	97.35	1.13	11.06	5.31	157.97	8266.57
118	12-13	非泵送不分格商品混凝土	m³	31.396	57.75	330.98	1.09	14.71	7.06	411.59	12922.28
119	12-31	水磨石楼地面白石子浆嵌条 15mm＋2mm(磨耗)	m²	523.260	42.50	18.00	3.27	11.44	5.49	80.70	42227.61
120	011101002002	现浇水磨石楼地面 1. 垫层材料种类,厚度:楼面 2. 找平层厚度、砂浆配合比:20mm厚1:3水泥砂浆 3. 防水层厚度、材料种类:素水泥浆结合层一道 4. 面层厚度、水泥白石子浆配合比:15mm厚水泥白色石子磨光打蜡	m²	2063.860	42.50	18.00	3.27	11.44	5.49	80.70	166553.50
121	12-31	水磨石楼地面白石子浆嵌条 15mm＋2mm(磨耗)	m²	2063.660	42.50	18.00	3.27	11.44	5.49	80.70	166539.43
122	011102003001	块料楼地面 1. 垫层材料种类,厚度:100mm 碎石、60mm厚 C15 混凝土 2. 找平层厚度、砂浆配合比:40mm厚 C20混凝土,刷素水泥浆 3. 防水层、材料种类:聚氨酯防水涂膜 1.8mm 4. 结合层厚度、砂浆配合比:20mm厚1:2干硬砂浆、撒素水泥面 5. 面层材料品种、规格、品牌、颜色:8mm厚地砖面层、干水泥插缝	m²	50.090	43.46	151.04	0.53	10.99	5.28	211.30	10584.02
123	12-9	碎石干铺层	m³	5.010	43.12	97.35	1.13	11.06	5.31	157.97	791.43
124	12-13	非泵送不分格商品混凝土	m³	3.005	57.75	330.98	1.09	14.71	7.06	411.59	1236.83
125	9-107	刷聚氨酯防水涂料,三涂 1.8mm	m²	66.314	5.39	32.40		1.35	0.65	39.79	2638.30
126	12-18	细石混凝土找平层 40mm	m²	50.090	5.76	13.90	0.07	1.46	0.70	21.89	1096.52
127	12-94 备注2	600mm×600mm地砖楼地面(水泥砂浆)	m²	39.882	28.59	81.18	0.35	7.24	3.47	120.83	4818.90

序号	项目编码	项目名称	单位	工程量	人工费	材料费	机械费	管理费	利润	单价	合价
					综合单价组成（元）						
128	011102003002	块料楼地面 1. 找平层厚度、砂浆配合比：40mm厚C20混凝土，刷素水泥浆 2. 结合层厚度、砂浆配合比：5mm厚1:1水泥砂浆 3. 防水层、材料种类：1.2mm厚水泥基防水涂料 4. 面层材料品种、规格、品牌、颜色：8mm厚地砖面层、干水泥插缝	m²	150.250	38.44	122.44	1.09	9.89	4.74	176.60	26534.15
129	9-111	水泥基渗透结晶防水材料 2~3遍	m²	265.256	2.31	16.50	0.38	0.67	0.32	20.19	5354.46
130	12-18	细石混凝土找平层 40mm	m²	150.250	5.76	13.90	0.07	1.46	0.70	21.89	3289.12
131	12-94	600mm×600mm地砖楼地面（水泥砂浆）	m²	150.250	28.59	79.40	0.35	7.24	3.47	119.05	17886.66
132	011106005001	现浇水磨石楼梯面 1. 垫层材料种类、厚度：无 2. 找平层厚度、砂浆配合比：20mm厚1:3水泥砂浆 3. 防水层厚度、材料种类：素水泥浆结合层一道 4. 面层厚度：水泥白色石子浆配合比:15mm厚水泥白色石子浆光打蜡	m²	133.760	160.63	37.63	1.17	40.45	19.42	259.30	34683.97
133	12-36	水磨石楼梯彩色石子浆	m² 水平投影面积	133.760	160.62	37.63	1.17	40.45	19.42	259.28	34681.29
134	011107005001	现浇水磨石台阶面 1. 垫层材料种类、厚度：无 2. 找平层厚度、砂浆配合比：20mm厚1:3水泥砂浆 3. 防水层厚度、材料种类：素水泥浆结合层一道 4. 面层厚度：水泥白色石子浆配合比:15mm厚水泥白色石子浆光打蜡	m²	36.900	117.19	20.99	1.09	29.57	14.19	183.03	6753.81
135	12-37	水磨石台阶	m² 水平投影面积	36.900	117.19	20.99	1.09	29.57	14.19	183.04	6754.10

序号	项目编码	项目名称	单位	工程量	综合单价组成(元)					单价	合价
					人工费	材料费	机械费	管理费	利润		
136	010507001001	散水、坡道 1.垫层材料种类、厚度：120mm厚碎石灌M2.5混合砂浆 2.面层厚度：60mm厚C20，表面撒1：3水泥砂浆 3.填塞材料种类：建筑油膏 4.部位：室外散水	m²	43.080	29.02	40.66	0.29	7.33	3.52	80.82	3481.73
137	12-9	碎石干铺垫层	m³	5.170	43.12	97.35	1.13	11.06	5.31	157.97	816.70
138	12-172	C15混凝土散水	m²水平投影面积	43.080	16.02	23.20	0.16	4.04	1.94	45.35	1953.72
139	9-161	建筑油膏伸缩缝	m	79.600	4.24	3.13		1.06	0.51	8.93	710.99
140	010507001002	散水、坡道 1.垫层材料种类、厚度：200mm厚碎石灌M2.5混合砂浆，70mm厚C15 2.面层厚度：素水泥浆一道，25mm厚1：2水泥砂浆 3.部位：坡道	m²	13.260	47.51	65.83	2.13	12.41	5.95	133.83	1774.59
141	12-9备注1	碎石干铺垫层	m³	2.652	62.37	141.62	4.42	16.70	8.01	233.12	618.23
142	12-173备注1	C15混凝土大门斜坡	m²水平投影面积	13.260	35.04	37.50	1.25	9.07	4.35	87.21	1156.40
143	011108004001	水泥砂浆零星项目 工程部位:窗台	m²	31.020	25.33	4.90	0.48	6.45	3.10	40.26	1248.87
144	13-24	零星项目抹水泥砂浆	m²	31.020	25.33	4.90	0.48	6.45	3.10	40.26	1248.83
145	011503001001	金属扶手带栏杆、栏板 1.扶手材料种类、规格、品牌、颜色：Φ50抛光不锈钢管扶手 2.栏杆材料种类、规格、品牌、颜色：Φ30不锈钢管立柱@900 3.固定配件种类：预埋铁件 4.油漆材料种类：红丹防锈漆两遍，调和漆两遍 5.部位：坡道栏杆	m	15.100	59.38	268.42	19.80	19.80	9.50	376.90	5691.19

序号	项目编码	项目名称	单位	工程量	综合单价组成（元）						单价	合价
					人工费	材料费	机械费	管理费	利润			
146	12-158 备注 1	不锈钢管栏杆不锈钢管扶手	m	15.100	59.38	268.42	19.80	19.80	9.50	376.90	5691.17
147	011503001002	金属扶手带栏杆、栏板 1. 扶手材料种类、规格、品牌、颜色：Φ50抛光不锈钢管扶手 2. 栏杆材料种类、规格、品牌、颜色：Φ40不锈钢管立管 3. 固定配件种类：预埋铁件 4. 油漆材料种类：红丹防锈漆两遍、调和漆两遍 5. 部位：走廊栏杆 h＝0.3m	m	192.800		120.00				120.00	23136.00
148	D00014	不锈钢护栏	m	192.800		120.00				120.00	23136.00
149	011503001003	金属扶手带栏杆、栏板 1. 扶手材料种类、规格、品牌、颜色：Φ50抛光不锈钢管扶手 2. 栏杆材料种类、规格、品牌、颜色：Φ30不锈钢管立管间距150mm 3. 固定配件种类：预埋铁件 4. 油漆材料种类：红丹防锈漆两遍、调和漆两遍 5. 部位：雨棚栏杆 h＝0.3m	m	88.800		100.00				100.00	8880.00
150	D00014	不锈钢护栏	m	88.800		100.00				100.00	8880.00
151	011503001004	金属扶手带栏杆、栏板 1. 扶手材料种类、规格、品牌、颜色：苏J05-2006-2/11 2. 栏杆材料种类、规格：苏J05—2006—2/11 3. 部位：楼梯	m	62.000	59.38	293.72	19.80	19.80	9.50	402.20	24936.40
152	12-158 备注 1	不锈钢管栏杆不锈钢管扶手	m	62.000	59.38	293.72	19.80	19.80	9.50	402.20	24936.28
153		L.墙、柱面工程								674971.04	674971.04
154	011201001001	墙面一般抹灰 1. 墙体类型：外墙 2. 底层厚度：20mm 厚砂浆配合比 1：3水泥砂浆找平 3. 面层厚度：10mm 厚防水砂浆	m²	1408.750	25.37	23.50	0.68	6.51	3.12	59.18	83369.83

240

序号	项目编码	项目名称	单位	工程量	综合单价组成(元)					单价	合价
					人工费	材料费	机械费	管理费	利润		
154	011201001001	4. 装饰面材料种类:4mm厚聚合物砂浆内置耐碱玻纤网 5. 基层材料:刷界面剂一道	m²	1408.750	25.37	23.50	0.68	6.51	3.12	59.18	83369.83
155	13-11	砖外墙面 墙裙抹水泥砂浆	m²	1459.910	13.48	5.44	0.46	3.48	1.67	24.53	35808.67
156	省补13-17	刷界面剂 加气混凝土面	m²	1459.910	1.93	2.09		0.48	0.23	4.73	6898.07
157	省补13-27	抗裂砂浆抹面厚8mm	m²	1459.910	7.93	12.39	0.19	2.03	0.98	23.52	34337.08
158	省补13-24	耐碱玻纤布网格布 1层	m²	1459.910	1.16	2.75		0.29	0.14	4.33	6325.79
159	011201001002	墙面一般抹灰 1.墙体类型:混凝土墙 2.底层厚度、砂浆配合比:12mm厚1:3水泥砂浆 3.面层厚度、砂浆配合比:8mm厚1:2.5水泥砂浆 4.部位:女儿墙内	m²	238.820	15.56	7.01	0.53	4.02	1.93	29.05	6937.72
160	省补13-16	刷界面剂 混凝土面	m²	238.820	2.08	1.57		0.52	0.25	4.42	1055.82
161	13-11	砖外墙面 墙裙抹水泥砂浆	m²	238.820	13.48	5.44	0.52	3.50	1.68	24.61	5878.32
162	011201001003	墙面一般抹灰 1.墙体类型:内墙 2.底层厚度、砂浆配合比:10mm厚1:1:6水泥石灰膏砂浆 3.面层厚度、砂浆配合比:10mm厚0.3:3水泥石灰膏砂浆	m²	2165.700	13.87	6.46	0.49	3.59	1.72	26.13	56589.74
163	省补13-17	刷界面剂 加气混凝土面	m²	2165.700	1.93	2.09		0.48	0.23	4.73	10232.93
164	13-33	混凝土内墙面抹混合砂浆	m²	2165.700	11.94	4.38	0.49	3.11	1.49	21.40	46337.32
165	011201001004	墙面一般抹灰 1.墙体类型:内墙	m²	431.250	14.72	7.04	0.49	3.80	1.82	27.87	12018.94

序号	项目编码	项目名称	单位	工程量	综合单价组成（元）					单价	合价
					人工费	材料费	机械费	管理费	利润		
165	011201001004	2.底层厚度、砂浆配合比:15mm厚1:1:6水泥石灰膏砂浆 3.面层厚度、砂浆配合比:10mm厚1:2.5水泥砂浆面层面层	m²	431.250	14.72	7.04	0.49	3.80	1.82	27.87	12018.94
166	省补13-17	刷界面剂 加气混凝土面	m²	431.250	1.93	2.09		0.48	0.23	4.73	2037.66
167	13-14	混凝土内墙面 墙裙抹水泥砂浆	m²	431.250	12.78	4.94	0.49	3.32	1.59	23.12	9972.23
168	011202001001	柱面一般抹灰 1.底层厚度、砂浆配合比:12mm厚1:3水泥砂浆 2.面层厚度、砂浆配合比:8mm厚1:2.5砂浆面层	m²	204.930	18.79	6.71	0.53	4.83	2.32	33.18	6799.58
169	13-27	矩形砖柱面抹水泥砂浆	m²	204.930	16.71	5.14	0.52	4.31	2.07	28.75	5891.12
170	省补13-16	刷界面剂 混凝土面	m²	204.930	2.08	1.57		0.52	0.25	4.42	906.00
171	011203001001	零星项目一般抹灰 1.墙体类型:现浇板面 2.底层厚度、砂浆配合比:12mm厚1:3水泥砂浆 3.面层厚度、砂浆配合比:8mm厚1:2.5砂浆面层 4.部位:雨篷抹灰	m²	79.600	63.06	12.07	1.05	16.03	7.69	99.90	7952.04
172	13-20	阳台、雨篷抹水泥砂浆 砂浆拉毛	m²水平投影面积	79.600	63.06	12.06	1.05	16.03	7.69	99.89	7951.40
173	011204003001	块料墙面 1.底层厚度、砂浆配合比:12mm厚1:3砂浆拉毛 2.粘结层厚度、材料种类:6mm厚1:0.1:2.5砂浆结合层 3.面层材料品种、规格、品牌、颜色:5mm厚内墙面砖	m²	2219.560	41.45	109.33	0.63	10.52	5.05	166.98	370622.13

序号	项目编码	项目名称	单位	工程量	综合单价组成（元）					单价	合价
					人工费	材料费	机械费	管理费	利润		
174	省补13-17	刷界面剂 加气混凝土面	m²	2219.560	1.93	2.09		0.48	0.23	4.73	10487.42
175	13-117	内墙面 墙裙砂浆粘贴瓷砖152mm×152mm以上	m²	2219.560	39.53	107.24	0.63	10.04	4.82	162.26	360139.15
176	01120 4003002	块料墙面 1.墙体类型:外墙 2.底层厚度、砂浆配合比:20mm 厚1:3 水泥砂浆找平 3.面层厚度、砂浆配合比:10mm 厚防水砂浆 4.装饰面材料种类:4mm 厚聚合物砂浆内置耐碱玻纤网 5.基层材料:刷界面剂一道 6.8mm 厚 200mm×75mm 块料面层	m²	531.640	72.28	100.32	1.33	18.40	8.82	201.15	106939.39
177	13-11	砖外墙面 墙裙抹水泥砂浆	m²	513.230	13.48	5.44	0.46	3.48	1.67	24.53	12588.51
178	省补13-17	刷界面剂 加气混凝土面	m²	513.230	1.93	2.09		0.48	0.23	4.73	2425.01
179	省补13-27	抗裂砂浆抹面厚8mm	m²	513.230	7.93	12.39	0.19	2.03	0.98	23.52	12071.17
180	省补13-24	耐碱玻纤网格布1层	m²	513.230	1.16	2.75		0.29	0.14	4.33	2223.83
181	13-124 备注1	墙面 墙裙砂浆粘贴釉面砖勾缝	m²	513.230	50.38	81.24	0.74	12.78	6.13	151.28	77639.89
182	011206002001	块料零星项目 柱.墙体类型:便池镶贴块料地砖	m²	122.260	49.58	124.31	1.43	12.75	6.12	194.19	23741.67
183	12-101	地砖台阶(水泥砂浆)	m²	122.260	49.57	124.30	1.43	12.75	6.12	194.17	23738.98
184		M 天棚工程								60665.93	60665.93
185	011301001001	天棚抹灰 1.基层类型:刷素水泥浆一道 2.抹灰厚度、材料种类:3mm 厚1:3 水泥砂浆;6mm 厚1:2.5 水泥砂浆 3.装饰线条道数:砂浆粉面	m²	3135.190	11.63	3.02	0.29	2.98	1.43	19.35	60665.93

续表

序号	项目编码	项目名称	单位	工程量	综合单价组成（元）					单价	合价
					人工费	材料费	机械费	管理费	利润		
186	14-115	现浇混凝土天棚混合砂浆面	m²	3135.190	11.63	3.02	0.30	2.98	1.43	19.36	60684.74
187		H 门窗工程								253332.00	253332.00
188	010801001001	镶板木门 门类型:成品木门（含五金配件）	m²	17.400		350.00				350.00	6090.00
189	D00016	成品木门安装	m²	17.400		350.00				350.00	6090.00
190	010802001001	金属平开门 门类型:成品钢制防盗门	m²	108.960		750.00				750.00	81720.00
191	D00015	成品钢质门	m²	108.960		750.00				750.00	81720.00
192	010807001001	塑钢窗 1. 窗类型:成品塑钢玻璃窗 2. 框材质、外围尺寸:综合 3. 玻璃品种、厚度:5+12A+5	m²	472.920		350.00				350.00	165522.00
193	D00013	成品塑钢中空玻璃推拉窗	m²	472.920		350.00				350.00	165522.00
194		N 油漆、涂料、裱糊工程								389492.31	389492.31
195	011407002001	刷喷涂料 1. 腻子种类:内墙涂料 2. 部位:顶棚	m²	3135.190	7.93	5.08		1.99	0.95	15.95	50006.28
196	16-307	内墙面乳胶漆在抹灰面上批刮二遍混合 腻子	m²	3135.190	7.94	5.08		1.99	0.95	15.95	50012.55
197	011407002002	刷喷涂料 1. 基层类型:抹灰面 2. 腻子种类:混合腻子两遍 3. 涂料品种、刷喷遍数:乳胶漆两遍 4. 部位:内墙	m²	2596.950	7.93	5.08		1.99	0.95	15.95	41421.35
198	16-307	内墙面乳胶漆在抹灰面上批刮二遍混合 腻子	m²	2596.950	7.94	5.08		1.99	0.95	15.95	41426.55
199	011407001002	刷喷涂料 1. 基层类型:抹灰面 2. 涂料品种、刷喷遍数:刷外墙涂料两遍	m²	1613.690	6.56	173.69	1.48	2.01	0.97	184.71	298064.68
200	16-340	外墙真石漆胶带分格	m²	1613.690	6.56	173.68	1.48	2.01	0.97	184.70	298043.70
201		O 其他工程								21799.39	21799.39

序号	项目编码	项目名称	单位	工程量	综合单价组成(元)					单价	合价
					人工费	材料费	机械费	管理费	利润		
202	01060601 3001	零星钢构件 1.钢材品种、规格:Φ20钢筋 2.构件名称:U形爬梯 3.油漆品种、刷漆遍数:红丹防锈漆两遍、调和漆两遍	t	0.110	1497.87	3824.87	61.62	389.88	187.14	5961.38	655.75
203	6-41	U形爬梯	t	0.110	1337.49	3749.99	61.62	349.78	167.89	5666.77	623.34
204	16-260	其他金属面调和漆两遍	t	0.110	160.38	74.88		40.10	19.25	294.61	32.41
205	01070200 5001	其他木构件 上人孔盖板 木质900mm×900mm盖板 镀锌铁皮包面 3套	套	1.000	41.54	138.97	0.68	10.55	5.06	196.80	196.80
206	17-65	方形木盖板	m²	1.000	20.41	89.85	0.68	5.27	2.53	118.75	118.75
207	15-325备注1	木材面包镀锌铁皮	m²展开面积	1.500	14.08	32.75		3.52	1.69	52.03	78.05
208	01150500 1001	洗漱台	m²	9.120	188.16	368.69	34.54	55.68	26.72	673.79	6144.96
209	17-53	大理石洗漱台 1m²以外	m²	9.120	188.16	368.68	34.54	55.68	26.72	673.78	6144.86
210	01121000 6001	隔断 1.骨架、边框材料种类、规格:卫生间 2.隔板材料品种、规格、品牌、颜色:两侧贴瓷砖	m²	90.720	39.52	108.15	0.63	10.04	4.82	163.16	14801.88
211	13-117备注1	内墙面 墙裙砂浆粘贴瓷砖152mm×152mm以上	m²	90.720	39.53	108.15	0.63	10.04	4.82	163.17	14802.60
		【合计】									3406502.34

措施项目清单与计价表（一）

工程名称：某小学教学楼土建

序号	项目名称	计算基础	费率(%)	金额（元）
	通用措施项目			122634.79
1	现场安全文明施工		100.000	74943.48
1.1	基本费	工程量清单计价	2.200	74943.48
1.2	考评费	工程量清单计价		
1.3	奖励费	工程量清单计价		
2	夜间施工	工程量清单计价		
3	冬雨期施工	工程量清单计价		
4	已完工程及设备保护	工程量清单计价		
5	临时设施	工程量清单计价	1.000	34065.22
6	材料与设备检验试验	工程量清单计价	0.400	13626.09
7	赶工措施	工程量清单计价		
8	工程按质论价	工程量清单计价		
	专业工程措施项目			2725.22
9	住宅工程分户验收	工程量清单计价	0.080	2725.22
	合　计			125360.01

246

措施项目清单与计价表（二）

序号	项目名称	金额(元)
	通用措施项目	30821.41
1	二次搬运	
2	大型机械设备进出场及安拆	30821.41
3	施工排水	
4	施工降水	
5	地上、地下设施，建筑物的临时保护设施	
6	特殊条件下施工增加	
	专业工程措施项目	611138.37
7	垂直运输机械	129045.99
8	脚手架	61293.50
9	混凝土、钢筋混凝土模板及支架	420798.88
	合　计	641959.78

其他项目清单与计价汇总表

工程名称：某小学教学楼土建

序号	项目名称	计量单位	金额(元)	备注
1	暂列金额	项		
2	暂估价			
2.1	材料暂估价			
2.2	专业工程暂估价	项		
3	计日工			
4	总承包服务费			
	合　计			

措施项目清单费用分析表

工程名称：某小学教学楼土建

序号	项目名称	计量单位
2	大型机械设备进出场及安拆	项

清单综合单价组成明细

定额编号	定额名称	定额单位	数量	单价 人工费	单价 材料费	单价 机械费	单价 管理费	单价 利润	合价 人工费	合价 材料费	合价 机械费	合价 管理费	合价 利润
24-1	履带式挖掘机 1m³ 以内场外运输费	次	1	1155	162.81	3870.26	0	0	1155	162.81	3870.26	0	0
24-38	塔式起重机 60kN·m 以内场外运输费	次	1	1155	47.81	12228.54	0	0	1155	47.81	12228.54	0	0
24-39	塔式起重机 60kN·m 以内组装拆卸费	次	1	4620	44.9	7537.09	0	0	4620	44.9	7537.09	0	0
	小　计			6930	255.52	23635.89	0	0					
综合人工工日													
84.00 工日	未计价材料费							0					
	清单项目综合单价							30821.41					

材料费明细	主要材料名称、规格、型号	单位	数量	单价(元)	合价(元)	暂估单价(元)	暂估合价(元)
	草袋子	片	30	1.00	30.00		
	镀锌铁丝 D4.0	kg	20	3.65	73.00		
	螺栓	个	28	0.30	8.40		

材料费明细	主要材料名称、规格、型号	单位	数量	单价(元)	合价(元)	暂估单价(元)	暂估合价(元)
	枕木	m³	0.08	1275.00	102.00		
	其他材料费			—	42.12	—	
	材料费小计			—	255.52	—	

清单综合单价组成明细

序号	项目名称					计量单位		项		
7	垂直运输机械									

| 定额编号 | 定额名称 | 定额单位 | 数量 | 单价 | | | | | 合价 | | | | |
				人工费	材料费	机械费	管理费	利润	人工费	材料费	机械费	管理费	利润
22-8 备注2	现浇框架檐口高度20m以内6层(塔式起重机施工)	天	220	0	0	338.27	84.57	40.59	0	0	74419.4	18605.4	8929.8
22-51	塔式起重机起重能力在60t·m以内	台	1	8096.18	12608.53	2475.25	2642.86	1268.57	8096.18	12608.53	2475.25	2642.86	1268.57

序号	项目名称		计量单位	项
7	垂直运输机械			

清单综合单价组成明细

定额编号	定额名称	定额单位	数量	单价					合价				
				人工费	材料费	机械费	管理费	利润	人工费	材料费	机械费	管理费	利润
									8096.18	12608.53	76894.65	21248.26	10198.37
综合人工工日						小　计							
108.10工日						未计价材料费					0		
					清单项目综合单价					129045.99			

	主要材料名称、规格、型号	单位	数量	单价(元)	合价(元)	暂估单价(元)	暂估合价(元)
材料费明细	中砂	t	20.6922	55.00	1138.07		
	碎石 5~16mm	t	0.324	55.00	17.82		
	碎石 5~40mm	t	45.2885	55.00	2490.87		
	水泥 32.5级	kg	4.2024	0.30	1.26		
	水泥 42.5级	kg	10505.25	0.40	4202.10		
	周转木材	m³	0.1752	1650.00	289.08		
	型钢	t	0.1889	3552.00	670.97		
	钢筋(综合)	t	0.918	3552.00	3260.74		
	钢支撑(钢管)	kg	6.48	4.20	27.22		
	电焊条	kg	10.311	6.20	63.93		
	镀锌铁丝 22号	kg	6.273	6.00	37.64		
	带帽螺栓	kg	0.1549	4.75	0.74		
	对拉螺栓(止水螺栓)	kg	5.76	4.75	27.36		
	零星卡具	kg	5.292	3.80	20.11		
	铁钉	kg	2.4044	6.20	14.91		
	组合钢模板	kg	19.908	4.00	79.63		
	防锈漆(铁红)	kg	0.7916	9.00	7.12		

材料费明细

主要材料名称、规格、型号	单位	数量	单价(元)	合价(元)	暂估单价(元)	暂估合价(元)
油漆溶剂油	kg	0.1717	3.33	0.57		
PVC管 Φ20mm	m	9.36	1.90	17.78		
塑料薄膜	m²	5.1	0.86	4.39		
水	m³	27.4251	6.20	170.04		
氧气	m³	4.5024	2.47	11.12		
乙炔气	m³	1.9565	8.93	17.47		
回库修理,保养费	元	7.992	1.00	7.99		
其他材料费	元	29.5992	1.00	29.60		
其他材料费					—	
材料费小计			—	12608.53	—	

清单综合单价组成明细

项目名称	脚手架			计量单位			项

定额编号	定额名称	定额单位	数量	单价					合价				
				人工费	材料费	机械费	管理费	利润	人工费	材料费	机械费	管理费	利润
19-1	砌墙脚手架里架子高3.60m内	10m²	56.335	7.93	2.92	0.93	2.22	1.06	446.74	164.5	52.39	125.06	59.72

续表

定额编号	定额名称	定额单位	数量	单价					合价				
				人工费	材料费	机械费	管理费	利润	人工费	材料费	机械费	管理费	利润
19-4	砌墙脚手架外架子双排高20m内	10m²	276.948	77.31	86.18	14.02	22.83	10.96	21410.85	23867.38	3882.81	6322.72	3035.35
19-10	抹灰脚手架高3.60m内	10m²	573.214	0.62	1.23	0.93	0.39	0.19	355.39	705.05	533.09	223.55	108.91
	小　计								22212.98	24736.93	4468.29	6671.33	3203.98
综合人工工日	288.44 工日				未计价材料费					0			
	清单项目综合单价								61293.5				

材料费明细	主要材料名称、规格、型号	单位	数量	单价(元)	合价(元)	暂估单价(元)	暂估合价(元)
	周转木材	m³	1.6703	1650.00	2756.00		
	毛竹	根	83.0844	9.50	789.30		
	脚手钢管	kg	2445.4508	4.20	10270.89		
	底座	个	8.3084	6.00	49.85		
	扣件	个	412.6525	3.40	1403.02		
	镀锌铁丝8号	kg	509.5843	6.00	3057.51		
	工具式金属脚手	kg	112.0639	3.40	381.02		
	其他材料费	元	6025.5454	1.00	6025.55		
	其他材料费			—	3.79	—	—
	材料费小计			—	24736.93	—	—

序号			9					项目名称				混凝土、钢筋混凝土模板及支架			计量单位				项	

清单综合单价组成明细

定额编号	定额名称	定额单位	数量	单价					合价				
				人工费	材料费	机械费	管理费	利润	人工费	材料费	机械费	管理费	利润
20-5 备注4	有梁式带形基础复合木模板	10m²	27.4617	163.24	147.11	12.44	43.92	21.08	4432.85	4039.89	341.62	1206.12	578.89
20-1	混凝土垫层	10m²	4.636	321.86	107.03	12.49	83.59	40.12	1492.14	496.19	57.9	387.52	186
20-26 备注10	矩形柱复合木模板	10m²	4.0616	247.94	128.54	15.29	65.81	31.59	1007.03	522.08	62.1	267.29	128.31
20-26 备注10	矩形柱复合木模板	10m²	2.59935	247.94	122.54	15.29	65.81	31.59	644.48	318.52	39.74	171.06	82.11
20-26 备注10	矩形柱复合木模板	10m²	51.97367	247.94	128.54	15.29	65.81	31.59	12886.35	6680.7	794.68	3420.39	1641.85
20-26 备注10	矩形柱复合木模板	10m²	78.512	247.94	128.54	15.29	65.81	31.59	19466.27	10091.93	1200.45	5166.87	2480.19
20-31 备注10	构造柱复合木模板	10m²	72.9159	309.54	113.99	9.34	79.72	38.27	22570.39	8311.68	681.03	5812.86	2790.49
20-92 备注1	门框复合木模板	10m²	5.14608	328.79	126.02	17.39	86.55	41.54	169□.98	648.51	89.49	445.39	213.77
20-35 备注11	挑梁、单梁、连续梁、框架梁复合木模板	10m²	1.84016	244.86	165.8	20.74	66.4	31.87	450.58	305.1	38.16	122.19	58.65

254

序号				9					项目名称		混凝土、钢筋混凝土模板及支架				计量单位	项	

清单综合单价组成明细

定额编号	定额名称	定额单位	数量	单价					合价				
				人工费	材料费	机械费	管理费	利润	人工费	材料费	机械费	管理费	利润
20-41	圈梁、地坑支撑梁复合木模板	10m²	6.03925	189.42	121.48	10.27	49.92	23.96	1143.95	733.65	62.02	301.48	144.7
20-41	圈梁、地坑支撑梁复合木模板	10m²	1.88258	189.42	121.48	10.27	49.92	23.96	356.6	228.7	19.33	93.98	45.11
20-43 备注10	过梁复合木模板	10m²	1.44	268.73	135.56	12.63	70.34	33.76	386.97	195.21	18.19	101.29	48.61
20-59 备注13	现浇板厚度20cm内复合木模板	10m²	301.51941	204.05	144.29	20.64	56.17	26.96	61525.04	43506.24	6223.36	16936.35	8128.96
20-57 备注13	现浇板厚度10cm内复合木模板	10m²	144.8245	170.17	139.32	18.62	47.2	22.65	24644.79	20176.95	2696.63	6835.72	3280.27
20-83 备注2	竖向挑板、栏板复合木模板	10m²	86.775	317.24	154.25	17.7	83.74	40.19	27528.5	13385.04	1535.92	7266.54	3487.49
20-74 备注2	复式雨篷复合木模板	10m²水平投影面积	7.96	426.58	229.78	39.58	116.54	55.94	3395.58	1829.05	315.06	927.66	445.28
20-70 备注2	楼梯复合木模板	10m²水平投影面积	11.484	654.5	320.78	73.33	181.96	87.34	7516.28	3683.84	842.12	2089.63	1003.01

清单综合单价组成明细

序号	9
项目名称	混凝土、钢筋混凝土模板及支架
计量单位	

定额编号	定额名称	定额单位	数量	单价 人工费	单价 材料费	单价 机械费	单价 管理费	单价 利润	合价 人工费	合价 材料费	合价 机械费	合价 管理费	合价 利润
20-85 备注1	檐沟小型构件木模板	10m²	0.198	283.36	279.26	15.52	74.72	35.87	56.11	55.29	3.07	14.79	7.1
20-90 备注1	压顶复合木模板	10m²	5.2059	222.53	128.4	16.49	59.76	28.68	1158.47	668.44	85.85	311.1	149.31
20-41 备注1	圈梁、地坑支撑梁复合木模板	10m²	19.13401	189.42	121.48	10.27	49.92	23.96	3624.36	2324.4	196.51	955.17	458.45
20-59 备注13	现浇板厚度20cm内复合木模板	10m²	4.84008	204.05	144.29	20.64	56.17	26.96	987.62	698.38	99.9	271.87	130.49
20-67 备注2	后浇板带模板、支撑模板增加费，最底层支撑工期5个月内	10m	5.427	0	1686.45	233.07	58.27	27.97	0	9152.36	1264.87	316.23	151.79
小 计									197016.34	128052.15	16668	53421.5	25640.83
综合人工工日 2558.65工日	未计价材料费												
	清单项目综合单价								420798.88				

材料费明细	主要材料名称、规格、型号	单位	数量	单价（元）	合价（元）	暂估单价（元）	暂估合价（元）
	周转木材	m³	2.3646	1650.00	3901.59		
	复合木模板18mm	m²	2056.7855	37.96	78075.58		
	钢板网（钢丝网）0.8mm	m²	28.4918	3.50	99.72		

256

主要材料名称、规格、型号	单位	数量	单价（元）	合价（元）	暂估单价（元）	暂估合价（元）
钢支撑（钢管）	kg	4719.1631	4.20	19820.49		
镀锌铁丝 22号	kg	26.593	6.00	159.56		
对拉螺栓（止水螺栓）	kg	107.6499	4.75	511.34		
零星卡具	kg	1302.475	3.80	4949.41		
铁钉	kg	825.7508	6.20	5119.65		
组合钢模板	kg	25.0808	4.00	100.32		
PVC管 Φ20mm	m	109.8468	1.90	208.71		
回库修理、保养费	元	1353.4438	1.00	1353.44		
其他材料费	元	8882.3609	1.00	8882.36		
塑料卡费用	只	24347.55	0.20	4869.51		
其他材料费			—	0.47	—	
材料费小计			—	128052.15	—	

材料费明细

暂列金额明细表

工程名称：某小学教学楼土建

序号	项目名称	计量单位	暂定金额(元)	备注
合　计				

材料暂估价格表

工程名称：某小学教学楼土建

序号	材料编码	材料名称	规格、型号等要求	单位	数量	单价(元)	合价(元)	备注
	合计							

专业工程暂估价表

工程名称：某小学教学楼土建

序号	工程名称	工程内容	金额(元)	备注
	合　计			

计 日 工 表

工程名称：某小学教学楼土建

序号	项目名称	单位	暂定数量	综合单价	合价
一	人工				
1.1					
1.2					
人 工 小 计					
二	材料				
2.1					
2.2					
材 料 小 计					
三	施工机械				
3.1					
3.2					
施工机械小计					
总　计					

总承包服务费计价表

工程名称：某小学教学楼土建

序号	项目名称	项目价值(元)	服务内容	费率(%)	金额(元)
1	发包人发包专业工程				
2	发包人供应材料				
	合计				

规费、税金清单计价表

工程名称：某小学教学楼土建

序号	项目名称	计算基础	费率(%)	金额(元)
1	规费		100.000	146084.46
1.1	工程排污费	分部分项工程费＋措施项目费＋其他项目费		
1.2	建筑安全监督管理费	分部分项工程费＋措施项目费＋其他项目费		
1.3	社会保障费	分部分项工程费＋措施项目费＋其他项目费	3.000	125215.25
1.4	住房公积金	分部分项工程费＋措施项目费＋其他项目费	0.500	20869.21
2	税金	分部分项工程费＋措施项目费＋其他项目费＋规费	3.410	147309.49
合　计				293393.95

发包人供应材料一览表

工程名称：某小学教学楼土建

序号	材料编码	材料名称	规格、型号等要求	单位	数量	单价(元)	合价(元)	备注
	合计							

承包人供应主要材料一览表

工程名称：某小学教学楼土建

序号	材料编码	材料名称	规格、型号等要求	单位	数量	单价(元)	合价(元)	备注
1	101021	细砂		t	1.944	56.00	108.85	
2	101022	中砂		t	670.061	55.00	36853.37	
3	102003	白石子		t	63.059	191.00	12044.19	
4	102009	彩色石子		t	5.076	280.00	1421.34	
5	102040	碎石5～16mm		t	8.824	55.00	485.34	
6	102041	碎石5～20mm		t	1.308	35.60	46.57	
7	102042	碎石5～40mm		t	165.572	55.00	9106.44	
8	104001	大理石综合		m²	15.531	150.00	2329.71	
9	105002	滑石粉		kg	1960.392	0.65	1274.25	
10	105012	石灰膏		m³	18.291	174.00	3182.63	
11	106013	炉(矿)渣		m³	344.374	50.00	17218.69	
12	201008	标准砖 240mm×115mm×53mm		百块	342.424	35.00	11984.83	
13	201016	多孔砖KP1	190mm×190mm×90mm	百块	894.636	88.00	78727.97	
14	201016	多孔砖KP1	240mm×115mm×90mm	百块	45.360	63.00	2857.68	
15	201026	空心砖KMI 190mm×190mm×90mm		百块	251.775	86.00	21652.65	
16	204020	瓷砖200mm×300mm		百块	395.058	600.00	237034.74	
17	204044	面砖(釉面砖) 150mm×75mm		百块	386.975	100.00	38697.54	
18	204054	同质地砖 300mm×300mm		块	1430.442	10.00	14304.42	
19	204056	同质地砖 600mm×600mm		块	551.383	25.00	13784.57	
20	206002	玻璃3mm		m²	113.824	18.20	2071.60	
21	207086	XPS聚苯乙烯挤塑板		m³	57.056	800.00	45644.88	
22	208004	金刚石(三角形) 75mm×75mm×50mm		块	776.076	9.50	7372.72	
23	208005	金刚石 200mm×75mm×50mm		块	117.155	9.50	1112.97	
24	301002	白水泥		kg	5160.555	0.71	3663.99	
25	301010	水泥	32.5级	kg	183.338	0.30	55.00	
26	301023	水泥32.5级		kg	204067.029	0.30	61220.11	
27	301026	水泥	42.5级	kg	2545.351	0.40	1018.14	
28	301026	水泥42.5级		kg	10505.250	0.40	4202.10	
29	303063	商品混凝土C15(非泵送)		m³	37.760	322.00	12158.82	

序号	材料编码	材料名称	规格、型号等要求	单位	数量	单价(元)	合价(元)	备注
30	303064	商品混凝土 C20(非泵送)		m³	8.094	338.00	2735.67	
31	303064	商品混凝土 C20(非泵送) 粒径≤20mm		m³	23.542	338.00	7957.06	
32	303065	商品混凝土 C25(非泵送)		m³	89.823	344.00	30899.25	
33	303066	商品混凝土 C30(非泵送)		m³	60.735	349.00	21196.38	
34	303066	商品混凝土 C30(非泵送) 粒径≤20mm		m³	6.140	349.00	2143.00	
35	303066	商品混凝土 C30(非泵送) 粒径≤31.5mm		m³	2.162	349.00	754.68	
36	303080	商品混凝土 C15(泵送)		m³	47.055	322.00	15151.84	
37	303081	商品混凝土 C20(泵送)	粒径≤20mm	m³	−0.808	338.00	−273.10	
38	303081	商品混凝土 C20(泵送)	粒径≤40mm	m³	148.206	338.00	50093.63	
39	303083	商品混凝土 C30(泵送)	粒径≤31.5mm	m³	135.759	349.00	47379.79	
40	303083	商品混凝土 C30(泵送)		m³	550.609	349.00	192162.51	
41	303084	商品混凝土 C35(泵送)		m³	6.957	364.00	2532.24	
42	305059	聚合物砂浆		kg	2257.164	3.00	6771.49	
43	401020	毛板		m³	0.144	1249.00	179.98	
44	401029	普通成材		m³	0.498	1599.00	795.50	
45	401035	周转木材		m³	4.273	1650.00	7050.12	
46	405015	复合木模板 18mm		m²	2056.786	37.96	78075.58	
47	406002	毛竹		根	83.084	9.50	789.30	
48	407007	锯(木)屑		m³	1.874	10.45	19.59	
49	407012	木柴		kg	42.984	0.35	15.04	
50	501078	角钢		kg	205.200	3.00	615.60	
51	501114	型钢		t	0.316	3552.00	1121.37	
52	502018	钢筋 Φ12 一级以内		t	3.660	3552.00	12999.61	
53	502018	钢筋(综合)		t	1.034	3552.00	3670.99	
54	502023	钢筋综合		t	3.536	3552.00	12560.94	
55	502027	钢筋	Φ12 以内三级	t	63.483	3700.00	234886.36	
56	502028	钢筋	Φ25 以内三级	t	60.533	3550.00	214891.80	
57	502088	冷轧带肋钢筋		t	0.896	4000.00	3582.40	
58	503079	镀锌铁皮 26 号		m²	1.605	30.50	48.95	
59	503138	钢板网(钢丝网)0.8mm		m²	1984.768	3.50	6946.69	
60	503152	钢压条		kg	35.581	3.00	106.74	
61	504098	钢支撑(钢管)		kg	4725.643	4.20	19847.70	
62	504177	脚手钢管		kg	2445.451	4.20	10270.89	
63	504199	镜面不锈钢管 Φ31.8×1.2		m	352.966	20.72	7313.46	

序号	材料编码	材料名称	规格、型号等要求	单位	数量	单价(元)	合价(元)	备注
64	504199	镜面不锈钢管 Φ40×1.2		m	85.964	20.00	1719.29	
65	504206	镜面不锈钢管 Φ63.5×1.5		m	81.726	51.80	4233.41	
66	504209	镜面不锈钢管 Φ50.2×1.5		m	16.006	35.00	560.21	
67	504209	镜面不锈钢管 Φ76.2×1.5		m	65.720	55.00	3614.60	
68	505655	铸铁弯头出水口		套	18.180	30.50	554.49	
69	507042	底座		个	8.308	6.00	49.85	
70	507108	扣件		个	412.653	3.40	1403.02	
71	508009	不锈钢盖 Φ63		只	444.944	4.20	1868.77	
72	508270	塑料保温螺钉		套	3761.940	1.20	4514.33	
73	508271	合金钢钻头		个	1.002	20.00	20.05	
74	509003	不锈钢焊丝 1Cr18Ni9Ti		kg	11.025	47.70	525.91	
75	509006	电焊条		kg	716.762	6.20	4443.93	
76	510122	镀锌铁丝 8 号		kg	509.584	6.00	3057.51	
77	510127	镀锌铁丝 22 号		kg	609.947	6.00	3659.68	
78	510165	合金钢切割锯片		片	3.218	61.75	198.71	
79	510168	合金钢钻头一字形		个	150.174	19.00	2853.31	
80	510172	合金钢钻头(Φ20)一字形		个	41.381	15.20	629.00	
81	511076	带帽螺栓		kg	0.155	4.75	0.74	
82	511205	对拉螺栓(止水螺栓)		kg	113.410	4.75	538.70	
83	511213	钢钉		kg	2.053	6.37	13.08	
84	511366	零星卡具		kg	1307.767	3.80	4969.51	
85	511461	膨胀螺栓	M10	百套	0.771	99.75	76.91	
86	511475	膨胀螺栓 M8×80		套	74.419	0.95	70.70	
87	511533	铁钉		kg	840.868	6.20	5213.38	
88	513109	工具式金属脚手		kg	112.064	3.40	381.02	
89	513252	钨棒		kg	4.472	380.00	1699.28	
90	513287	组合钢模板		kg	44.989	4.00	179.96	
91	601031	调和漆		kg	0.695	11.00	7.65	
92	601036	防锈漆(铁红)		kg	2.017	9.00	18.16	
93	601106	乳胶漆(内墙)		kg	1966.124	11.00	21627.37	
94	601115	透明罩光漆		kg	645.476	34.00	21946.18	
95	601125	清油		kg	214.925	10.64	2286.80	
96	602028	仿石型外墙涂料		kg	9682.140	25.00	242053.50	
97	602048	水性封底漆		kg	564.792	26.00	14684.58	
98	603026	煤油		kg	114.482	4.00	457.93	

序号	材料编码	材料名称	规格、型号等要求	单位	数量	单价(元)	合价(元)	备注
99	603045	油漆溶剂油		kg	14.705	3.33	48.97	
100	603050	石油液化气		kg	43.141	4.00	172.56	
101	603061	水泥砂浆抗裂剂		kg	2466.425	9.30	22937.75	
102	604008	改性沥青胶粘剂		kg	13.680	2.85	38.99	
103	604038	石油沥青油毡 350 号		m²	658.340	2.96	1948.68	
104	605014	PVC 管 Φ20mm		m	119.207	1.90	226.49	
105	605024	PVC 束接 Φ100mm		只	104.300	4.18	435.97	
106	605154	塑料抱箍(PVC)Φ100mm		副	350.829	3.52	1234.92	
107	605155	塑料薄膜		m²	3130.581	0.86	2692.30	
108	605280	塑料水斗(PVC 水斗)Φ100mm		只	18.360	15.96	293.03	
109	605287	塑料弯头(PVC)	Φ50,135°	只		1.90		
110	605291	塑料弯头(PVC)Φ100	135°	只	17.878	8.17	146.06	
111	605297	塑料异径三通 Φ50mm		只		3.80		
112	605355	增强塑料水管 (PVC 水管)	Φ80mm	m	6.048	11.66	70.52	
113	605356	增强塑料水管 (PVC 水管)Φ100mm		m	319.923	21.44	6859.15	
114	608003	白布		m²	0.003	3.42	0.01	
115	608049	草袋子 1m×0.7m		m²	16.459	1.43	23.54	
116	608110	棉纱头		kg	63.215	6.00	379.29	
117	608144	砂纸		张	0.330	1.02	0.34	
118	608191	纸筋		kg	15.474	0.50	7.74	
119	608199	耐碱玻纤网格布		m²	3067.050	2.50	7667.62	
120	609032	大白粉		kg	1960.392	0.48	940.99	
121	609041	防水剂		kg	531.859	1.52	808.42	
122	609107	氧化铁红		kg	79.989	4.37	349.55	
123	610001	APP 及 SBS 基层处理剂		kg	242.910	4.60	1117.39	
124	610006	改性沥青胶粘剂		kg	60.480	5.20	314.50	
125	610016	SBS 封口油膏		kg	42.424	7.50	318.18	
126	610019	SBS 聚酯胎乙烯 膜卷材厚度 4mm		m²	855.318	33.00	28225.48	
127	610039	高强 APP 嵌缝膏		kg	231.359	8.17	1890.21	
128	610049	建筑油膏		kg	80.237	2.50	200.59	
129	610122	聚氨酯防水涂料		kg	143.238	15.00	2148.57	
130	610126	水泥基渗透结晶防水材料		kg	291.782	15.00	4376.72	
131	610136	界面剂(混凝土面)		kg	572.438	1.20	686.93	
132	610137	界面剂(加气混凝土面)		kg	11637.460	1.20	13964.95	

序号	材料编码	材料名称	规格、型号等要求	单位	数量	单价(元)	合价(元)	备注
133	612008	环氧树脂618		kg	11.565	27.40	316.88	
134	613003	801胶		kg	927.143	2.00	1854.29	
135	613028	草酸		kg	28.697	4.75	136.31	
136	613056	二甲苯		kg	93.594	3.42	320.09	
137	613098	胶水		kg	6.132	7.98	48.93	
138	613145	煤		kg	85.968	0.39	33.53	
139	613206	水		m³	2491.092	6.20	15444.77	
140	613219	羧甲基纤维素		kg	131.839	4.56	601.19	
141	613242	氩气		m³	31.071	8.84	274.67	
142	613249	氧气		m³	9.738	2.47	24.05	
143	613253	乙炔气		m³	4.231	8.93	37.79	
144	613256	硬白蜡		kg	77.171	3.33	256.98	
145	613274	专用界面剂		kg	50.159	14.00	702.23	
146	613275	专用胶粘剂		kg	2257.164	2.00	4514.33	
147	901021	泵管摊销费		元	200.116	1.00	200.12	
148	901114	回库修理、保养费		元	1361.436	1.00	1361.44	
149	901167	其他材料费		元	16520.116	1.00	16520.12	
150	918179	草袋子		片	30.000	1.00	30.00	
151	918180	镀锌铁丝	D4.0	kg	20.000	3.65	73.00	
152	918182	螺栓		个	28.000	0.30	8.40	
153	918185	枕木		m³	0.080	1275.00	102.00	
154	918186	塑料卡费用		只	24347.550	0.20	4869.51	
155	D00002	柱焊接头		个	2643.000	6.50	17179.50	
156	D00013	成品塑钢中空玻璃推拉窗		m²	472.920	350.00	165522.00	
157	D00014	不锈钢护栏		m	88.800	100.00	8880.00	
158	D00014	不锈钢护栏		m	192.800	120.00	23136.00	
159	D00015	成品钢质门		m²	108.960	750.00	81720.00	
160	D00016	成品木门安装		m²	17.400	350.00	6090.00	

序号	材料编码	材料名称	规格、型号等要求	单位	数量	单价(元)	合价(元)	备注
	合计						2437845.22	

270

附录二　习题参考答案

第4章　土石方工程

习题

1.【解】　(1) 场地平整面积：$S=(9+0.24+4)\times(6+0.24+4)=135.58m^2$

(2) 挖土方（采用人工放坡开挖）：

$$H=2.0-0.3=1.7m;放坡系数\ K=0.33;工作面宽度\ C=300mm$$

断面1：断面面积

$$S_1=(B+2C+KH)\times H=(1+2\times0.3+0.33\times1.7)\times1.7=3.6737m^2$$

断面长度 $L_1=(9+6)\times2+[9-(0.3\times2+0.5\times2)]=37.4m$

断面1：开挖体积 $V_1=S_1\times L_1=3.6737\times37.4=137.40m^3$

断面2：断面面积

$$S_2=(B+2C+KH)\times H=(0.8+2\times0.3+0.33\times1.7)\times1.7=3.3337m^2$$

断面长度 $L_2=2\times(3-\dfrac{1+0.3\times2}{2}-\dfrac{1+0.3\times2}{2})=2.8m$

断面1 开挖体积 $V_2=S_2\times L_2=3.3337\times2.8=9.33m^3$

挖土方 $V=V_1+V_2=137.40+9.33=146.73m^3$

(3) 基础回填土体积：$146.73-4.12-24.62=117.99m^3$

(4) 室内回填土厚度：$0.3-0.1=0.2m$

室内回填土净面积：$(4.5-0.24)\times(3-0.24)\times4=47.03m^2$

室内回填土体积：$47.03\times0.2=9.41m^3$

(5) 余（取）土运输工程量＝挖土方－基础回填土体积－室内回填土体积＝$146.73-117.99-9.41=19.33m^3$

2.【解】　方形不放坡地坑计算公式：$V=abH$，坑深2.8m，放坡系数0.25时：

$$V=(2.8+0.15\times2+0.25\times2.8)^2\times2.8+1/3\times0.25^2\times2.8^3=40.89m^3$$

3.【解】　基础埋至地下常水位以下，坑内有干、湿土，应分别计算：

(1) 挖干湿土总量：

查表得 $k=0.33$，$\dfrac{1}{3}k_2h_3=\dfrac{1}{3}\times0.33^2\times3.9^3=2.15$，设垫层部分的土方量为 V_1，垫层以上的挖方量为 V_2，总土方为 V_0，则 $V_0=V_1+V_2=a\times b\times0.2+(a+k\times h)\ (b+k\times$

$h) \times h + \frac{1}{3} k_2 h_3$

$= 8.04 \times 5.64 \times 0.2 + 9.327 \times 6.927 \times 3.9 + 2.15 = 9.07 + 254.12$

$= 263.19 \text{m}^3$

(2) 挖湿土量：

按图，放坡部分挖湿土深度为 1.05m，则 $\frac{1}{3} k_2 h_3 = 0.042$，设湿土量为 V_3，则

$V_3 = V_1 + (8.04 + 0.33 \times 1.05) \times (5.64 + 0.33 \times 1.05) \times 1.05 + 0.042$

$= 907 + 8.387 \times 5.987 \times 1.05 + 0.042 = 61.84 \text{m}^3$

(3) 挖干土量 V_4：

$$V_4 = V_0 - V_3 = 263.19 - 61.84 = 201.35 \text{m}^3$$

第 5 章　桩 基 工 程

习题

1.【解】　工程量 $= 0.5 \times 0.5 \times (24 + 0.6) \times 50 = 307.50 \text{m}^3$

2.【解】　清单工程量：50 根或 1300m。

计价表工程量：

序号	项目名称	计算公式	计量单位	数量
1	钻土孔	$3.14 \times 0.35 \times 0.35 \times (28.2 - 0.45 - 2.0) \times 50$	m³	495.24
2	钻岩石孔	$3.14 \times 0.35 \times 0.35 \times 2.0 \times 50$	m³	38.47
3	土孔混凝土	$3.14 \times 0.35 \times 0.35 \times (26 + 0.7 - 2.0) \times 50$	m³	475.04
4	岩石孔混凝土	$3.14 \times 0.35 \times 0.35 \times 2.0 \times 50$	m³	38.47
5	泥浆池	$3.14 \times 0.35 \times 0.35 \times (26 + 0.7) \times 50$	m³	513.51
6	泥浆运输	$V_{钻土孔} + V_{钻岩石孔} = 495.24 + 38.47$	m³	533.71

第 6 章　砌 筑 工 程

习题

1.【解】　工程量计算（注：基础长度计算，外墙按中心线，内墙按净长线，大放脚 T 形接头处重叠部分不扣除；基础与墙身的划分，基础与墙身使用不同材料的分界线位于 −60mm 处，在设计室内地坪 ±300mm 范围以内，因此 −0.06m 以下为基础，−0.06m

以上为墙身。)

（1）外墙基础长度：$(9.0+5.0) \times 2 = 28.0m$

内墙基础长度：$(5.0-0.24) \times 2 = 9.52m$

（2）基础高度：$1.30+0.30-0.06 = 1.54m$

大放脚折加高度（查《计价表》后附表）：等高式，240mm 厚墙，2 层，双面，0.197m

（3）体积：$0.24 \times (1.54+0.197) \times (28.0+9.52) = 15.64m^3$

即：砌筑砖基础工程量为 $15.64m^3$。

（4）防潮层面积：$0.24 \times (28.0+9.52) = 9.00m^2$

2.【解】 （1）一砖墙

1）墙长度

外：$(9.0+5.0) \times 2 = 28.0m$

内：$(5.0-0.24) \times 2 = 9.52m$

2）墙高度

（扣圈梁、屋面板厚度，加防潮层至室内地坪高度）

$$2.8-030+0.06 = 2.56m$$

3）外墙体积

外：$0.24 \times 2.56 \times 28.0 = 17.20m^3$

减构造柱：$0.24 \times 0.24 \times 2.56 \times 8 = 1.18m^3$

减马牙槎：$0.24 \times 0.06 \times 2.56 \times 1/2 \times 16 = 0.29m^3$

减 C_1 窗台板：$0.24 \times 0.06 \times 1.62 \times 1 = 0.02m^3$

减 C_2 窗台板：$0.24 \times 0.06 \times 1.32 \times 5 = 0.10m^3$

减 M1：$0.24 \times 1.20 \times 2.50 \times 2 = 1.44m^3$

减 C1：$0.24 \times 1.50 \times 1.50 \times 1 = 0.54m^3$

减 C2：$0.24 \times 1.20 \times 1.50 \times 5 = 2.16m^3$

外墙体积为 $11.47m^3$。

4）内墙体积

内：$0.24 \times 2.56 \times 9.52 = 5.85m^3$

减马牙槎：$0.24 \times 0.06 \times 2.56 \times 1/2 \times 4 = 0.07m^3$

减过梁：$0.24 \times 0.12 \times 1.4 \times 2 = 0.08m^3$

减 M2：$0.24 \times 0.90 \times 2.1 \times 2 = 0.91m^3$

内墙体积为 $4.79m^3$。

5）一砖墙合计

$11.47+4.79 = 16.26m^3$

（2）半砖墙

1）内墙长度：$3.0-0.24 = 2.76m$

2）墙高度：$2.80-0.10 = 2.70m$

3）体积：$0.115 \times 2.70 \times 2.76 = 0.86m^3$

减过梁：$0.115 \times 0.12 \times 1.40 = 0.02m^3$

减 M2：$0.115×0.90×2.10=0.22m^3$

4）半砖墙合计 0.62m

（3）女儿墙

1）墙长度：$(9.0+5.0)×2=28.0m$

2）墙高度：$0.30-0.06=0.24m$

3）体积：$0.24×0.24×28.0=1.61m^3$

第7章　钢筋混凝土工程清单计价

1.【解】　① 2Φ25：$L=7+0.25×2-0.025×2+0.45×2+0.025×35=9.225m$

$W_1=9.225×2$ 根 $×3.85×10=710kg$

② 2Φ25：

$L=7+0.25×2-0.025×2+0.65×0.4×2+0.45×2+0.025×35=9.745m$

$W_2=9.745×2$ 根 $×3.85×10=750kg$

③ 2Φ22：$L=7+0.25×2-0.025×2+0.45×2+0.022×35=9.12m$

$W_3=9.12×2×2.986×10=545kg$

④ 2Φ12：$L=7+0.25×2-0.025×2+0.012×12.5=7.6m$

$W_4=7.6×2×0.888×10=135kg$

⑤ Φ8@150/100：$N=3.4÷0.15-1+(1.5÷0.1+1)×2$

$=21.67+16×2=53.67$ 只　取 54 只

$L=（0.25+0.65）×2=1.8m/$只

$W_5=1.8×0.395×54×10=384kg$

⑥ Φ8@300：$N=（7-0.25×2）÷0.3+1=23$

$L=0.25-0.025×2+12.5×0.008=0.3m$

$W_6=0.3×0.395×23×10=27kg$

工程量汇总：HPB300 级圆钢　$\sum W=135+384+27=546kg$

HRB335 级螺纹钢：$\sum W=710+750+545=2005kg$

2.【解】

钢筋号	直径	单根钢筋长度(m)	根数	总重(kg)
1. 上部通长钢筋	20	$=7000+5000+6000+300+450-60+$ $2×1.7×34×20=21002mm=21.002m$	2	103.750
2. 下部通长钢筋	25	$=7000+5000+6000+300+450-60+$ $15×25×2=19440mm=19.440m$	4	299.376
3. 一跨左支座 负筋第一排	20	$=1.7×34×20+(7000-600)/3+600-$ $30=3860mm=3.859m$	2	19.063
4. 一跨左支座 负筋第二排	20	$=1.7×34×20+(7000-600)/4+600-$ $30=3326mm=3.326m$	2	16.430

钢筋号	直径	单根钢筋长度(m)	根数	总重(kg)
5. 一跨架立筋	16	$=7000-300\times2-(7000-600)/3\times2+150\times2=2433mm=2.433m$	2	7.679
6. 一跨箍筋外大箍	8	$(200-2\times25)\times2+(500-2\times25)\times2+2\times11.9\times8=1390.4mm=1.390m$	$2\times[(1000-50)/100+1]+(7000-600-2000)/200-1=22+21=43$	24.170
7. 一跨箍筋里小箍	8	$[(200-50-16-20)/3+20+16]\times2+(500-2\times25)\times2+2\times11.9\times8=1238.4mm=1.238m$	43	21.031
8. 二跨左支座负筋第一排	20	$2\times(7000-600)/3+600=4967mm=4.867m$	2	24.042
9. 二跨左支座负筋第二排	20	$2\times(7000-600)/4+600=3800mm=3.80m$	2	18.772
10. 二跨右支座负筋第一排	20	$2\times(6000-300-450)/3+600=4100mm=4.10m$	2	20.254
11. 二跨右支座负筋第二排	20	$2\times(6000-300-450)/4+600=3225mm=3.225m$	2	15.932
12. 二跨箍筋外大箍	8	1.390m	$2\times[(1000-50)/100+1]+(5000-600-2000)/200-1=33$	18.120
13. 二跨箍筋里小箍	8	1.238m	33	16.143
14. 二跨架立筋	16	$=5000-300\times2-(7000-600)/3+(6000-750)/3+150\times2=4317mm=4.317m$	2	13.624
15. 三跨右支座负筋第一排	20	$1.7\times34\times20+(6000-750)/3+900-30=3776mm=3.776m$	2	18.653
16. 三跨右支座负筋第二排	20	$1.7\times34\times20+(6000-750)/4+900-30=3339mm=3.339m$	2	16.495
17. 三跨箍筋外大箍	8	1.390m	$2\times[(1000-50)/100+1]+(6000-600-2000)/200-1=38$	20.870
18. 三跨箍筋里小箍	8	1.238m	38	18.589
19 三跨架立筋	16	$=6000-750-(6000-600)/3\times2+150\times2=1950mm=1.95m$	2	6.154
合计				700.883

3.【解】

计算：圈梁：$0.24\times(0.3-0.1)\times(10.8+6)\times2=1.61m^3$

有梁板：L　$0.24\times(0.5-0.1)\times(6-2\times0.12)\times2=1.1059m^3$

B　$(10.8+0.24)\times(6+0.24)\times0.1=6.8890m^3$

小计：　$1.1059+6.8890=7.99m^3$

275

第8章 金属结构工程

习题

【解】 采用的是空心型材。

50mm×50mm×3mm 方管：

7.85×(0.05×0.05−0.044×0.044)×6.1=0.027t

30mm×30mm×1.5mm 方管：

$n=6÷0.3−1=19$ 根

$W=7.85×(0.03×0.03−0.027×0.027)×3×19=0.077t$

合计：0.027+0.077=0.104t

第9章 木结构工程

习题

【解】 $S=[1.2×1.2+(1.2+0.9)×1.0]×86=304.44m^2$

第10章 屋面及防水工程

习题

1.【解】 （1）查表 10-1，$C=1.118$。

屋面斜面积：$(40.0+10.5×2)(15.0+0.5×2)×1.118=41×16×1.118=733.41m^2$

（2）查表，$D=1.5$，四坡屋面斜脊长度：8×1.5=12m

（3）全部屋脊长度：12×2×2+(41−8×2)=48+25=73m

（4）两坡沿山墙泛水长度：2×8×1.118=17.89m（一端）

2.【解】 卷材坡屋面工程量按坡屋面的水平投影面积乘以屋面坡度延尺系数，以平方米为计量单位。卷材平屋面工程量按平屋面的水平投影面积计算，以平方米为计量单位，但不扣除房上烟囱、风帽底座、风道、斜沟等所占面积，其弯起部分和天窗出檐部分重叠的面积按图示尺寸量算。

（1）有挑檐无女儿墙（图 10-7a）

工程量＝屋面房建筑面积＋(1外＋4×檐宽)×檐宽

$=(42+0.24)×(36+0.24)+[(42+0.24+36+0.24)×2+4×0.5]×0.5$

$=1530.7776+79.48=1610.2576m^2$

（2）无挑檐有女儿墙（图 10-7b）

工程量＝屋面房建筑面积－女儿墙厚度×女儿墙中心线＋弯起部分

$=(42+0.24)×(36+0.24)-(42+0.24+36)×0.24×2+(42-0.24+36-0.24)×$
$0.25=1530.7776-37.5552+19.38=1512.60m^2$

（3）无挑檐无女儿墙（图 10-7c）

工程量：$(42+0.24)×(36+0.24)-(42+0.24+36+0.24-0.12)×0.06×2$

$=1530.7776-9.4032=1521.3744m^2$

第 11 章　措施项目与其他项目计价

习题

1.【解】 外墙基长：

$$L外=(7.2+4.8)×2=24m$$

内墙基长：

$$L内=4.8-1.0=3.8m$$

① 矩形断面（如图 11-4a）

板式带形基础模板工程量

$$S=(24+3.8)×0.3×2=16.68m^2$$

② 锥形断面（如图 11-4b）

锥形部分斜长板式带形基础模板工程量：

$$S_2=(24+3.8)×(0.3+0.36)×2=53.38m^2$$

③ 有肋式（如图 11-4c）

有肋式带形基础模板工程量

$$S_3=(24+3.8)×(0.3+0.36+0.6)×2=86.74m^2$$

2.【解】 计算模板工程量

现浇混凝土有梁板的模板工程量为梁、板与模板的接触面积之和。则：

$$S_板=(6×2+0.4)×(9+0.4)+(6×2+0.4+9+0.4)×2×0.1$$
$$-0.4×0.4×6-[(9-0.4)×3×0.3+(6-0.4)×0.3×4+$$
$$(12+0.4-0.3×3)×0.3×2]=38.46m^2$$

$$S_{主梁}=[(9-0.4)×2×0.7+(9-0.4)×0.3]×3=43.86m^2$$

$$S_{次梁}=[0.4×(6-0.4)×2+(6-0.4)×0.3]×4+[(12+0.4-3×0.3)×0.4×2+$$
$$(12+0.4-3×0.3)×0.3]×2=49.94m^2$$

$$S_模板=S_板+S_{主梁}+S_{次梁}=38.46+43.86+49.94=132.26m^2$$

3. 【解】 计算无墙垛时外墙砌筑脚手架工程量。

外墙砌筑脚手架工程量：

$$(6+12)\times2\times4=144m^2$$

墙垛宽度超过 24cm，纵墙上共 $(12/3+1)\times2=10$ 个墙垛。

纵墙外墙垛砌筑脚手架工程量：

$$(0.3\times2+0.365)\times10\times4=38.60m^2$$

外墙砌筑脚手架总工程量：

$$144+38.60=182.60m^2$$

4. 【解】 （1）计算双排外脚手架工程量

$$L_{外}=(30+15)\times2=90m$$

$$H=6\times3+0.3=18.3m$$

则双排外脚手架工程量：

$$S_{外}=90\times18.15=1647m^2$$

（2）计算单排脚手架工程量

$$S_{内}=(6-0.15)\times(15-0.48)\times2\times3=509.65m^2$$

（3）计算满堂脚手架工程量

满堂脚手架基本层工程量：

$$S_{满}=(30-0.24\times4)\times(15-0.24\times2)\times3=1264.98m^2$$

满堂脚手架增加层数：

$$(5.85-5.2)/1.2=0.54\approx1层$$

第 12 章　建筑面积计算

习题

1. 【解】 $S=S_1-S_2-S_3-S_4$

$=20.34\times9.24-3\times3-13.5\times1.5-2.76\times1.5$

$=154.552m^2$

2. 【解】 一层建筑面积：

$$23.2\times13.7=317.84m^2$$

二层建筑面积：

$$23.2\times13.7=317.84m^2$$

坡屋面建筑面积：

$$(4.24-2.1)\times2\times2\times23.2+1/2\times(2.1-0.9)\times2\times2\times23.2=240.35m^2$$

雨篷挑出宽度均没有超过 2.1m，所以不能计算建筑面积。

该工程建筑面积为：

$$317.84+317.84+240.35=876.03m^2$$

参 考 文 献

［1］ 建设工程工程量清单计价规范 GB 50500—2013. 北京：中国计划出版社，2012.
［2］ 房屋建筑与装饰工程计量规范 GB 500854—2013. 北京：中国计划出版社，2012.
［3］ 江苏省建筑与装饰工程计价表. 北京：知识产权出版社，2004.
［4］ 江苏省建设工程工程量清单计价项目指引. 北京：知识产权出版社，2004.
［5］ 《建设工程工程员清单计价规范》宣贯辅导教材北京：中国计划出版社，2013.
［6］ 陈卓. 建筑工程工程量清单与计价. 武汉：工业大学出版社 2010.
［7］ 李希伦. 建设工程工程量清单计价编制实用手册. 北京：中国计划出版社，2003.
［8］ 田永复. 建筑装饰工程概预算. 北京：中国建筑工业出版社，2000.
［9］ 杜训. 国际工程估价. 北京：中国建筑工业出版社，1996.
［10］ 孙昌玲. 土木工程造价. 北京：中国建筑工业出版社，2000.
［11］ 倪俭，孙仲莹. 建筑工程造价题解. 南京：东南大学出版社，2000.
［12］ 沈杰. 建筑工程定额与预算. 南京：东南大学出版社，1999.
［13］ 唐连珏. 工程造价人员进修必读. 北京：中国建筑工业出版社，1997.
［14］ 蒋传辉. 建设工程造价管理. 南昌：江西高校出版社，1999.
［15］ 陈建国. 工程计量与造价管理. 上海：同济大学出版社，2001.
［16］ 纪传印. 建筑工程计量与计价. 重庆：重庆大学出版社，2011.
［17］ 姜慧，吴强. 工程造价. 北京：中国水利水电出版社，2006.
［18］ 李学田，覃爱萍. 工程建设定额与实务. 北京：中国水利水电出版社，2008.

建筑施工设计说明

一、设计依据：

1、徐州市规划局同意进行工程设计的批文。
2、徐州市规划局批复的规划定位图。
3、建设单位提供的关于本工程的委托设计书、设计方案及地质勘察报告。
4、国家及现行的有关规范和规程。
 (1)《中华人民共和国工程建设标准强制性条文》
 (2)《民用建筑设计通则》 GB 50352—2005
 (3)《建筑设计防火规范》 GB 50016—2006
 (4)《中小学校设计规范》 GB 50099—2011
 (5)江苏省工程建设标准《公共建筑节能设计标准》DGJ32/J 96—2010
 (6)《建筑地面设计规范》 GB 50037
 (7)《建筑内部装修设计防火规范》 GB 50222
 (8)《公共建筑节能设计标准》 GB 50189—2005
 (9)国家及江苏省现行的有关建筑设计规范、规程和条例。

二、工程概况：

1、位置：本工程总建筑面积 3090m²，位于徐州市区。
2、层数：层高3.6m，地上5层，建筑高度为19.35m。
3、结构形式：框架结构。
4、本工程为多层建筑，设计使用年限为50年；抗震设防乙类，抗震设防烈度为7度，耐火等级为二级。

三、总平面及场地标高：

1、本工程所用平面标高及室外总平面关系详见总平面定位图，施工时应进行整体放线。
2、本工程室内平面标高±0.00，室外整平标高由总图给定，±0.00低于室外设场地0.45m。
3、除注明外各房间标高均为完成面标高（建筑面标高），屋面标高为结构面标高，室内入口处低标高10mm，并以小斜坡过渡，卫生间内比临近楼地面低20mm。
4、本工程施工图标高以米（m）为单位，其余尺寸未加说明者均以毫米（mm）为单位，总平面图以m为单位。

四、钢筋混凝土墙体砌体构造：

1、钢筋混凝土墙体砌体构造，砂浆强度及砌筑要求详见结构设计总说明。
2、外墙均为240厚加气混凝土墙，内墙为200厚加气混凝土砌块墙。
3、墙体留洞：本图各孔洞第一次预留严禁后凿混凝土墙，施工时与设备专业配合，关注风机位置与过墙管线。所有穿过墙体的管线，埋入墙内的设备应安装完后，须待入墙内周边嵌C15细实混凝土，墙基密实安装于内墙的消火栓内的消火栓凹部面固一层钢制再做墙体抹灰并刷，安装时外装上的消火栓，小得裸露，只能隐蔽。
4、墙体例：

比例	墙体	钢筋混凝土墙	SFJ承重砌块	加气混凝土砌块
<1:50				

5、钢筋混凝土墙上留洞见施工图和设备施工图，非承重墙留洞见和设备施工图。
6、填充墙之技术和细则须遵照图纸采用加气混凝土小型空心砌块砌体施工技术及有关各项要求。
7、墙体容重要求高，构造、砌筑方法、砌块体的要和设计和做法说明图纸，隔墙砌体至梁或板底或结构。
8、填充墙内满刮400mm厚耐水腻钢丝网片，直径0.4mm，网格10X10，详见墙体结构施工图200处。
9、所有管并、风井先安装管线后封。
10、电气、给排水及暖通管道穿管墙体均预留洞，砌筑图时应注意留设备专业施工图，墙体按至洞底标高。
11、所有管道井及结构井内墙（混凝土墙除外）用M5混合砂浆抹面12厚，随刷随平。

五、门窗工程：

1、设计选用的门窗材料、规格及配件等详见门窗表或门窗详图。
2、窗框料及玻璃的颜色详见说明，所有外门窗应采用易整体制作。外窗距离地面起高度500以内部分须做安全玻璃。凡高0.9m的向外窗落窗台，室内栏杆净高不大于110mm，中庭等临空处栏杆顶距楼面高度不应小于1.1m，其他处不得小于0.9m。
3、门窗尺寸标注、玻璃规格均由厂家提供，门窗底面高度及以等等面标高确定。
4、建筑外门窗抗风压性能等级，气密性能等级，水密性能分级，详门窗详图说明。
5、管道井井门定位与管道井内外墙平齐；凡未过墙均做，楼梯间单扇门，均做C15混凝土门框，宽同墙体。
6、设计图外窗尺寸方为窗尺寸，门窗加工尺寸应考虑符合专门专用材料的厚度要求。
7、下列部位使用安全玻璃：（1）面积大于1.5m²或玻璃底边小于500的落地窗。
 （2）幕墙：（3）面积大于0.5m²的外门窗（楼梯间踏面的门除外）；（4）规定其他部位
《建筑玻璃应用技术规程》JGJ113—2009及国家发改令 [2003]216号文件《建筑安全玻璃管理规定》的要求。

六、装修工程：

1、本工程建筑内装修执行国家《建筑内部装修设计防火规范》GB 50222—95
2、本工程外墙面装修的色彩、材样及饰别做排料，会同设计校核校后方大面积施工
3、一般墙面金属物件与地红外打光，会样调和漆（苏J01-2005-23/9），不露面金属物件做柳红五遍二度。
4、楼梯间、屋面节处理栏杆底部不应超凿，具体材料仿材要求，均在栏杆下设C20细实混凝土，坎高100、宽100mm
5、本施工图所提供的室内装修为本装修，用户在进行二次装修时，火得涉及消防要求，不得危害结构安全，涉及给水电等安全，须由有资质专业单位设计安装。
6、玻璃幕墙的耐火等级均符合国家《建筑设计防火规范》GB 50016—2006）的有关规定外，还应符合下列规定：
 1）应采防火材料的耐火极限决定防火墙的厚度要求，并应在墙体两侧做抹灰。
 2）防火应采取防火墙，采用的材料点火应相持最小厚度不小于1.5mm的钢板，不得采用铝板。
 3）防火的墙封的材料应采用防火密封材料。
6、防火墙与玻璃不应直接接触，一块玻璃不应跨两个防火分区。

七、防水工程：

屋面防水：
1、本工程的屋面防水等级为Ⅱ级，防水层合理使用年限为15年。
2、屋面采用弹性沥青防水卷材防水及防水二道做水为防水，由专业施工队放敷做工。所有防水层四周均需至屋面过水卷材平，先孔缝泛防卷用用防水卷3mm厚SBS改性沥青防水卷材加强加层，穿拆部管道泼水从至外墙外管，安装后需用细石混凝土封严，管根四周做防水层，与防火隔间。
卫生间、外墙、花池防水：
1、凡卫生间等有防水要求的房间，四周墙脚均做200高细实混凝土墙边（有上翻砌除外），同墙面，通门断开，通门断开。
2、卫生间墙面用水泥基K11防水涂料，厚1.2mm，分两次涂刷。
3、除凝水管道外，凡墙道穿越垫层内，须预埋孔，预高出墙面30，高出墙面最高标高比临近楼地面高20，严禁泛水。
4、凡卫生间、外墙坡度应做1%泛水坡向地漏或泛水管，卫生间内楼地面最高点标高比临近楼地面低20，严禁泛水。
外墙：
外墙构造连接详见材料构造做法表。外墙砌体墙及门口四周严格按有关规程规定砌筑施工；
安装外墙体上的构配件、各类孔洞、管道、楼梯等与应预埋，预留件位于砌体墙都对应在预留部四周嵌入物水泥砂浆封严。
墙面分隔缝内嵌密封材料。
在室内地坪以下标高-0.06处做防潮层，防潮层做法为20厚1:2水泥砂浆加3%防水剂（有钢筋混凝土圈梁者除外）。

八、其他施工注意事项：

1、本施工图中各处的门同样示意，凡门定位详见门窗详图。
2、门口做多形凿踏凿尺，门凿尺寸详见门窗详图。
3、墙体与梁柱内均预埋件、木制的应预留插座，金属制件应做防腐处理。
4、凡另颜色、规格等详细尺寸时，均应在施工前前提供样品及样样图，经建筑单位设计单位认可后，方可订货加工、施工。
5、雨水管水均用PVC管道，屋面面水管为100，水口口各见J03-2006-1/58,3/58。
6、设备专业应根据需要，根据设备需要预留安装洞处，各预安装后后应回填填其防火封堵。管道与楼板缝采用防燃增当于楼板耐火等级的火岩材料封堵严密。
7、施工前应与本工程各专业图以及工艺布置图进行合意，由设计负责解释技术要求进行技术变更。
8、室外回填土（地下室外）须分次夯实，压实系数不得小于0.94，每层回填厚300，严禁用回填垃圾填土为填土，土控制干重度不得小于16KN/m³。
9、达标设计地面面层及面需材料时，需用1:8瘤土混合材料，密度小于800kg/m³。
10、设计图纸力图分层备，详见结构、水电各专业图。
11、本工程施工的过程中必保严格执行《江苏省民建筑材料和预制工程施工规程》中有关规定执行。
12、本工程施工及验收应严格执行国家有关现行有关建筑施工验收规范，并严格执行建筑工程验收规程。
13、本工程图末尽事宜按国家有关有关建筑法规及标准执行，并由施工人员和协商解决。
14、本工程应按国家有关安全生产规范和规定组织施工，后特别过程抗挑局部构件的安全
15、本设计文件应由甲方及有关机构审查批准后方可进行施工。

九、选用标准图集：

图集号	图名	备注
苏J01-2005	施工说明	江苏省建设标准设计站
苏J02-2003	地下工程防水构造	江苏省建设标准设计站
苏J03-2006	平屋面建筑构造	江苏省建设标准设计站
苏J05-2006	楼梯	江苏省建设标准设计站
苏J06-2006	卫生间、洗池	江苏省建设标准设计站
苏J07-2005	变形缝建筑构件	江苏省建设标准设计站
苏J08-2006	室外工程	江苏省建设标准设计站
10J121	外墙外保温建筑构造	中国建筑标准设计研究院

消防专篇

一、建筑概况：

1、位置：本工程总建筑面积 3090m²，位于徐州市区。
框架结构，为一个防火分区。

二、消防设计依据：

1、《建筑设计防火规范》GB 50016—2006
2、《中小学校设计规范》GB 50099—2011

三、总平面布局：

建筑三周设有消防通道，与周围建筑间距均满足防火规范要求。

四、建筑分类和耐火等级：

本工程为多层建筑，耐火等级为二级，墙体、柱、楼梯等建筑构件的燃烧性能和耐火极限不低于以下规定：防火墙、承重墙、柱均为不燃体，耐火极限不小于3.0h；楼梯间、电梯井等井、柱均为不燃体，耐火极限不小于2.0h；楼板、疏散楼梯、屋面承重构件均为不燃体，耐火极限不小于1.5h，承重墙不小于楼层侧向墙应采用不燃烧体不小于1.0h；居内隔墙、管道井等均为不燃烧体，耐火极限不小于0.75h；吊顶（包括龙骨层）均为不燃烧体，耐火极限不小于0.25h。
以上防火要求的部位在采用钢材料应应核实材料是否满足本要求，如有问题应与设计联系系建议部门解决。

五、防火分区和建筑构造：

1、本建筑地上部分为一个防火分区，建筑面积不大于2500m²。
2、厚屋外部位四周具有高度为500的A级保温材料包砖（外墙温保温）设置水平防火隔离带。
3、管道井在楼层每层处必封堵密，预留管道时安装时，层间均用防火岩棉材料，封堵材料耐火极限。
4、室内装修材料不用不燃材料。
5、防火门应为双向开启时的防火的，防火门应有标识和厂家品牌。
6、防火大应带为风风机及无机岩棉板容耐火极限3.0时
7、消防疏散楼梯宽度不小于1.1m，设有公共部位步走道净宽不应小于1.2m。
8、本工程所使用保温材料为墙体外保温，A级岩石棉板B级保温膨聚塑苯乙烯保温板

建筑工程做法

一、屋面工程

屋面一：细石混凝土屋面（不上人保温屋面）
1、分格缝嵌150宽SBS防水卷材
2、40厚C30细石混凝土内配φ4@150，双向钢筋，随浇随抹平
3、90厚聚苯塑膨聚乙烯保温板（倒置式屋面，保温层厚度按计算值增加25%）
4、4厚SBS防水卷材
5、20厚1:3水泥砂浆找平层
6、1:8水泥护坡做2%找平30
7、钢筋混凝土现浇屋面板
屋面二：细石混凝土屋面（不上人屋面，无保温层）
1、分格缝嵌150宽SBS防水卷材
2、40厚C30细石混凝土内配φ4@150，双向钢筋，随浇随抹平
3、4厚SBS防水卷材
4、20厚1:3水泥砂浆找平层
5、1:8水泥护坡做2%找平30
6、钢筋混凝土现浇屋面板

二、外墙

外墙涂料
1、外墙涂料
2、10厚防水砂浆
3、4厚聚合物砂浆内置耐碱玻纤网格布抹层
4、5厚1:3水泥砂浆找平层
5、240厚砂加气混凝土砌体

三、内墙

内墙1：瓷砖内墙（教室内墙、走廊、楼梯间1.35M以下均铺瓷砖，
1、5厚结合层，白水泥擦缝
2、6厚1:0.1:2.5混石灰膏结合层
内墙2：涂料（教室、走廊、楼梯间1.35M以上部位）
1、内墙涂料2遍
2、10厚1:0.3:3水泥石灰膏砂浆粉面
3、10厚1:6石灰膏砂浆打底
4、后砌墙与混凝土墙面接头处铺400宽钢丝网，每边搭接200mm
内墙3：水泥砂浆墙（卫生间1.8M以上部位）
1、水泥涂料2遍
2、10厚1:2.5水泥砂浆找面层
3、15厚1:1:6水泥石灰膏砂浆打底
4、后砌墙与混凝土墙面接头处铺400宽钢丝网，每边搭接200mm

四、内墙

地1:防滑地砖地面（卫生间）
1、8厚防滑地砖面层，干水泥擦缝
2、撒素水泥面
3、20厚1:2干硬性水泥砂浆粘结层
4、刷素水泥浆1.8厚
5、40厚C20混凝土
6、聚氨酯涂料1.8厚
7、60厚C15混凝土，随类随抹
8、100厚碎石
9、素土夯实
地2：普通水泥地面（除卫生间以外面面）
1、15厚1:2水泥白子磨光打磨
2、素水泥结合层一道
3、20厚1:3水泥砂浆找平层
4、60厚C15混凝土
5、100厚碎石级配夯实
6、400厚钢护洼
7、素土夯实

五、平顶（顶棚）

1、内墙涂料 2遍

六、6、20厚1:水泥、水泥、砂、砂浆找平

三、内墙
（内墙1：瓷砖内墙...）

五、平顶

1、内墙涂料 2遍

总图位置示意图 1:500

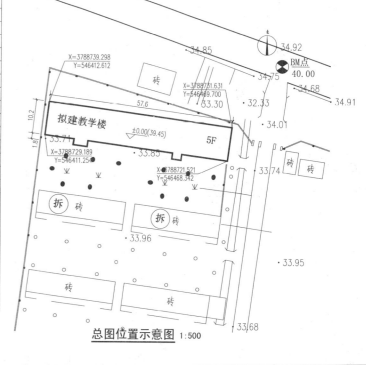

拟建教学楼 ±0.00(39.45) 5F

BM点 40.00

江苏省公共建筑节能设计专篇

一、工程概况

所在城市	气候分区	结构形式	层数	工程设计值	规范限值	节能计算面积(m²)	节能设计标准	节能设计方法
徐州	寒冷	框架	5	0.35	0.4	2265.31	DGJ32/J96—2010 节能≥50.00%	围护结构规定指标或建筑物综合能耗规定性能指标的计算

二、设计依据

1.《民用建筑热工设计规范》GB 50176—1993
2.《公共建筑节能设计标准》GB 50189—2005
3.《江苏省民用建筑工程施工图设计文件(节能专篇)编制深度规定》(2009年版)
4.《江苏省太阳能热水系统施工图设计文件编制深度规定》(2008年版)
5. 国家、省、市现行的相关法律、法规
6. 江苏省工程建设标准-公共建筑节能设计标准》DGJ 32/J96—2010

三、建筑物围护结构热工性能

	主要保温材料		厚度	传热系数K[W/(m²·K)]		备注
	名称	导热系数[W/(m²·K)]	(mm)	工程设计值	规范限值	
屋面	挤塑聚苯板(XPS)	0.030	70	0.42	0.45	平屋面
墙体(东、南、西、北)	砂加气块	0.130	240	0.60	0.50	
热桥1	聚氨酯(外墙外保温)	0.024	30	0.69		热桥柱
热桥2	聚氨酯(外墙外保温)	0.024	30	0.64		热桥梁
热桥3	聚氨酯(外墙外保温)	0.024	30	0.75		热桥过梁
底面接触室外空气的架空层或外挑楼板						
分隔采暖与非采暖隔墙	加气混凝土砌块	0.220	200	1.06	1.5	采暖隔墙
非采暖空调房间与采暖空调房间的楼板						

本工程外墙墙体材料为 240 厚砂加气块,内墙为200厚加气混凝土砌块。

四、地面和地下室外墙热工性能

围护结构部位	主要保温材料名称	厚度(mm)	传热阻(m²·/W)		备注
			工程设计值	规范限值	
地面				1.5	

五、窗(包括透明幕墙)的热工性能和气密性

朝向	窗框	玻璃	窗墙面积比/天窗屋面积比		传热系数K[W/(m²·K)]		遮阳系数SC		遮阳形式	可见光透射比		可开启面积比	
			工程设计值	规范限值	工程设计值	规范限值	工程设计值	规范限值		工程设计值	规范限值	工程设计值	规范限值
北	塑料窗框	中空玻璃(5+12A+5)	0.28	0.70	2.50	2.50	0.83	—	—	0.71	—	0.45	0.3
东	—	—											
西	—	—											
南	塑料窗框	中空玻璃(5+12A+5)	0.30	0.70	2.50	2.50	0.56	—	—	0.71	0.4	0.45	0.3
屋面	—	—											

本工程窗抗风压,水密性,气密性不低于《建筑外窗气密性能分级及其检测方法》GB/T 7106-2008规定的抗风压4级,水密性3级,气密性6级。

六、太阳能热水系统

本工程无太阳能热水供应系统。

七、防火要求

外墙墙体为自保温材料燃烧性能不低于A级。屋面保温所有选用挤塑聚苯板均为阻燃型,燃烧性能不低于B2级。与女儿墙交界处、屋顶开口部位四周的保温层设置宽度为500mm的A级保温材料防火隔离带;防火隔离带与墙全面积粘贴。

八、权衡判断

本工程因 外墙 不符合规定性指标而进行权衡判断,权衡判断结果满足节能设计标准。

	设计建筑	参照建筑
全年采暖和空气调节能耗(kwh/m²)	52.94	62.23

九、节能构造参见图纸图说明、工程做法表、节点大样、国家建筑标准设计图集《外墙外保温建筑构造》10J121.

(1) 踢脚参见10J121-1/H-1
(2) 女儿墙参见10J121-1/H-3
(3) 窗口参见10J121-A-6
(4) 防火隔离带参见10J121-H-14
(5) 滴水线、分格缝参见10J121-H-12
(6) 空调搁板、雨水管参见10J121-H-13

热桥保温构造大样图

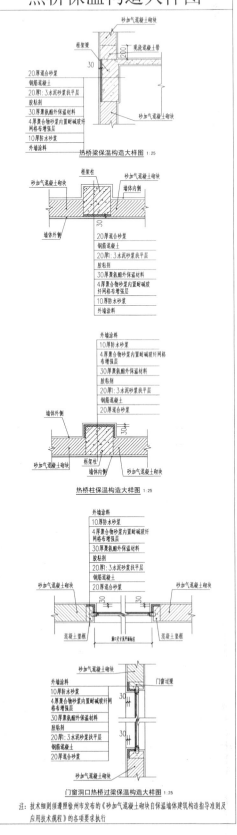

热桥梁保温构造大样图 1:25

热桥柱保温构造大样图 1:25

门窗洞口热桥过梁保温构造大样图 1:25

注:技术细则须遵照徐州市发布的《砂加气混凝土砌块自保温墙体建筑构造导则及应用技术规程》的各项要求执行

门 窗 表

类别	设计编号	洞口尺寸(mm)		数量	图集名称	备注
窗	C1	2400	2100	24	〈苏J30-2008〉塑料门窗图集	塑钢推拉窗,100断面 中空玻璃
	C2	1800	2100	40	〈苏J30-2008〉塑料门窗图集	塑钢推拉窗,100断面 中空玻璃
	C3	2100	1500	8	〈苏J30-2008〉塑料门窗图集	塑钢推拉窗,100断面 中空玻璃
	C4	2400	2000	6	〈苏J30-2008〉塑料门窗图集	塑钢推拉窗,100断面 中空玻璃
	C5	1800	2000	6	〈苏J30-2008〉塑料门窗图集	塑钢固定窗,100断面 中空玻璃
	C6	2100	1800	8	〈苏J30-2008〉塑料门窗图集	塑钢固定窗,100断面 中空玻璃
门	M1	1000	3000	24		成品钢制防盗门
	M2	1000	2100	8		成品钢制防盗门
	M3	1200	2100	8		成品钢制防盗门
	M1a	1000	2900	6		成品木门 三级断面

说明

1. 图中所注尺寸为洞口尺寸,施工时需现场核定门窗尺寸及数量,门窗详图为分隔尺寸示意,仅供参考。
2. 木门断面等级为III级;门窗 塑 窗、窗框大小、构造连接,固定方式,温度伸缩以及防水措施,隔音措施,等具体技术措施,都应由各合格质生产厂家订定,制作,并取得建筑设计师认可。
3. 外窗塑钢中空玻璃窗,均为中空玻璃(5+12A+5)玻璃,门窗抗风压4级,水密性3级,气密性6级。
4. 凡窗单块玻璃面积大于1.5m²,有框门单块玻璃面积大于0.5m²范围内门扇、全玻门、及阳台下部、飘窗下部固定扇 均采用安全玻璃。
5. 内窗为普通单玻塑钢窗,玻璃厚度6mm。
6. 卫生间高窗均为磨砂,均为磨砂玻璃窗,开向屋面的门外包白铁皮一道。
7. 所有外窗均设纱窗,材料由甲方自行选购。
8. 窗台与外装饰线脚与保温层间的收头处理和防渗处理,所有凸出线脚均应设滴水线。窗台泛水披度应不小于10%,严防倒泛水。
9. 窗高度不满足900的内侧加设防护栏杆,栏杆上端距可踩踏面为1050。
10. 一层窗门窗外设防盗设施,业主自行处理。

门 窗 大 样 图 一

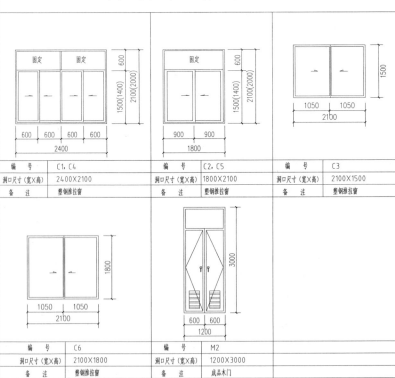

编 号	C1、C4
洞口尺寸(宽×高)	2400×2100
备 注	塑钢推拉窗

编 号	C2、C5
洞口尺寸(宽×高)	1800×2100
备 注	塑钢推拉窗

编 号	C3
洞口尺寸(宽×高)	2100×1500
备 注	塑钢推拉窗

编 号	C6
洞口尺寸(宽×高)	2100×1800
备 注	塑钢推拉窗

编 号	M2
洞口尺寸(宽×高)	1200×3000
备 注	成品木门

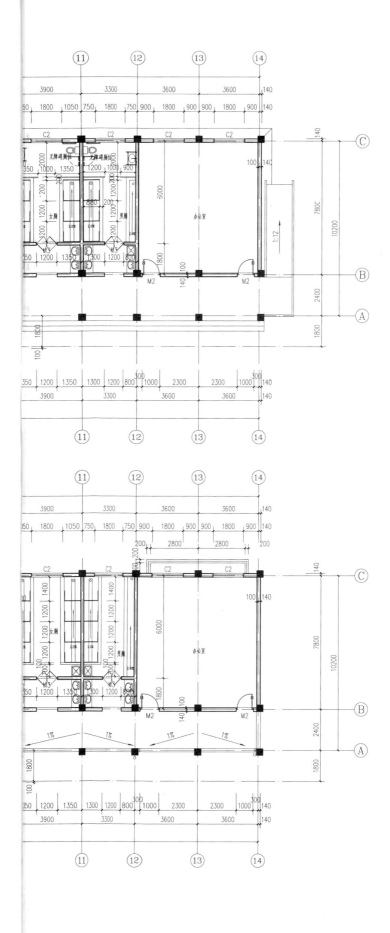

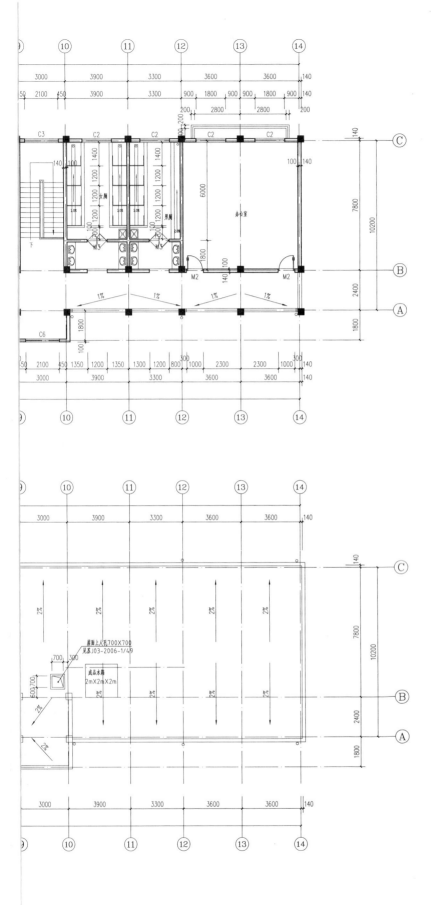